高等学校计算机基础教育系列教材

Python
程序设计与应用

梁爱华 张利霞 主编
马桂真 王波 王雪峤 倪景秀 李红豫 编著

清華大學出版社
北 京

内 容 简 介

本书围绕 Python 程序设计方法及应用，依据感知 Python、理解 Python、应用 Python 的渐进式思路组织教材内容，注重各知识点间的交叉融合以及 Python 应用能力的培养。

本书共 8 章，大致分为三部分：第一部分（第 1 章）感知 Python，介绍 Python 的环境配置、基本输入输出、变量命名、语法规范等，通过实例认识 Python 程序，感知程序运行过程及设计方法；第二部分（第 2～6 章）理解 Python，详细介绍数据类型、程序控制结构、函数、文件和数据处理；第三部分（第 7～8 章）应用 Python，介绍 Python 图形界面设计 tkinter 库，以及 Python 在绘图、数据可视化、数据处理库等方面的应用。本书叙述清晰，案例丰富，读者可以循序渐进地学会 Python 编程方法及应用。

本书适合作为各类大专院校的 Python 程序设计教材，也可作为计算机等级考试（二级）的辅导教材，以及 Python 程序设计爱好者的自学参考书。

图书在版编目（CIP）数据

Python 程序设计与应用/梁爱华，张利霞主编. —北京：清华大学出版社，2022.11（2024.1重印）
高等学校计算机基础教育系列教材
ISBN 978-7-302-61960-4

Ⅰ. ①P… Ⅱ. ①梁… ②张… Ⅲ. ①软件工具－程序设计－高等学校－教材 Ⅳ. ①TP311.561

中国版本图书馆 CIP 数据核字(2022)第 180113 号

责任编辑：谢 琛 薛 阳
封面设计：何凤霞
责任校对：申晓焕
责任印制：丛怀宇

出版发行：清华大学出版社
网 址：https://www.tup.com.cn，https://www.wqxuetang.com
地 址：北京清华大学学研大厦 A 座　**邮 编**：100084
社 总 机：010-83470000　**邮 购**：010-62786544
投稿与读者服务：010-62776969，c-service@tup.tsinghua.edu.cn
质量反馈：010-62772015，zhiliang@tup.tsinghua.edu.cn
课件下载：https://www.tup.com.cn，010-83470236
印 装 者：三河市天利华印刷装订有限公司
经 销：全国新华书店
开 本：185mm×260mm　**印 张**：18.75　**字 数**：435 千字
版 次：2022 年 11 月第 1 版　**印 次**：2024 年 1 月第 3 次印刷
定 价：59.00 元

产品编号：093947-01

前言

Python 语言从 20 世纪 90 年代诞生至今，由于其易学易用以及丰富的开源库，使其在数据分析、人工智能等多领域有着广泛的应用，是最受欢迎的程序设计语言之一。Python 通过众多的第三方库，覆盖了从数据到智能、文本处理到虚拟现实、控制逻辑到系统结构等几乎所有的计算领域，所有专业的学生，均可以找到 Python 与其专业领域应用的结合点，Python 简洁易用的特点，让其成为很适合大学生学习和掌握的第一门程序设计语言。目前绝大多数高校均开设了 Python 程序设计课程。

把 Python 程序设计作为一门语言，真正用起来解决实际问题才是它的价值所在。因此，在本书的编写中，将从“会编程”到“真应用”作为理念。本书的编者长期从事程序设计语言的教学与应用开发，将多年的教学实践经验融入本书的编写过程中，全书通过 100 多个问题求解案例，既注重知识点从单一到综合的呈现，又注重知识点间的交叉融合，同时通过综合实验的精心设计，注重分析和解决实际问题的能力提升。

1. 本书内容

按照感知 Python、理解 Python、应用 Python 的渐进式思路组织。本书共 8 章，大致分为以下三部分。

第一部分(第 1 章)感知 Python，介绍 Python 的环境配置、基本输入输出、变量命名、语法规范等。读者通过第一个程序认识 Python，通过实例感知程序设计的流程和方法，同时了解程序设计应遵循的编程规范。

第二部分(第 2～6 章)理解 Python，详细介绍数据类型、程序控制结构、函数、文件和数据处理。从基本数据类型到组合数据类型，体会处理数据过程中的类型选择。通过程序控制结构，详细说明分支、循环、异常处理的使用方法及应用场景。通过函数理解程序模块化思想，从常用的文本文件、CSV 文件、JSON 文件介绍基本操作和数据处理方法。

第三部分(第 7～8 章)应用 Python，介绍 Python 图形界面设计 tkinter 库，以及 Python 在绘图、数据可视化、数据处理库等方面的应用。第 7 章介绍的 tkinter 库让 Python 程序更加形象直观，提升程序交互和用户体验。第 8 章通过 Python 在典型领域的实用案例，例如绘制中国结、生成二维码、成绩分析、获取影评数据等，结合 turtle、wordcloud、matplotlib、PIL、qrcode、NumPy、pandas、requests 等库的介绍，将之前的知识进行综合应用。对于第 8 章的综合应用案例，提供了微视频，帮助读者更深入地理解综合类项目的开发步骤和具体实现方法。

2. 本书特点

(1) 每章开头均包括学习目标、内容结构图、各例题知识要点,让读者对本章内容有清晰的了解。每章末尾均有小结和习题,用于巩固本章的编程知识。

(2) 例题素材贴近生活,编排注重循序渐进,每个例题均按照程序思路分析、完整代码、总结和思考进行说明。由浅入深地将 Python 程序设计方法贯穿到例题中,强化程序思维能力培养和编程应用。

(3) 每章均有上机实验,该环节通过综合应用实例,便于读者对本章要点的融会贯通和再次强化。突出 Python 程序设计的实践性和应用性。

(4) 综合运用章节,通过 Python 在各个领域的典型应用案例,综合运用前面所学的知识,把 Python 真正用起来,解决实际问题。

本书由梁爱华、张利霞任主编,全书由梁爱华进行规划设计,北京联合大学多个学院的老师参与了本书的编写工作。其中,第 1 章由梁爱华编写,第 2、3 章由张利霞、李红豫、倪景秀、王雪峤编写,第 4 章由马桂真编写,第 5 章由王雪峤编写,第 6 章由王波编写,第 7 章由张利霞编写,第 8 章由梁爱华编写,张利霞、倪景秀提供了部分案例素材。全书由梁爱华、张利霞负责统稿和校订,聂清林、汤海凤、李红豫、王雪峤、倪景秀参与了校对,徐歆恺提出了建议,所有编写教师均进行了教学实践。

本书提供全套教学课件、源代码、课后习题答案、教学计划及学时分配建议。配套资源可通过清华大学出版社官方网站的下载区下载或与作者联系索取,作者的电子邮箱为 liangaihua@buu.edu.cn。

在本书编写过程中,作者始终以科学严谨的态度,力求精益求精,但限于作者水平,书中难免有不足和疏漏之处,恳请读者批评和指正。

作　者

2022 年 4 月

目录

第 1 章 Python 概述

学习目标

- 能自主安装并配置 Python 开发环境。
- 能描述 Python 的发展历史。
- 能运用基本的输入输出。
- 能描述 Python 的变量命名和编码规范。

本章主要内容

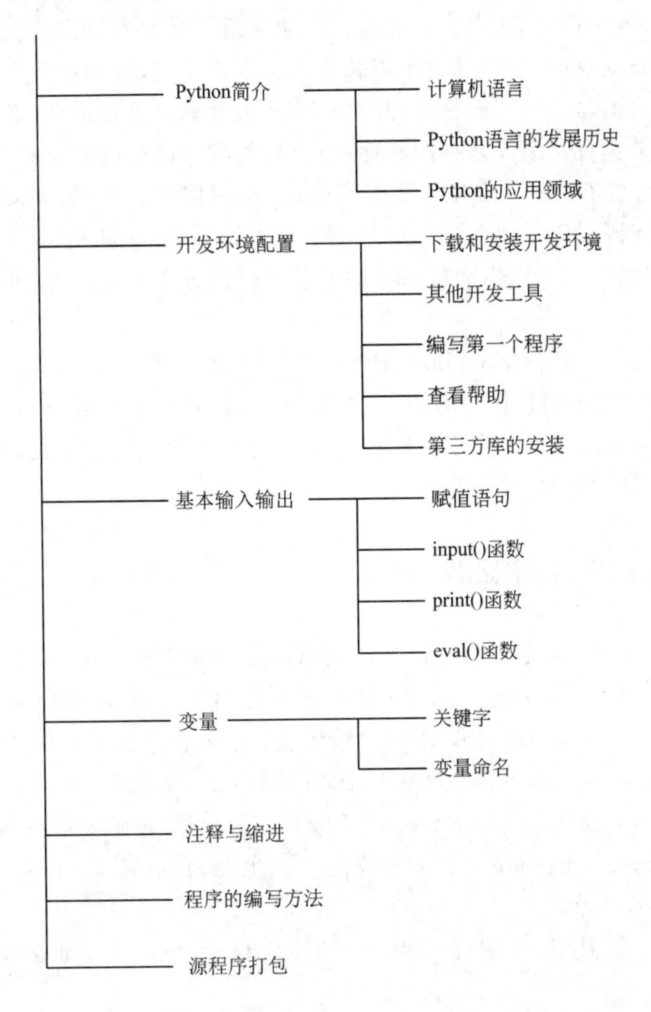

各例题知识要点

例 1.1　分两行输出“你好,世界”的中英文形式

例 1.2　输入两个整数,计算和、差并输出

1.1　Python 简介

1.1.1　计算机语言

要使计算机能够按照人的意志去实现某些功能,必须要与计算机进行信息交换,就需要语言工具,这种语言就称为计算机语言。用计算机语言编写的代码称为程序。

最初,计算机中使用的是以二进制代码表达的语言——机器语言,后来又采用了与机器语言相对应,借助于助记符表达的语言——汇编语言。机器语言和汇编语言都称为低级语言。由于用低级语言编写的程序代码很长,又依赖于具体的计算机,编码、调试和阅读程序都很困难,通用性差,所以人们开始使用更接近人类自然语言的表达语言——高级语言。用高级语言编写的程序,基本不依赖机器的硬件系统,其功能强大,可读性强。

使用高级语言编写的程序被称为源程序,不能被计算机直接识别,必须经过编译或解释成机器语言才能执行。编译是指源程序执行前,将程序源代码编译成机器语言,可以脱离其语言环境独立执行,效率较高。需要修改时,要先修改源代码,再重新编译后执行。解释则是应用程序源代码一边由解释器翻译成机器语言,一边执行,效率比较低,不生成独立的可执行文件,应用程序不能脱离其解释器。但该方式比较灵活,可以动态调整和修改应用程序。

当前流行的高级语言包括 C、Java、Python、C++、C# 等。C、C++、Java 属于编译执行的语言。Python 属于解释执行的语言,与其他语言相比,更接近自然语言,结构简单,代码更加清晰和易于阅读。学习者可以在更短的时间内掌握编程方法,借助于丰富的第三方库,可以快速开发出相关应用。

1.1.2　Python 语言的发展历史

Python 语言的创始人是吉多·范罗苏姆(Guido van Rossum),他出生于荷兰,是一名计算机程序员。1989 年的圣诞节期间,吉多决心开发一个新的脚本解释语言,作为 ABC 语言(一种为非专业程序员设计的编程语言)的继承。于是一种功能全面、易学易用、可扩展的编程语言 Python 诞生了。Python 读作['paiθən],译为“蟒蛇”。该名称的由来源于吉多喜爱的电视剧 *Monty Python's Flying Circus*。吉多·范罗苏姆有一句名言:Life is short,you need Python。中文意思是:人生苦短,我用 Python。这句话已成为 Python 语言的著名口号。

1991 年,第一个 Python 编译器诞生。2000 年,Python 2.0 正式发布。2010 年,

Python 2.x 系列发布最后一版，主版本号是 2.7，Python 2.x 系列版本的发展至此终结。2008 年 12 月，Python 3.0 正式发布。较之 2.x 系列，3.x 系列版本在语法层面和解释器内部做了很多重大改进，解释器内部采用完全面向对象的方式实现。该改进的代价是，3.x 系列版本代码无法向下兼容 2.x 系列的既有语法。从 Python 2.0 到 Python 3.0，Python 语言经历了一个根本性的版本更替过程。Python 3.x 是这个语言的现在和未来。

Python 语言是开源项目的优秀代表，Python 解释器的全部代码都是开源的，可以从官方网站下载。Python 软件基金会（Python Software Foundation，PSF）作为一个非营利组织，致力于保护 Python 语言的开放、开源和发展，PSF 组织拥有 Python 2.1 之后的所有版本的版权。

Python 语言因其简单、易用、易扩展的特点，高居 IEEE 编程语言排行榜首位，2022 年 3 月的 TIOBE 排行榜上，Python 语言的排名位于第一，如图 1-1 所示。

Mar 2022	Mar 2021	Change	Programming Language	Ratings	Change
1	3	^	Python	14.26%	+3.95%
2	1	v	C	13.06%	-2.27%
3	2	v	Java	11.19%	+0.74%
4	4		C++	8.66%	+2.14%
5	5		C#	5.92%	+0.95%

图 1-1　2022 年 3 月 TIOBE 排行榜前五名

1.1.3 Python 的应用领域

由于 Python 拥有丰富的第三方库，并形成了良好的生态，使其在众多领域都有着广泛的应用。

1. 软件开发

Python 语言支持函数式编程和面向对象编程（OOP），可以进行常规的软件开发、脚本编写、网络编程。在 Web 开发方面，Python 提供了多种基于 Python 的 Web 开发框架，如 Django、Tornado（龙卷风）、Flask（微型框架）。其中，Python+Django 的 Web 开发架构应用广泛，该架构的主要特点是开发速度快，学习门槛低，有利于新手快速高效地搭建起可用的 Web 服务。

2. 科学计算与数据可视化

随着 NumPy、scipy、pandas、matplotlib 等程序库的推出，使得 Python 更适合进行科学计算。众多开源的科学计算软件包均提供了 Python 的调用接口，例如，著名的计算机视觉库 OpenCV、三维可视化库 VTK、医学图像处理库 ITK 等。

3. 数据分析与处理

Python 可以对数据内容和数据格式进行清洗、规范、转换和针对性的分析,已成为数据分析的主流语言之一。在金融分析、量化交易领域,Python 已成为各种分析程序、高频交易软件的开发语言。

4. 人工智能

在人工智能方面,Python 广泛应用于机器学习、神经网络、深度学习等,Python 的 PyTorch、Keras、TensorFlow 等众多深度学习框架的广泛应用,使其成为人工智能的主流编程语言。

5. 自动化运维

自动化运维对实时采集和海量分析要求更高,Python 以其数据处理能力强、可移植性强、兼容性相对其他脚本语言好等特点,几乎成为所有运维人员,尤其是 Linux 运维人员必须掌握的程序设计语言。基于 Python 编程语言的 Saltstack 和 ansible 都是运维人员比较常用的自动化运维平台。

6.网络爬虫

随着网络的迅速发展,万维网成为海量信息的载体。网络爬虫就是按照一定的规则,自动获取网络上网页内容并按照指定规则提取相应内容的技术。结合 scrapy、requests、BeautifulSoup、urlib 等第三方库,Python 可以快速完成数据采集、处理和存储,因此 Python 是网络爬虫领域绝对的主力。

除了以上列出的应用领域之外,Python 语言在云计算、游戏开发等方面也有优异的表现。著名的云计算框架 OpenStack 就是基于 Python 开发的。pygame、cocos2d、pymunk、arcade 等第三方库让游戏开发变得更加简单快速。

1.2 开发环境配置

1.2.1 下载和安装开发环境

Python 开发环境可以从官网(https://www.python.org/)的 download 网页下载,用户可以根据计算机的操作系统(Windows, Mac Os, Linux 等)下载合适的安装包。如图 1-2 所示为适合 Windows 系统的各种版本下载页面。根据计算机 32 位或 64 位进行选择下载。

注意安装时,勾选 Add Python 3.9 to PATH 复选框,如图 1-3 所示,添加到环境变量,便于后续在命令行下进行相应的操作。

安装成功后,可以在“开始”菜单中找到 Python 3.9,包括 IDLE、Python 3.9、Python

3.9 Manuals、Python 3.9 Module Docs。IDLE(Python's Integrated Development and Learning Environment)是一个纯 Python 的集成开发和学习环境;Python 3.9 则直接进入交互式界面;Python 3.9 Manuals 可以查看帮助手册;Python 3.9 Module Docs 为模块说明文档。

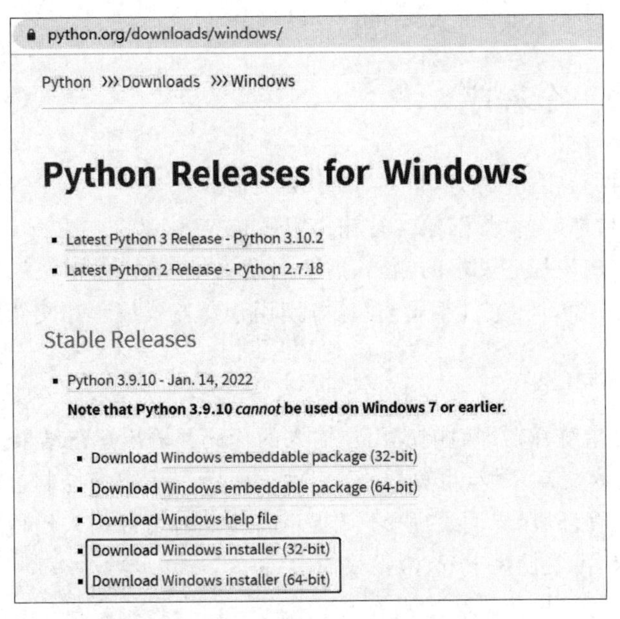

图 1-2 适合 Windows 系统的下载页面

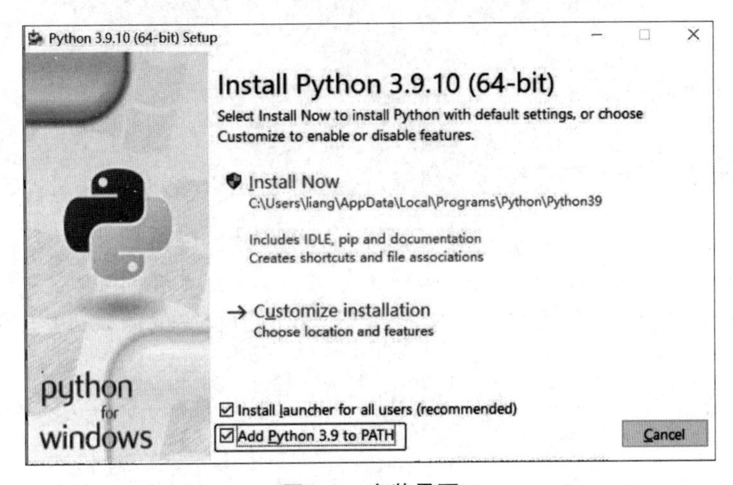

图 1-3 安装界面

1.2.2 其他开发工具

目前主流的 Python 开发工具包括：

(1) Pycharm，可以从官网(https://www.jetbrains.com/pycharm/)下载安装，其中

社区版属于免费版本。

(2) VS code,可以从官网(https://code.visualstudio.com/)上下载对应版本安装。

(3) Jupyter Notebook、Spyder 均为 Anaconda 安装后自带的开发工具。

Anaconda 是开源的 Python 发行版本,其包含 conda、Python 等 180 多个科学包及其依赖项,可以从其官网(https://www.anaconda.com/)下载。

1.2.3 编写第一个程序

【例 1.1】 分两行输出“你好,世界”的中英文形式。

即第一行输出“你好,世界”,第二行输出“Hello World”。

【分析】 要完成该程序要求的输出,需要启动 IDLE 环境。IDLE 具有两种类型的主窗口:Python Shell 窗口和文件编辑窗口,分别用于交互式编程和文件式编程。

1. 交互式编程

交互式编程是指解释器即时响应用户输入的代码并输出运行结果。通过“开始”菜单中的 IDLE 直接进入交互环境,也可以在 Windows 操作系统的控制台输入 Python 进入交互环境。启动交互环境,界面出现“>>>”提示符。此时可以输入代码。

按照本例要求,需要使用 print()函数输出。

程序代码及运行结果:

```
>>> print("你好,世界")
你好,世界
>>> print("Hello World")
Hello World
>>>
```

程序说明:可以看到在交互环境下,当输入一行代码,按回车键,就会执行出现运行结果。注意 print()函数中使用的引号必须是英文状态下的半角符号。

交互式环境下不需要创建文件,常用于 Python 简短代码的测试,由于该方式无法保存,不方便后续修改。

如果希望输入两行代码后再统一输出结果,且将编写的程序保存为文件,则需要使用文件式编程。

2. 文件式编程

在 IDLE 的交互环境下,单击 File 菜单,选择 New File(或按 Ctrl+N 组合键)命令,会打开一个新的编辑窗口,在此窗口中可以编写代码。本例代码输入后界面如图 1-4 所示。

编写好程序代码后,选择 Run 菜单下的 Run Module 命令或者按快捷键 F5,运行,如果程序还没有保存,会提示先保存程序,运行后可以看到程序的输出结果如下。

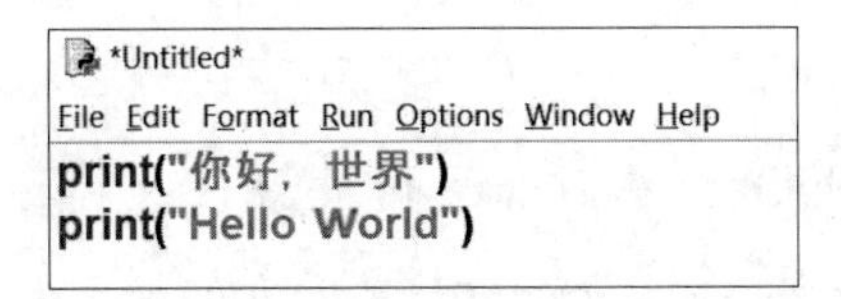

图 1-4　文件式编程界面

```
你好,世界
Hello World
```

文件式编程环境下,文件可以很方便地修改并重新运行。适合编程实践和开发。

1.2.4　查看帮助

IDLE 环境下,可以通过以下三种方式查看帮助。

(1) 单击 Help 菜单下的 Python Docs,单击“开始”菜单下 Python 3.9 下的 Python 3.9 Manuals 命令同样可以调出帮助文档。

通过目录页,可以按照类别查找相应的帮助文档。单击索引页,可以输入想要搜索的函数关键字,会列出指定关键词相关的所有函数或模块。根据需要选择相应的帮助介绍,如图 1-5 所示。

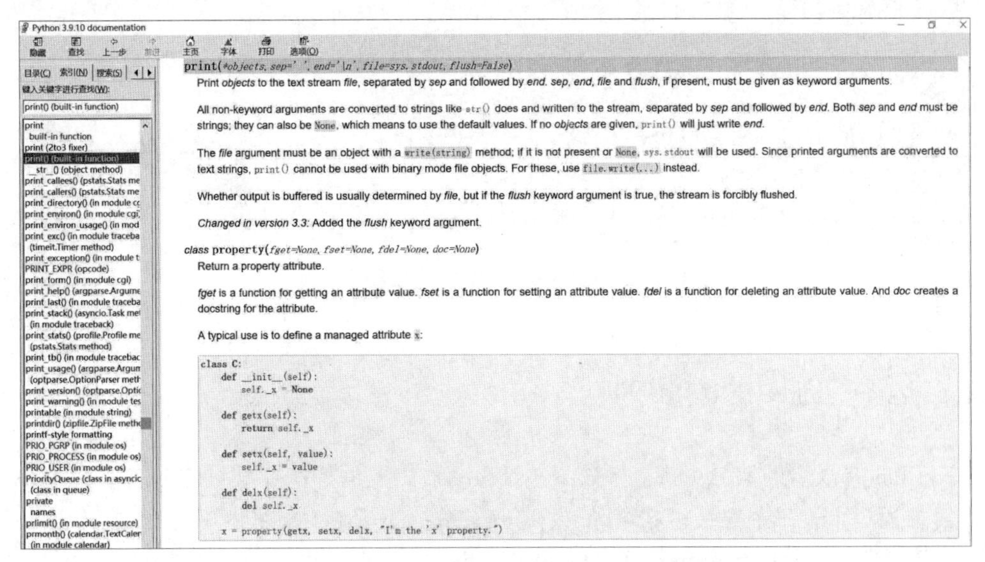

图 1-5　通过帮助文档的索引查找帮助信息

(2) 交互环境下,可以通过 help 函数,查询指定关键词的帮助信息。例如,查找 print 函数的介绍,可以通过命令 help(print),如图 1-6 所示。

(3) “开始”菜单下,打开 Python 3.9 下的 Python 3.9 Module Docs,会启动浏览器并进入本地虚拟站点,如图 1-7 所示。在此页面上可以索引本地安装的所有模块,包括内置模块、内置库和所有安装的第三方库,单击要查看的关键词就可以查看相应的文档。

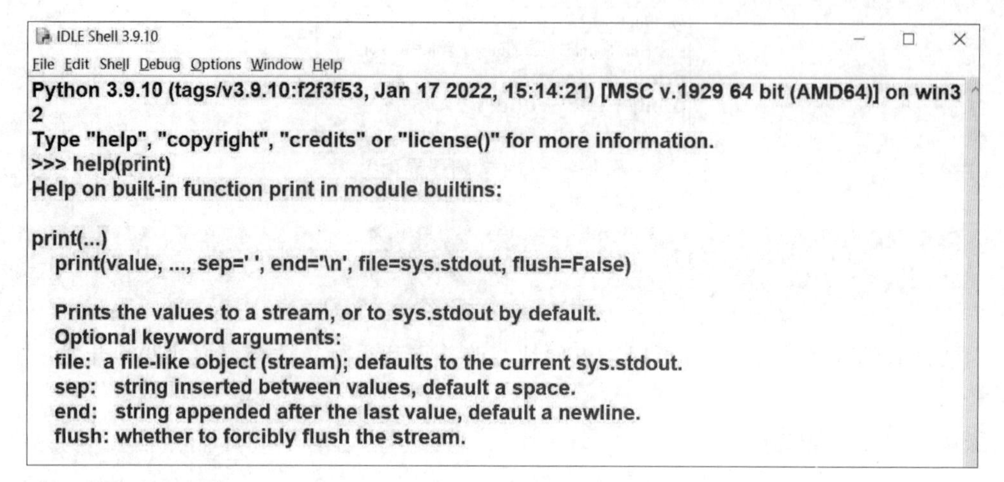

图 1-6　通过 help 函数查找帮助信息

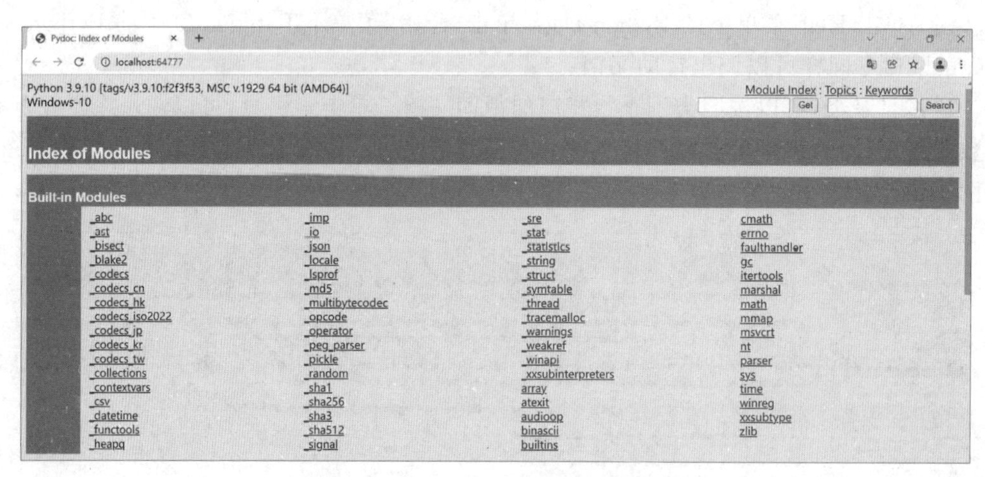

图 1-7　通过 Module Docs 查找帮助信息

1.2.5　第三方库的安装

Python 有众多的第三方库，当安装 Python 后，内置的标准库会被自动安装。第三方库则需要通过 pip 命令安装。在 Mac 或 Linux 系统下安装时，在终端运行；在 Windows 系统下安装时，在命令行窗口运行。

（1）安装指定的库，使用以下命令：

```
pip install 库名
```

（2）卸载指定的库，使用以下命令：

```
pip uninstall 库名
```

(3) 更新指定的库,使用以下命令:

```
pip install -U 库名
```

(4) 查看已经安装的库,使用以下命令:

```
pip list
```

注意:通过 pip 命令安装第三方库时,会自动联网安装,因此,需要保证计算机网络连接正常。例如,要安装用于文件打包的库 pyinstaller,则使用命令 pip install pyinstaller,会显示如下提示信息。

```
C:\Users\liang>pip install pyinstaller
Collecting pyinstaller
  Downloading pyinstaller-4.10-py3-none-win_amd64.whl (2.0 MB)
     |██████████████                    | 645 kB 40 kB/s eta 0:00:33
```

表示从网上下载 pyinstaller 库的安装文件并自动安装到本地,如果该库安装前还需安装其他库,则安装过程中会自动安装该库依赖的其他库。

如果输入安装命令后运行时,提示未找到命令,则表明环境变量没有配置好,可以重新运行 Python 的安装程序,并参看图 1-3,确保选中 Add Python 3.9 to PATH 复选框。

一般来说,通过 pip 命令都能正常安装好需要的库。如果使用 pip 安装时,提示缺少 Visual C++ 等编译环境,导致安装失败,则可以通过下载对应的 whl 文件到本地进行安装。第三方库对应的 whl 文件是编译好的版本,由美国加州大学尔湾分校维护,可以从 https://www.lfd.uci.edu/~gohlke/pythonlibs/下载与本地操作系统和 Python 版本对应的 whl 文件。安装的方法是使用命令:

```
pip install whl 文件名
```

例如要安装 WordCloud 库,与 Python 3.9 版本,Windows 系统 32 位系统对应的 whl 文件,使用以下命令:

```
pip install wordcloud- 1.8.1- cp39- cp39- win32.whl
```

1.3 基本输入输出

1.3.1 赋值语句

Python 语言中,"="表示"赋值",即将逗号右侧的计算结果赋给左侧变量,包含"="的语句称为赋值语句,与数学上相等的含义不同,Python 语言中的相等在第 3 章程序控制结构中讲到。

例如，将12赋值给n，使用以下语句：

```
>>> n=12
>>> n
12
```

还有一种同步赋值语句，可以同时给多个变量赋值，基本格式如下。

```
<变量1>,…,<变量N> =<表达式1>,…,<表达式N>
```

即使用以下形式的语句同时给a和b赋值。

```
>>> a,b=3,4
>>> a
3
>>> b
4
```

要注意的是，同步赋值并不等同于简单地将多个单一赋值语句进行组合，因为Python语言在处理同步赋值时首先运算右侧的N个表达式，同时将表达式的结果赋值给左侧N个变量，例如，互换变量a和b的值，如果使用单一语句，需要借助一个变量t，代码如下。

```
>>> t=a
>>> a=b
>>> b=t
```

如果采用同步赋值，只需要如下的一行语句。

```
>>> a,b=b,a
```

同步赋值语句使赋值过程变得更简洁。通过减少变量的使用，可以简化语句表达，增加程序的可读性。但是，应尽量避免将多个无关的单一赋值语句组合成同步赋值语句，否则会降低程序的可读性。

1.3.2 input()函数

输入函数input()的功能是从控制台接收用户输入的数据，作为字符串类型进行处理。使用方法如下：

```
<变量>=input(<提示文字>)
```

获得用户输入时，可以包含提示性文字，使人机交互更友好，如果不需要提示性文字，则可以省略参数。

例如，接收用户输入姓名的程序运行如下。

```
>>> name =input("请输入姓名: ")
请输入姓名: 李华
>>> name
'李华'
```

程序运行时会首先输出提示信息“请输入姓名：”，用户输入姓名“李华”，可以看到变量 name 接收到了用户的输入。

使用 input()函数时需要注意，无论用户输入的是字符还是数字，input()函数统一按照字符串类型处理，例如，当输入数字时的运行如下。

```
>>> temp=input()
36.4
>>> temp
'36.4'
```

上述输入函数没有给出提示信息，用户直接输入 36.4，可以看到 temp 中接收到'36.4'，是一个字符串，如果要将其作为数字处理，需要进行转换，会在 1.3.3 节介绍。

1.3.3 print()函数

输出函数 print()的功能是向控制台输出信息。一般的使用方法是：

```
print(<输出的信息>)
```

例如，输出简单信息如下。

```
>>> print("Hello Python")
Hello Python
```

屏幕上输出“Hello Python”，输出后自动换行。

如果输出多个数据，则可以逗号分隔输出，一般形式如下。

```
print(value, ..., sep=' ', end='\n')
```

多个数据使用逗号分隔，sep 可以指定输出时数据之间的分隔符，默认是空格。end 可以指定输出结束符，默认是换行。

例如：

```
>>> print(name,temp)
李华 36.4
>>> print(name,temp,sep=',')
李华,36.4
```

默认输出时，两个变量间以空格分隔。如果设置了 sep 参数为逗号，则输出以逗号分隔。

如果要将两个字符串连接起来输出，可以使用

```
>>> print("Hello"+"World")
HelloWorld
```

使用"+"进行连接后输出，两个字符串之间没有任何分隔符。不过要注意，这里的"+"的两边都是字符串才可以这样连接。

```
name = input("请输入姓名: ")
temp=input()
print(name,end=":")
print(temp)
```

运行结果如下。

```
请输入姓名: 李华
36.4
李华: 36.4
```

第一个输出函数设置了 end 参数为冒号，因此输出时，与之后的输出之间以冒号分隔。

注意：字符串类型的一对引号仅在程序内部使用，输出时并无引号。

1.3.4 eval()函数

input()函数将输入作为一个字符串进行处理，如果希望输入的是数值型的数据，用于后续的计算，可以通过 eval()函数，把 input 作为其参数。

eval()函数的功能是将字符串 string 对象转换为有效的表达式并参与求值运算，返回计算结果。使用的一般形式为：

```
eval(<表达式>)
```

例如，给定一个运算表达式，运行如下。

```
>>> eval('3+4')
7
```

字符串'3+4'被解析为 3+4，运算后得到结果 7。

如果希望输入一个数值型数据，则使用 eval()函数将输入的字符串转为数值型。例如：

```
n=eval(input("请输入一个数: "))
print(n+10)
```

运行上述代码,结果如下。

```
请输入一个数: 5
15
```

注意:如果输入时没有使用 eval()函数,则会提示"TypeError:"的类型错误。

如果希望一行输入多个数,可以使用如下方法。

```
>>> a,b,c=eval(input())
3,5,9
>>> a
3
>>> b
5
>>> c
9
```

a,b,c 三个变量之间用逗号分隔,输入时也采用逗号分隔的形式输入 3 个数。注意要使用半角状态下的逗号。

【例 1.2】 输入两个整数,计算和、差并输出。

【分析】 要求输入两个整数,使用 input()函数默认输出的是字符串,需要通过 eval()函数进行转换。

```
m,n=eval(input("请以逗号分隔输入两个数: "))
s=m+n
d=m-n
print("两个数的和、差分别是: ",s,d)
```

程序运行结果如下。

```
请以逗号分隔输入两个数: 12,5
两个数的和、差分别是: 17 7
```

程序说明:因为输入两个数,要进行运算,因此采用 eval()函数将输入转为数值类型,分别计算其和、差后输出。

1.4 变　　量

1.4.1 关键字

关键字也称保留字,是编程语言内部定义并保留使用的。Python 3.9 中的 36 个关键字如表 1-1 所示。

表 1-1　Python 3.9 中的关键字

关　键　字	关　键　字	关　键　字	关　键　字	关　键　字
False	await	else	import	pass
None	break	except	in	raise
True	class	finally	is	return
and	continue	for	lambda	try
as	def	from	nonlocal	while
assert	del	global	not	with
async	elif	if	or	yield
__peg_parser__				

通过 keyword 库中的 kwlist 查看关键字,方法如下。

```
>>> import keyword
>>> keyword.kwlist
['False', 'None', 'True', '__peg_parser__', 'and', 'as', 'assert', 'async',
 'await', 'break', 'class', 'continue', 'def', 'del', 'elif', 'else', 'except',
 'finally', 'for', 'from', 'global', 'if', 'import', 'in', 'is', 'lambda',
 'nonlocal', 'not', 'or', 'pass', 'raise', 'return', 'try', 'while', 'with',
 'yield']
```

常用保留字的具体含义会在后续章节中陆续介绍,完整的含义介绍见附录 A。

1.4.2　变量命名

程序中采用变量保存和表示数据。Python 语言中变量的命名规则是,允许使用大小写字母、数字、下画线和中文等字符及组合。但变量名的首字符不能是数字,变量名对于大小写敏感,且变量名不能与 Python 的关键字相同。

例如:

name_1、name123、_name、长度 a 等,都是合法的变量名。

Python 和 python 是不同的变量。

Num&1、123num、for 等,都是不合法的变量名。原因是违反了变量的命名规则,例如,& 是不允许的字符,数字不能为首字符,for 是关键字,不能用作变量名。

虽然定义变量名时可以选择自己喜欢的名字,不过变量命名通常会跟变量表示的含义相关联,比较好的命名是使用表示其含义的单词或单词组合作为变量名称,例如,使用 name 存储姓名信息,这样可以提高程序的可读性和可维护性,同时也是良好编程习惯的体现。

1.5 注释与缩进

1.5.1 注释

注释是用于提高代码可读性的辅助性文字。注释分为单行注释和多行注释两种。单行注释以#开头,其后的内容为注释。多行注释以三个单引号'''或三个双引号"""作为开头和结尾。

例如以下程序:

```
'''
本程序计算两个数之和。
1.输入两个数
2.计算
3.输出计算结果
'''
#从键盘输入两个数 m 和 n,用逗号分隔
m,n=eval(input())
s=m+n          #计算 m+n,赋值给 s
print(s)       #输出结果
```

上述程序中首先加入多行注释,用于说明本程序的功能和步骤。单行注释可以添加到单独的行或者与代码同行,如果同行,要在代码的后面。例如,最后一行输出结果的注释。

虽然注释不是真正要执行的代码,但是添加必要的注释可以提高代码的可读性。建议程序中都加入适当的注释。

1.5.2 缩进

缩进是一行代码开始前的空白区域。在 Python 中,程序中的代码并不都是垂直对齐的,缩进是 Python 语法的一部分,缩进能够表达程序的格式框架。缩进表示了所属关系,表达了代码间的包含关系和层次关系。如果缩进不正确,将会导致程序运行的结果错误。

例如,以下是判断体温是否正常的程序代码片段。

```
if temp>37.3:
    print("体温异常")
else:
    print("体温正常")
```

可以看到当满足 temp>37.3 时，输出“体温异常”，否则输出“体温正常”。某条件下运行的 print 代码均为缩进状态，输入程序代码时，程序会自动缩进。

缩进的长度应该一致，即程序内缩进标准是一致的，一般用 4 个空格或 1 个 Tab。

1.6 程序的编写方法

每个计算机程序都用来解决特定计算问题。无论程序规模如何，每个程序都有统一的运算模式：输入数据、处理数据、输出数据。这就形成了基本的程序编写方法：IPO (Input、Process、Output)方法。

输入(Input)是一个程序的开始。程序要处理的数据有多种来源，因此可以有多种输入方式，包括控制台输入、文件输入、随机数据输入、网络输入等。

处理(Process)是程序对输入数据进行计算并产生输出结果的过程。计算问题的处理方法统称为“算法”，它是程序最重要的组成部分，可以说，算法是一个程序的灵魂。

输出(Output)是程序展示运算成果的方式。程序的输出方式包括控制台输出、文件输出、图形输出、网络输出等。

IPO 是程序设计的基本方法，同时也是描述计算问题的方式。以例 1.2 为例，其 IPO 描述如下。

```
输入：两个整数 m 和 n
处理：计算和 s=m+n，计算差 d=m-n
输出：两个数的和 s、差 d
```

问题的 IPO 描述实际上是对一个计算问题输入、输出和求解方式的自然语言描述。IPO 描述能够帮助初学程序设计的读者理解程序设计的开始过程，即了解程序的运算模式，进而建立程序设计的基本概念。

1.7 源程序打包

如果希望让 Python 程序脱离 Python 环境运行，可以使用 pyinstaller 库对源程序进行打包，生成可执行文件。pyinstaller 是第三方库，需要先通过 pip 命令安装。

pyinstaller 库要在命令行环境下使用，首先将路径切换到源程序所在的目录，然后执行如下命令。

```
pyinstaller 要打包的文件名
```

打包成功后，会在当前目录下创建 dist 和 build 两个文件夹，可执行文件在 dist 文件夹中与源文件同名的路径下。

打包时常用参数-F,使生成的源文件是一个单独的可执行文件。如果源程序中包含第三方库,可以使用参数-p 指定第三方库所在的路径。

1.8 本章小结

本章首先从计算机语言、Python 语言的发展历史和应用领域,初识了 Python 语言。然后通过开发环境配置、编写第一个程序,认识了 Python 程序。通过基本输入输出函数介绍,了解输入输出的写法。最后通过变量命名以及注释缩进等内容的介绍,阐述了 Python 语言中涉及的语法规则。本章还介绍了如何查看帮助,如何安装第三方库以及如何将源程序打包,这些内容对于全面理解和应用 Python 语言有很大帮助。

1.9 上机实验

【实验 1.1】 输入自己的姓名后在屏幕上输出“欢迎你,***同学”(其中,***用输入的姓名替换),输入输出示例如表 1-2 所示。

表 1-2 实验 1.1 输入输出示例

输　入	输　出
张三	欢迎你,张三同学

1. 实验目的。

(1) 巩固 input()函数的使用方法。

(2) 巩固基本输出语句的使用方法。

2. 实验步骤。

(1) 打开安装好的 Python IDLE 环境。

(2) 通过菜单 File→New File,打开文件式编程窗口。

(3) 根据题目要求,使用 input()函数输入姓名。

(4) 根据题目要求,使用 print()函数输出指定格式的信息。

3. 提示。

(1) 姓名本身就是字符串,可以通过 input()函数直接输入。

(2) 使用 print 输出时,注意姓名部分要用输入的变量代替。

4. 扩展。

(1) 输出格式为:“欢迎你:张三,同学”。

(2) 输出格式中将“欢迎你”修改为竖版显示,姓名与同学间有一个空格,如下。

```
欢
迎
你
张三 同学
```

【实验 1.2】 分两行,分别输入姓名和体温,输出如下格式。

```
***同学,你好:
请确认你的体温是###
```

其中,***表示输入的姓名,###表示输入的体温。

本程序给定模板,请在上方按照实验要求补充代码,不要删除原有代码,体温赋值给变量 temp,程序模板如下。

```
'''
按照实验要求补充代码,不要删除原有代码。
体温赋值给变量 temp
'''
#在此补充代码



if temp>37.3:
    print("你的体温异常!")
else:
    print("你的体温正常!")
```

整个程序的输入输出示例如表 1-3 所示。

表 1-3 实验 1.2 输入输出示例

输 入	输 出
张三 36.5	张三同学,你好: 请确认你的体温是 36.5 你的体温正常!

1. 实验目的。

(1) 巩固 input()函数输入数字的方法。

(2) 巩固 print()函数的使用方法。

2. 实验步骤。

(1) 启动 Python IDLE 编程环境。

(2) 按照实验要求,分别输入姓名和体温。

(3) 按照实验要求,按照指定格式输出。

3. 提示。

体温是数字，注意类型转换。

4. 扩展。

请修改输出格式，使输出的第二行为：请确认你的体温是36.5，即去掉"是"后面的空格，其他输出不变。

【实验1.3】 输入三个数字 X、Y、Z，计算并输出 $X+Y+Z$ 的值。输入的三个数，通过逗号分隔一行输入得到，输入输出示例如表1-4所示。

表1-4 实验1.3输入输出示例

输 入	输 出
3,6,8	三个数之和为17

1. 实验目的。

(1) 巩固同步赋值方式输入多个数的方法。

(2) 巩固运算处理的方法。

2. 实验步骤。

(1) 按照实验要求输入三个数。

(2) 计算三个数的和。

(3) 按格式输出三个数的和。

3. 提示。

使用eval一行输入多个数的方法。

4. 扩展。

如果希望输出的格式如表1-5所示，如何修改输出语句。

表1-5 实验1.3拓展输入输出示例

输 入	输 出
3,6,8	3+6+8=17

习 题

1.【单选】Python语言适合(　　)领域的计算问题。

A. 数据处理和文本挖掘　　B. 工程建模和人工智能

C. 创意绘图和随机艺术　　D. 以上都正确

2.【单选】下面(　　)选项不是Python保留字。

A. pass　　B. None　　C. goto　　D. def

3.【多选】Python变量名可以包含的字符有(　　)。

A. 小写字母(a～z)　　B. 空格

C. 大写字母(A~Z)　　D. 数字(0~9)

E. 问号(?)　　F. 下画线(_)

4.【单选】下列不符合 Python 语言变量命名规则的是(　　)。

A. OutStr　　B. R_1　　C. 3_a　　D. _Python

5. 编写程序输出“Hello Python”。

6. 编写程序,输入两个数字 X 和 Y,输出二者的差。(要求 X 和 Y 用同步赋值的方式,一行输入。)

第2章 基本数据类型

学习目标

- 能描述几种基本数据类型的特点。
- 能运用数值运算解决实际问题。
- 能运用字符索引与字符切片截取字符串。
- 能运用 format()对数据进行格式化输出。
- 能运用字符处理函数和方法解决问题。
- 能运用函数对数据类型进行转换。

本章主要内容

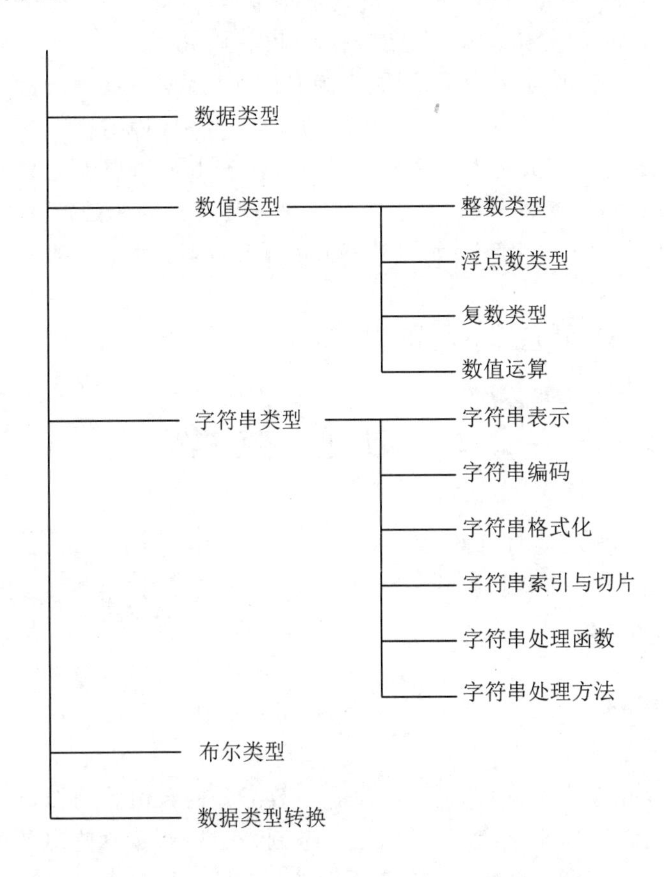

各例题知识要点

例 2.1　计算四位整数中各位数字之和(算术运算符)

例 2.2　利用余弦定理求第三边长(math 库)

例 2.3　生成汉字区位码(字符编码)

例 2.4　数字格式化(format()方法)

例 2.5　截取身份证号码,生成出生日期和年龄,判断并输出性别(字符索引与字符切片)

例 2.6　字符串检索与统计(max()、min()、len()函数和 strip()、find()方法)

例 2.7　字符串替换与大小写转换(lower()、count()和 replace()方法)

例 2.8　字符串分隔与合并(split()和 join()方法)

2.1　数据类型

Python 数据类型包括内置数据类型(标准数据类型)和自定义数据类型。其中,内置数据类型按照数据的复杂程度,又分为基本数据类型和组合数据类型两大类。Python 的基本数据类型包括数值类型(numeric type)、字符串类型(str)和布尔类型(bool)。组合数据类型包括列表(list)、元组(tuple)、集合(set)和字典(dict)。

序列是 Python 中最基本的数据结构,分为有序序列和无序序列。其中,有序序列中元素之间存在先后关系,可以通过序号(下标)访问。Python 中字符串、列表、元组是有序序列数据类型,而集合和字典是无序序列数据类型。Python 数据类型又可分为不可变数据类型(immutable)和可变(mutable)数据类型。可变和不可变是指变量的内存空间地址是否能发生变化。数值、字符串、元组是三个不可变数据类型。列表、集合、字典是三个可变数据类型。

本章主要讲解 Python 的基本数据类型,组合数据类型将在第 4 章介绍。

2.2　数值类型

数值是自然界计数活动的抽象,更是数学运算和推理表示的基础。表示数值的数据类型称为数值类型,Python 语言提供三种数值类型,分别是整数、浮点数和复数,对应数学中的整数、实数和复数。

2.2.1　整数类型

整数类型(int)用来表示整数数值,即没有小数部分的数值。例如,19、−2、0 是十进制整数。除了十进制整数外,整数还可以用二进制、八进制、十六进制等其他进制表示。默认情况下,整数采用十进制,其他进制需要增加相应的引导符号,如表 2-1 所示。

表 2-1　整数类型的 4 种进制表示

进制种类	引导符号	描　　述
十进制	无	默认情况
二进制	0b 或 0B	由 0 和 1 两个数字组成，如'0b11011'表示十进制的 27
八进制	0o 或 0O	由 0～7 共八个数字组成，如'0o33'表示十进制的 27
十六进制	0x 或 0X	由 0～9 十个数字、A～F(或 a～f)六个字母组成，不区分大小写，如'0x1b'表示十进制的 27

说明：

(1) 二进制、八进制、十六进制数中第一个字符是数字 0。

(2) 二进制、八进制、十六进制数中的第二个字符既可以是小写字母，也可以是大写字母。

(3) 十六进制数中的数码 a、b、c、d、e、f 既可以是小写字母，也可以是大写字母。

1. 十进制整数

最常见的整数是十进制形式，它由 0～9 共十个数字排列组合而成。使用十进制形式的整数时不能以 0 作为开头，除非这个数值本身就是 0。

2. 二进制整数

由 0 和 1 两个数字组成，进位规则为"逢二进一"，书写时以 0b 或 0B 开头。如 0b1010/0B1010(转换成十进制后为 10)。

3. 八进制整数

八进制整数由 0～7 共八个数字组成，进位规则为"逢八进一"，书写时以 0o 或 0O 开头。如 0o257 或 0O257(转换成十进制后为 175)。

4. 十六进制整数

由 0～9 十个数字以及 A～F(或 a～f)六个字母组成，进位规则为"逢十六进一"，书写时以 0x 或 0X 开头。如 0x39e 或 0X39e(转换成十进制后为 926)。

各进制之间的转换函数如表 2-2 所示。

表 2-2　进制转换函数

函　　数	功　　能	举　　例
bin(x)	将 x 转换为二进制	bin(10) 返回结果为'0b1010'，结果以"0b"开头
oct(x)	将 x 转换为八进制	oct(0b1010)返回结果为'0o12'，结果以"0o"开头
int(x)	将 x 转换为十进制	int(0x1e) 返回结果为 30
hex(x)	将 x 转换为十六进制	hex(0o12) 返回结果为'0xa'，结果以"0x"开头

整数类型示例如下。

```
>>> 0b1111                    #二进制表示
15
>>> 0o765                     #八进制表示
501
>>> 0X3e4f                    #十六进制表示
15951
>>> bin(65)                   #十进制转二进制
'0b1000001'
>>> bin(0o25)                 #八进制转二进制
'0b10101'
>>> oct(123)                  #十进制转八进制
'0o173'
>>> oct(0x5e2)                #十六进制转八进制
'0o2742'
>>> hex(160)                  #十进制转十六进制
'0xa0'
>>> hex(0b1010111)            #二进制转十六进制
'0x57'
>>> int(0b111)                #二进制转十进制
7
>>> int(0o100)                #八进制转十进制
64
>>> int(0xA0A0)               #十六进制转十进制
41120
```

2.2.2 浮点数类型

浮点数类型(float)由整数部分与小数部分组成。浮点数既可以用小数表示,也可以用科学记数法表示。科学记数法的形式为:

```
<a>E<b>   或   <a>e<b>
```

其中,a 为整数或浮点数,b 为整数,字母 E 或 e 表示以 10 为底的幂,即 $a\times10^b$。例如,1.2e3、1.2E3 与 1200.0 均表示实数 1200.0。

浮点数和整数在计算机内部存储的方式是不同的,整数运算永远是精确的,而浮点数取值范围和小数精度都存在限制,但常规计算可忽略。浮点数的取值范围数量级为 $-10^{307}\sim10^{308}$,精度数量级为 10^{-16}。在使用浮点数进行计算时,可能会出现小数位数不确定的情况。例如,在计算 0.1＋0.3 时,结果为 0.4,而在计算 0.1＋0.2 时,结果为 0.30000000000000004,可见运算结果存在不确定尾数,示例如下。

```
>>> 0.1+0.3
0.4
>>> 0.1+0.2
0.30000000000000004
```

由于不确定尾数一般发生在 10^{-16} 左右，可用 round(x,d)函数进行四舍五入辅助解决。

float()函数可以将整数和字符串转换成浮点数。

2.2.3 复数类型

复数类型表示数学中的复数。复数(complex)由实数部分和虚数部分构成，可以用 $a+b$j 或者 $a+b$J 表示。

其中，a，b 均为实数，a 称为实部，b 称为虚部。

Python 语言支持复数类型，Python 语言中的复数具有以下规则。

(1) 虚数不能单独存在，它总是和一个实数部分构成一个复数。

(2) 复数由实数部分 a 和虚数部分 bj(bJ)构成。

(3) 复数的实部 a 和虚部 b 都是浮点型。

(4) 虚数部分后面必须有 j 或 J，例如：1.2+3j，3.3e-4+56J 均为复数。

对于复数 z，可以用 z.real 和 z.imag 分别获得它的实数部分和虚数部分。函数 complex(a，b)可以将实数对(a，b)转换为复数 $a+b$，示例如下。

```
>>> z=2.15e-2+3.46+97j
>>> z.real
3.4815
>>> z.imag
97.0
>>> complex(3.4,5)
(3.4+5j)
```

随着科学和技术的进步，复数理论已越来越显出它的重要性，它不但对于数学本身的发展有着极其重要的意义，而且在科学计算中也得到广泛应用。

2.2.4 数值运算

1. 算术运算符

算术运算符(numeric operators)就是用来处理算术运算的运算符，它是最简单，也是最常用的符号，尤其是数字的处理，几乎都会使用到算术运算符。Python 中的常用算术运算符如表 2-3 所示。

表 2-3　Python 常用算术运算符

运算符	功能	举例
+	加运算	$x+y$,x 与 y 之和
-	减运算	$x-y$,x 与 y 之差
*	乘运算	$x*y$,x 与 y 之积
/	除运算	x/y,x 与 y 之商,如 10/4 返回结果是 2.5
//	整数除	$x//y$,x 与 y 之整数商,如 10//4 返回结果是 2
%	余数,模运算	$x\%y$,x 除以 y 之余数,如 10%3 返回结果是 1
**	幂运算	$x**y$,x 的 y 次幂,x^y,如 10**3 返回结果是 1000

说明：在使用算术运算符中的“/”“//”和“%”时,除数不能为 0,否则将会出现运行异常。

2. 赋值运算符

赋值运算符主要用来为变量赋值。“=”是常规的简单赋值运算符,也可与其他运算符(如算术运算符)结合,成为功能更强大的赋值运算符,如表 2-4 所示。

表 2-4　Python 的赋值运算符

运算符	功能	举例
=	常规赋值运算符	a=3,将 3 赋值给变量 a
+=	加法赋值运算符	a+=b 等效于 a=a+b
-=	减法赋值运算符	a-=b 等效于 a=a-b
*=	乘法赋值运算符	a*=b 等效于 a=a*b
/=	除法赋值运算符	a/=b 等效于 a=a/b
%=	取模赋值运算符	a%=b 等效于 a=a%b
**=	幂运算赋值运算符	a**=b 等效于 a=a**b
//=	取整除赋值运算符	a//=b 等效于 a=a//b

赋值运算符示例如下。

```
>>> a,b,c,d,e=1,2,3,4,5
>>> a+=b
>>> b*=d
>>> c-=a
>>> d/=a
>>> b//=a
>>> e%=b
>>> print(a,"/",b,"/",c,"/",d,"/",e)
3 / 2 / 0 / 1.3333333333333333 / 1
```

3. 运算符的优先级

运算符的优先级是指在多个运算符同时存在的运算中,执行的先后顺序。Python 中运算符的运算规则与四则运算规则相同。优先级高的运算符先执行,优先级低的运算符后执行,同一优先级按照从左到右的顺序执行,也可以使用圆括号,括号内的运算优先执行。表 2-5 按照从高到低的顺序列出了运算符的优先级,同一行中的运算符具有相同的优先级。

表 2-5 运算符的优先级

类型	运算符	说明
幂运算符	**	幂
单目运算符	~、+、-	位运算中的取反、正号和负号
算术运算符	*、/、%、//	乘、除、求余、整除
	+、-	加、减
位运算符	<<、>>	位运算中的左移、右移
	&	位运算中的位与
	^	位运算中的位异或
	|	位运算中的位或
比较运算符	<、<=、>、>=、!=、==	小于、小于或等于、大于、大于或等于、不等于、等于
逻辑运算符	not、and、or	非、与、或(优先级从高到低依次为 not、and、or)

注意:在编程过程中要正确区分赋值运算符"="与关系运算符"==",不要混淆。

4. 数值运算内置函数

内置函数(build-in function,BIF)是 Python 内置对象类型之一,不需要导入库或模块就可以直接使用。这些内置的对象都封装在内置模块__builtins__(注意,builtins 左右两侧各有两个下画线)中,并且进行了优化,运行速度快,推荐优先使用。使用内置函数 dir(__builtins__)可以查看所有内置函数及内置常量名。使用内置函数 help(函数名)可以查看某个函数的用法。

```
>>> help(abs)
Help on built-in function abs in module builtins:
abs(x, /)
    Return the absolute value of the argument.
```

Python 中的常用数值运算内置函数及其功能说明如表 2-6 所示,其中,方括号内的参数可以省略。

表 2-6 常用数值运算内置函数及其功能说明

函数	功能	举例
abs(x)	绝对值,返回 x 的绝对值	abs(−10.01),结果为 10.01
divmod(x,y)	商余,同时输出商和余数,相当于(x//y,x%y)	divmod(10,3),结果为(3,1)
pow(x,y[,z])	幂余,相当于(x**y)%z,参数 z 可省略	pow(3,pow(3,99),10000),结果为 4587
round(x[,d])	四舍五入,d 是保留小数位数,默认值为 0	round(−10.123,2),结果为 −10.12
max(x_1,x_2,…,x_n)	最大值,返回 x_1,x_2,…,x_n 中的最大值	max(1,9,5,4,3),结果为 9
min(x_1,x_2,…,x_n)	最小值,返回 x_1,x_2,…,x_n 中的最小值	min(1,9,5,4,3),结果为 1

数值运算常用内置函数示例如下。

```
>>> abs(3-5.5)                #求数值的绝对值
2.5
>>> divmod(15,6)              #返回两个数值的商和余数
(2, 3)
>>> pow(2,4)                  #返回两个数值的幂运算值
16
>>> round(3.1415936,3)        #对浮点数按照指定位数进行四舍五入输出
3.142
>>> max(1,4,2,5,8)            #返回所有参数的最大值
8
>>> min(2,6,4,1,9)            #返回所有参数的最小值
1
```

5. math 库

math 库是 Python 提供的内置数学类函数库,不支持复数运算。math 库共提供 4 个数学常量和 44 个函数。

math 库中的函数不能直接使用,必须用 import 导入 math 库方可使用。两种导入方式如下。

(1) 使用 import 导入。

```
import math
```

这种导入方式,对 math 库中的函数采用 math.<函数名>(<函数参数>)形式使用。

(2) 直接从库中引用函数,形式如下。

```
from math import <函数名>
from math import *            # *是通配符,代表该库中的所有函数
```

导入库后，使用 dir(库名)可以查看该库下的所有函数，使用 help(库名)查看该库下所有函数的具体信息。使用 help(库名.函数名)查看指定的函数信息。

```
>>> dir(math)
['__doc__', '__loader__', '__name__', '__package__', '__spec__', 'acos', 'acosh',
 'asin', 'asinh', 'atan', 'atan2', 'atanh', 'ceil', 'comb', 'copysign', 'cos',
 'cosh', 'degrees', 'dist', 'e', 'erf', 'erfc', 'exp', 'expm1', 'fabs',
 'factorial', 'floor', 'fmod', 'frexp', 'fsum', 'gamma', 'gcd', 'hypot', 'inf',
 'isclose', 'isfinite', 'isinf', 'isnan', 'isqrt', 'lcm', 'ldexp', 'lgamma',
 'log', 'log10', 'log1p', 'log2', 'modf', 'nan', 'nextafter', 'perm', 'pi', 'pow',
 'prod', 'radians', 'remainder', 'sin', 'sinh', 'sqrt', 'tan', 'tanh', 'tau',
 'trunc', 'ulp']
>>> help(math.fabs)
Help on built-in function fabs in module math:

fabs(x, /)
    Return the absolute value of the float x.
```

math 库的常用函数及数学常数如表 2-7 所示。

表 2-7　math 库的常用函数及数学常数

函数或常量	数学表示	描　述
math.pi	π	数学常量 pi(圆周率)
math.e	e	数学常量 e(自然常数)
math.fabs(x)	$\|x\|$	返回 x 的绝对值
math.pow(x,y)	x^y	返回 x 的 y 次幂
math.exp(x)	e^x	返回 e 的 x 次幂
math.sqrt(x)	$\sqrt{x}$	返回 x 的平方根
math.log(x,y)	$\log_y x$	返回以 y 为底数 x 的对数值，参数 y 可选，当省略底数 y 时，默认为 e，表示 ln(x)函数
math.log2(x)	$\log_2 x$	返回 x 的以 2 为底数的对数值
math.log10(x)	$\log_{10} x$	返回 x 的以 10 为底数的对数值
math.cos(x)	$\cos x$	返回 x 弧度的余弦值
math.sin(x)	$\sin x$	返回 x 弧度的正弦值
math.tan(x)	tanx	返回 x 弧度的正切值
math.degrees(x)	$180/\pi\times x$	将弧度转换为角度，如 degrees(math.pi/2)，返回 90.0
math.radians(x)	$\pi/180\times x$	将角度转换为弧度

续表

函数或常量	数学表示	描　述
math.ceil(x)		向上取整，返回不小于 x 的最小整数 如 ceil(9.2)返回 10，ceil(−9.8)返回−9
math.floor(x)		向下取整，返回不大于 x 的最大整数 如 floor(9.2)返回 9，floor(−9.8)返回−10
math.gcd(x,y)		求 x，y 的最大公约数

math 库常用函数示例如下。

```
>>> import math
>>> math.sin(math.pi/2)          #返回 sinπ/2 的值
1.0
>>> math.floor(-4.5)             #返回不大于-4.5 的最大整数
-5
>>> math.sqrt(math.pow(2,3))     #返回√2³的值
2.8284271247461903
>>> math.log(math.e**2)          #返回 loge^e²
2.0
>>> math.gcd(36,24)              #返回 36 和 24 的最大公约数
12
>>> math.sin(math.radians(30))   #返回 sin30°
0.49999999999999994
```

【例 2.1】 编写程序，从键盘输入一个 4 位整数，计算该数中各位数字之和并输出。

【分析】 本例涉及算术运算符“//”和“%”的使用。首先从键盘输入一个数字字符串，利用 int()函数将其转为数值类型，然后借助“//”和“%”运算符或者 divmod()函数，分别获取 x 中的千位数、百位数、十位数和个位数。

程序代码如下。

```
x=int(input("请输入 4 位整数"))
a=x//1000                        #获取千位数
b=x//100%10                      #获取百位数
c=x//10%10                       #获取十位数
d=x%10                           #获取个位数
print("数字之和为: ",a+b+c+d)
```

程序运行结果如下。

```
请输入 4 位整数: 1998
数字之和为: 27
```

程序说明：

(1) “//”为整数商运算符，%为求余运算符。

(2) x//100 返回四位整数中前两位，即千位和百位上的数，x//100%10 返回百位上的数；x//10 返回四位整数中的前三位，即千位、百位和十位上的数，x//10%10 则可返回十位上的数；x%10 返回个位数。

(3) divmod()函数同时返回两数相除的整数商和余数，因此可以用 divmod(x//100, 10)返回千位数和百位数，用 divmod(x%100,10)返回十位数和个位数。

【例 2.2】 已知三角形的两边长和两边之间的夹角，利用余弦定理求第三边长。

余弦定理：$c^2=a^2+b^2-2ab\cos C$，其中，a，b 为三角形的两个边长，C 为 a，b 之间的夹角。要求：

(1) 第一行输入两个边长，用西文逗号隔开。

(2) 第二行输入夹角大小。

(3) 计算结果四舍五入保留两位小数。

【分析】 本例涉及 math 库和算术运算符的使用。首先导入 math 库，然后用 input()函数获取两边长和夹角的值，最后用余弦定理公式计算第三边长。

程序代码：

```
from math import *
a,b=eval(input("请依次输入两个边长: "))
C=eval(input("请输入角度: "))
d=radians(C)                              #角度转弧度
c=sqrt(a**2+b**2-2 * a * b * cos(d))      #计算第三条边 c
print("第三条边长为: ",round(c,2))
```

程序运行结果：

```
请依次输入两个边长: 2,3
请输入角度: 45
第三条边长为: 2.12
```

程序说明：

(1) a，b 变量在同一行输入，变量之间用英文半角逗号分隔。

(2) 由于三角函数的参数为弧度值，因此需要先用 math 库中的 radians()函数，将角度值转为弧度值再进行计算。

(3) round()为四舍五入函数，函数中的第 2 个参数为保留位数，如 round(c,2)，指对变量 c 在小数点后第 2 位进行四舍五入。

(4) 用 math 库中的 sqrt()函数，返回 $a^2+b^2-2ab\cos C$ 的平方根。

(5) $2ab\cos C$ 表示乘积，表达式中要用乘法运算符“*”，$\cos C$ 要调用 math 库中的 cos()函数。

2.3 布尔类型

1. 布尔类型的表示

Python 提供了两个布尔值 True(真)和 False(假),其中,标识符 True 和 False 区分大小写。

内置函数 bool()可以将非布尔类型数据转换为布尔类型数据。所有非零值均返回 True,只有 0、""(空字符串)、[](空列表)、{}(空字典)、None(空值)返回 False。

2. 布尔类型的运算

Python 中布尔类型的值可以转换为数值进行数值运算,True 表示 1,False 表示 0。例如,“False+2”的返回结果为 2,但是不建议对布尔类型的值进行数值运算。

布尔类型数据主要用于表示关系运算或逻辑运算的结果。常用的关系运算符有==、!=、>、<、>=、<=,功能如表 2-8 所示。

表 2-8 关系运算符

运算符	含义	运算符	含义
<	小于	>	大于
<=	小于或等于	>=	大于或等于
==	等于	!=	不等于

布尔类型的数据可以进行逻辑与(and)、逻辑或(or)、逻辑非(not)三种逻辑运算。功能与使用格式如表 2-9 所示。

表 2-9 逻辑运算符

运算符	含义	表达式	运算规则
and	逻辑与	*A* and *B*	只有 *A* 和 *B* 同时为真(True)时,结果才为真(True); 只要 *A* 和 *B* 中有一个为假(False),结果即为假(False)
or	逻辑或	*A* or *B*	只有 *A* 和 *B* 同时为假(False)时,结果才为假(False); 只要 *A* 和 *B* 中有一个为真(True),结果即为真(True)
not	逻辑非	not *A*	*A* 为真时,结果为假(False);*A* 为假时,结果为真(True)

布尔运算示例如下。

```
bool("")
False
>>> bool(123)
True
```

```
>>> False+2
2
>>> True * 3
3
>>> print(1>2,2<5,3>=True,4!=6,2==False)
False True True True False
>>> 2>3 and 1<2
False
>>> 2>3 or 1<2
True
>>> not 4>=5
True
```

2.4 字符串类型

2.4.1 字符串表示

1. 字符串的表示

1）单行字符串

在 Python 中，使用一对单引号(')和双引号(")表示字符串常量。语法格式如下。

```
'单行字符串'
"单行字符串"
```

单引号和双引号常用于表示单行字符串，也可以在字符串中添加换行符(\n)间接定义多行字符串。单行字符串中可以包含单引号、双引号、换行符、制表符，以及其他特殊字符，对于这些特殊字符需要使用反斜线(\)进行转义。转义字符具有特定的含义，其含义不同于字符原有的意义。转义字符一般应用于 print()函数中，用来控制输出字符串的输出格式，常用转义字符如表 2-10 所示。

表 2-10 Python 中的常用转义字符

转义字符	功　能	描　述	转义字符的分类
\n	换行	将当前位置移动到下一行的开头	无法直接表示的字符
\r	回车	将当前位置移动到本行的开头	无法直接表示的字符
\t	水平制表符	将当前位置跳转到下一个 Tab 位置	无法直接表示的字符
\f	换页	将当前光标移动到下页开头	无法直接表示的字符
\b	退格	将当前位置移动到前一列	无法直接表示的字符

续表

转义字符	功　能	描　述	转义字符的分类
\a	响铃	发出蜂鸣声	无法直接表示的字符
\\	反斜线		在字符串中有特殊用途的字符
\'	单引号		在字符串中有特殊用途的字符
\"	双引号		在字符串中有特殊用途的字符

在使用单引号表示的字符串中,可以直接包含双引号,而不必进行转义;在使用双引号定义的字符串中,也可以直接包含单引号,而不必进行转义。

2) 多行字符串

单引号、双引号表示多行字符串时,需要添加换行符\n,而三引号不需要添加换行符,语法格式如下。

```
'''多行
字符串'''
```

或

```
"""多行
字符串"""
```

三引号表示的字符串可以包含单引号、双引号、换行符、制表符,以及其他特殊字符,对于这些特殊字符不需要使用反斜线(\)进行转义,从而可以确保字符串的原始格式。但是通常使用最多的还是单行字符串。

三引号一般用于函数注释、类注释、定义 SQL 语句等,可以在源码中看到大量三引号的应用。

说明:

- 引号必须成对使用,并且左右必须是同一类型引号。
- ""表示空字符串,引号中间没有任何字符。

2. 字符串运算符

字符串的操作包括字符串的连接、复制、切片、包含等,具体如表 2-11 所示。

表 2-11　字符串操作符

操作符	功　能	使　用	举　例
+	字符串连接	str1+str2	"python"+"world",返回结果"pythonworld"
*	重复输出字符串	*n* * str 或 str * *n*	"AI" * 3,返回结果"AIAIAI"
[]	通过索引获取字符串中某个字符	str[*n*]	"python"[2],返回结果't'

续表

操作符	功　　能	使　　用	举　　例
[:]	截取字符串中的一部分	str[start:end:step]	"python"[2:4],返回结果'th'
in	成员运算符,如果字符串中包含给定的字符则返回 True	x in y	"python" in "pythonworld",返回结果 True
not in	成员运算符,如果字符串中不包含给定的字符则返回 True	x not in y	"python" not in "pythonworld",返回结果 False

操作符"+"执行的操作取决于两侧操作数的类型。如果两侧操作数是字符类型,则"+"执行字符连接运算;如果两侧操作数是数值类型,则执行算术加法运算;如果"+"号两侧数据类型不一致,则为不合法,执行时系统会报错。

操作符"*"表示字符串的复制。对于字符串 x 与正整数 n,x * n 表示将字符串 x 复制 n 次,结果是生成一个更长的新字符串。

in 与 not in 用来判断一个字符串是否是另一个字符串的子串。如 x in s,表示如果 x 是 s 的子串,则结果为 True,否则结果为 False。

字符串的表示与运算示例如下。

```
>>> a='Python 程序设计'              #单引号字符串
>>> b="C 语言程序设计"                #双引号字符串
>>> c='''HTML 网页设计               #三引号字符串,可换行
--Web 开发'''
>>> a+b                              #字符串连接
'Python 程序设计 C 语言程序设计'
>>> b*3                              #字符串乘法,即重复输出
'C 语言程序设计 C 语言程序设计 C 语言程序设计'
>>> "语言" in a                      #判断包含关系
False
>>> "语言" not in a                  #判断包含关系
True
>>> a[:6]+c[-5:]                     #截取字符串
'PythonWeb 开发'
```

2.4.2 字符串编码

在 Python 中,程序中的文本都用字符串表示。Python 中字符串对象的数据类型是 str,在内存中是以 Unicode 编码表示,一个字符对应若干字节。如果在网络上传输或保存到磁盘上,则需要把 str 变为以字节为单位的 bytes。Python 对 bytes 类型的数据用带 b 前缀的单引号或双引号表示。

1. 字符编码

最早的字符编码是美国标准信息交换码，即 ASCII 码。它使用 7 位二进制(一字节的后 7 位)进行编码，最多可以给 128 个字符分配数值，包括 26 个大写与 26 个小写字母、10 个数字、标点符号、控制字符以及其他符号。ASCII 编码每个字符用一字节(8 个二进制位)存储，最高位作为数据存储或传输的校验位。

Unicode 是为了解决传统字符编码方案的局限而产生的，它为每种语言中的每个字符设定了统一并且唯一的二进制编码，以满足跨语言、跨平台进行文本转换和处理的要求。Unicode 通常用两字节表示一个字符，原有的英文编码从单字节变成双字节，只需要把高字节全部填为 0 即可。Unicode 编码中包含 ASCII 码。

UTF-8 是为了提高 Unicode 的编码效率出现的。UTF-8 是国际通用的编码格式，它包含全世界所有国家需要用到的字符，其规定英文字符占用 1B，中文字符占用 3B。

GB2312 是简体中文字符集，由 6763 个常用汉字和 682 个全角的非汉字字符组成。GB2312 编码使用两字节表示一个汉字，理论上最多可以表示 256×256＝65 536 个汉字。这种编码方式是基于区位码设计的，仅在中国通行。区位码把编码表分为 94 个区，每个区对应 94 个位，每个字符的区号和位号组合起来就是该汉字的区位码。区位码一般用十进制数来表示，如 1601 就表示 16 区 1 位，对应的字符是“啊”。在区位码的区号和位号上分别加上 0xA0 就得到了 GB2312 编码。

GBK 编码兼容 GB2312，并对其进行扩展，也采用双字节表示。共收录汉字 21 003 个、符号 883 个，提供 1894 个造字码位，简、繁体字融于一库。

常见字符编码对比如表 2-12 所示。

表 2-12　常见字符编码对比

编　　码	大　　小	支持语言
ASCII	1B	英文
Unicode	2B(生僻字 4 个)	所有语言
UTF-8	1～6B，英文字母 1B，汉字 3B，生僻字 4～6B	所有语言

2. encode()编码和 decode()解码

Python 中，使用字符串对象的 encode()方法，可以将字符串对象编码为二进制字节串 bytes 类型。当字符串和字节串互相转换时，需指定编码方式，最常用的编码是 UTF-8。语法格式如下。

```
str.encode(encoding='UTF-8',errors='strict')
```

str 表示字符串对象，参数 encoding 表示要使用的编码类型，默认为 UTF-8，参数 errors 设置不同错误的处理方案，默认为 strict。如果出错默认报一个 ValueError 的异常，除非 errors 指定的是 ignore 或者 replace。

与 encode()方法操作相反，使用 decode()方法可以解码字符串，即根据参数 encoding 指定的编码格式，将二进制数据的字节串解码为字符串。语法格式如下。

```
str.decode(encoding='UTF-8',errors='strict')
```

str 表示被 decode()解码的字节串，返回解码后的字符串。该方法的参数与 encode()方法的参数用法相同。

encode()和 decode()方法的参数编码格式必须一致，否则将显示异常。

3. 单字符与 Unicode 编码之间的转换

在 Python 中，字符串内的单个汉字、字母、数字等均按一个字符来处理。针对单个字符编码，Python 提供 ord(x)函数返回单个字符的 Unicode 编码；chr(x)返回 Unicode 编码对应的字符，其中，Unicode 编码 x 的取值范围是 0～1114111(十六进制数 0x10FFFF)。

字符编码示例如下。

```
>>> bytes()                     #bytes()函数生成空字节串
b''
>>> t=b"china"                  #定义字节串 t
>>> s="beijing"                 #定义字符串 s
>>> type(t)                     #t 为 bytes 类型
<class 'bytes'>
>>> type(s)                     #s 为 str 类型
<class 'str'>
>>> "北京".encode()             #默认使用 UTF-8 对汉字进行编码,每个汉字占 3B
b'\xe5\x8c\x97\xe4\xba\xac'
>>> b'\xe5\x8c\x97\xe4\xba\xac'.decode()        #使用默认的 UTF-8 解码
'北京'
>>> bytes("北京",'gbk')         #默认 GBK 对汉字进行编码,每个汉字占 2B
b'\xb1\xb1\xbe\xa9'
>>> a=bytes("北京","gbk")       #将汉字"北京"对应字节串放到变量 a 中
>>> a[0],a[1],a[2],a[3]         #用索引获得每个汉字的内码
(177, 177, 190, 169)
>>> "北京".encode('gbk')        #等价于使用 bytes("北京",'gbk')
b'\xb1\xb1\xbe\xa9'
>>> b'\xb1\xb1\xbe\xa9'.decode('gbk')             #使用 GBK 解码
'北京'
>>> ord("a")
97
>>> chr(12345)
'〹'
>>> chr(102)
'f'
```

思考：要输出字符串"python"中每个字符及其对应的 Unicode 编码，试着编程实现。

输出示例：

```
p ---- 112
y ---- 121
t ---- 116
h ---- 104
o ---- 111
n ---- 110
```

1980 年，为了使每个汉字有一个全国统一的代码，我国颁布了汉字编码的国家标准：GB2312—1980《信息交换用汉字编码字符集》基本集，其中提出了区位码的概念。区位码是一个 4 位的十进制数，每个区位码都对应着一个唯一的汉字或符号，它的前两位叫作区码，后两位叫作位码。区位码的应用非常广泛，比如考生在填写高考志愿表或者涂抹答题卡时，都会要求填写自己姓名对应的区位码。

【例 2.3】 使用 Python 实现自动生成汉字对应区位码的功能。输入一个汉字，输出该汉字对应的字节串、内码和区位码。

区位码生成算法：区位码＝GB2312 内码－160(十六进制数 A0)。

【分析】 本例涉及字符串编码。首先使用 bytes()或 encode()函数对汉字进行编码，获得汉字的字节串(编码方式采用 GB2312)，然后用索引获得每个字节对应的汉字内码，最后用“GB2312 内码－160”，计算得到汉字的区位码。

程序代码：

```
word=input("请输入汉字：")
barray=bytes(word,"gb2312")      #用 GB2312 对汉字进行编码
code="{:02d}".format((barray[0]-160))+"{:02d}".format((barray[1]-160))
print("汉字“{}”对应的字节串是{}".format(word,barray))
print("汉字“{}”的内码是{}{}".format(word,barray[0],barray[1]))
print("汉字“{}”的区位码是{}".format(word,code))
```

程序运行结果：

```
请输入汉字：中
汉字“中”对应的字节串是 b'\xd6\xd0'
汉字“中”的内码是 214208
汉字“中”的区位码是 5448
```

程序说明：

(1) 语句 bytes(word,"gb2312")用于对汉字进行编码，编码方式为 GB2312，由于 GBK 兼容 GB2312，也可以表示为 word.encode("gbk")。

(2) GB2312 采用双字节对汉字进行编码，barray[0]与 barray[1]分别返回每字节(双字节)对应的内码，其中，barray 为存放汉字的变量。

(3) barray[0]－160 返回区码,barray[1]－160 返回位码。

(4) {:02d}设置区码和位码用两位十进制数字表示,当不足两位时用 0 补齐。

2.4.3 字符串格式化

字符串的格式化方法分为两种,分别为占位符(%)和 format()方式。占位符方式在 Python 2.x 中使用比较广泛。Python 3.x 中主要采用 format()方式进行字符串格式化。format()方法使用格式如下。

```
<模板字符串>.format(<逗号分隔的参数>)
```

1. 模板字符串槽格式

format()方法中＜模板字符串＞的槽除了包括参数序号,还可以包括格式控制信息。槽的内部格式如图 2-1 所示。

```
{<参数序号>:<格式控制标记>}
```

{参数序号:　　　　控制格式说明　　　　}.format(位置参数,关键字参数)

{[index] [:] [fill] [align] [sign] [#] [width] [,] [.precision] [type]} .format(*args,**kwargs)

<索引>	:	<填充>	<对齐>	<正负号>	<#>	<宽度>	<,>	<.精度>	<类型>	.format	*args, **kwargs
索引位置	符号 的	空白处填充的单个字符	^:居中对齐 <:左对齐 >:右对齐	数字是否有正负号	加#自动显示0b、0o、0x	定义最小输出宽度	数字的千位分隔符	浮点数小数保留位数;字符串最大输出长度	输出类型 s: 字符 d: 整数 e,E,f,%: 浮点数 ……		*args: 位置参数 **kwargs: 关键字参数
参数序号		控制格式说明									参数索引

图 2-1 format 格式控制

参数说明:

＜索引＞:可选参数,用于指定要设置格式的对象在参数列表中的索引位置,索引值从 0 开始,如果省略。则根据对象的先后顺序自动分配。

＜格式控制标记＞用来控制参数显示时的格式,包括:＜填充＞＜对齐＞＜正负号＞＜#＞＜宽度＞＜,＞＜.精度＞＜类型＞8 个字段,这些字段都是可选的,也可以组合使用。

＜填充＞:可选参数,用于指定空白处填充的字符。指＜宽度＞内除了参数外的字符采用何种方式填充,默认用空格填充。

＜对齐＞:可选参数,用于指定对齐方式。指参数在＜宽度＞内输出时的对齐方式,分别使用＜、＞和^三个符号表示左对齐、右对齐和居中对齐。

＜正负号＞:可选参数,指数字显示时是否带正负号。

＜#＞：可选参数，如果加上#，则二进制、八进制和十六进制整数输出时，整数前自动添加0b、0o、0x。

＜宽度＞：可选参数，用于设定输出字符所占宽度，如果该槽对应的format()参数长度比＜宽度＞设定值大，则使用参数实际长度。如果该值的实际位数小于指定宽度，则位数将被默认以空格字符补充。

＜逗号(,)＞：可选参数，用于显示数字的千位分隔符。

＜.精度＞：可选参数，小数点(.)开头表示两个含义。对于浮点数，精度表示小数部分输出的有效位数；对于字符串，精度表示输出的最大长度。

＜类型＞：可选参数，用于指定输出整数和浮点数类型的格式规则。对于整数类型，输出格式包括以下6种。

b：输出整数的二进制方式。

c：输出整数对应的Unicode字符。

d：输出整数的十进制方式。

o：输出整数的八进制方式。

x：输出整数的小写十六进制方式。

X：输出整数的大写十六进制方式。

对于浮点数类型，输出格式包括以下4种。

e：输出浮点数对应的小写字母e的指数形式。

E：输出浮点数对应的大写字母E的指数形式。

f：输出浮点数的标准浮点形式。

%：输出浮点数的百分数形式。

浮点数输出时尽量使用＜.精度＞表示小数部分的宽度，有助于更好地控制输出格式。

2. 模板字符串槽与参数之间的映射关系

模板字符串中的槽与参数之间的映射关系有位置映射和关键字映射，如图2-2和图2-3所示。

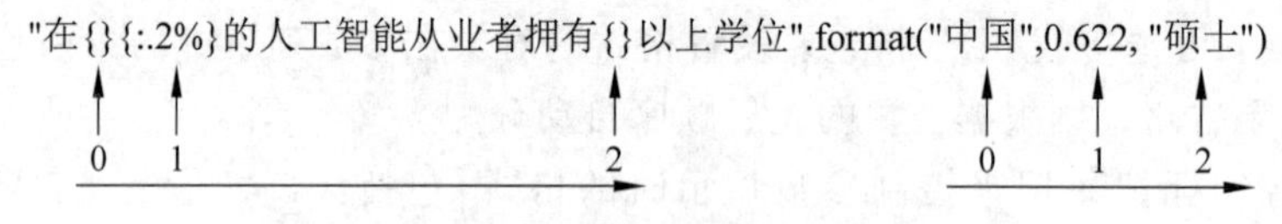

图2-2　format槽与参数的顺序位置映射关系

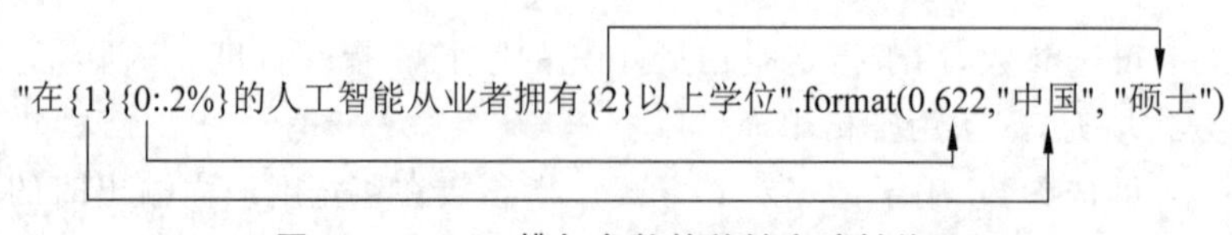

图2-3　format槽与参数的关键字映射关系

(1) 位置映射。

(2) 关键字映射。

【例 2.4】 编写程序,用 format()方法分别输出以下字符格式。

(1) 以货币形式显示 1251+3950 计算结果,带千位分隔符,保留两位小数。

(2) 用科学记数法表示 120000.1,保留三位小数。

(3) 圆周率 π 取小数点后 10 位输出。

(4) 天猫 2021 年双十一成交额 5403 亿元,2020 年成交额 4982 亿元,计算并输出同比增长率,保留两位小数,以百分比显示。

【分析】 本例采用 format()方法对字符串进行格式化。格式化模板为:字符串.format(逗号分隔的参数),利用位置映射设置 format()中的槽与参数的关系,同时在槽{}中设置数字的控制格式。

程序代码:

```
import math
print("1251+3950 以货币形式显示的结果为:¥{:,.2f}元".format(1251+3950))
print("120000.1 用科学记数法表示为: {:.3E}".format(120000.1))
print("圆周率π取 10 位小数是: {:.10f}".format(math.pi))
print("2021 年双 11 天猫商城成交额同比增长率为{:.2%}".format((5403-4982)/4982))
```

程序运行结果:

```
1251+3950 以货币形式显示的结果为:¥5,201.00 元
120000.1 用科学记数法表示为: 1.200E+05
圆周率π取 10 位小数是: 3.1415926536
2021 年双 11 天猫商城成交额同比增长率为 8.45%
```

程序说明:

(1) 程序中 print 的参数是一个格式化的字符串,在双引号中{}表示槽,槽的作用是输出 format()函数中对应参数,并指定输出的格式。

(2) {:,.2f}表示输出浮点数,且小数点后保留两位小数,有千位分隔符。

(3) {:.3E}与{:.3e}功能相同,表示输出值以科学记数法表示,保留三位小数。

(4) {:.2%}表示输出值以百分比显示,保留两位小数。

在交互环境下练习 format()格式化语句,并观察运行结果。

```
>>> a = "Python"
>>> "我学习{}语言和{}".format(a,"C 语言")    #不设置指定位置,按默认顺序位置映射参数
>>> "选择{1}语言中的{1}命令,不是{0}".format("C 语言",a)
                                            #设置指定位置,按关键字映射参数
>>> "{:20}".format(a)                       #a 默认左对齐,宽度为 20,空格补齐
>>> "{:<20}".format(a)                      #a 左对齐,宽度为 20,空格补齐
>>> "{:^20}".format(a)                      #a 居中对齐,宽度为 20,空格补齐
>>> "{:>20}".format(a)                      #a 右对齐,宽度为 20,空格补齐
```

```
>>> "{:=^20}".format(a)                        #a 居中对齐,宽度为 20,“=”补齐
>>> "{:0>5d}".format(3)                        #数字 3 右对齐,宽度为 5,零填充左边补齐
>>> "{:x<4d}".format(3)                        #数字 3 左对齐,宽度为 4, x 填充左边补齐
>>> "{0:{1}^20}".format(a, chr(10004))         #a 居中对齐,字符 chr(10004)填充补齐
>>> "{:.2f}".format(12345.6789)                #保留小数点后两位
>>> "{:+.2f}".format(12345.6789)               #带符号保留小数点后两位
>>> "{:,.2f}".format(12345.6789)               #保留小数点后两位,以千位分隔符逗号分隔
>>>"{:.2%}".format(0.256)                      #保留小数点后两位,百分比格式
>>>"{:.2e}".format(12345.6789)                 #保留小数点后两位,指数格式
>>> "{:.2}".format(a)                          #字符串最大输出长度为 2
>>> "{:b}".format(12345)                       #二进制整数
>>> "{:x}".format(12345)                       #十六进制整数
>>>"{:#x}".format(160)                         #十六进制整数,以 0x 开头
>>> "{:o}".format(12345)                       #八进制整数
>>>"{:c}".format(65)                           #输出整数 65 对应的 Unicode 字符
```

2.4.4 字符串索引与切片

1. 字符串的索引

字符串是字符的有序集合,在 Python 中可以通过其索引位置来获得具体的元素。Python 有正向递增序号和反向递减序号两种索引机制。在正向序号体系中,第一个元素的序号为 0,后面其他元素的序号按照从左向右的顺序递增。在反向序号体系中,最后一个元素的序号是－1,前面其他元素的序号按照从右向左的顺序递减。如字符串"Python 语言!"共包含 9 个字符。按照正向递增序号,字符串"Python 语言!"中,各字符的序号从 0 开始向右递增到 8。按照反向递减序号,字符串"Python 语言!"中各字符的序号从－1 开始向左递减到－9。各字符与序号之间的对应关系如图 2-4 所示,

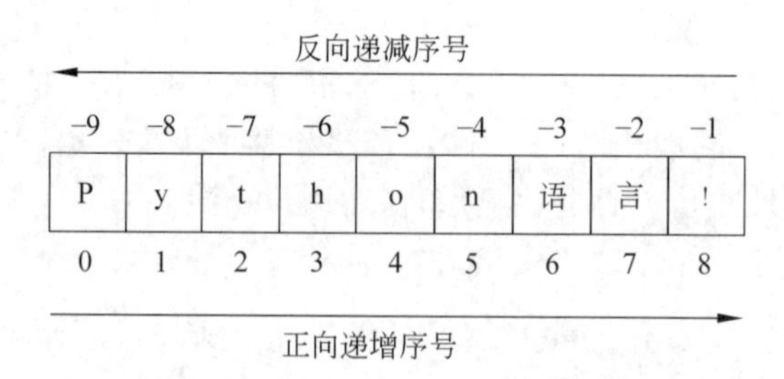

图 2-4 字符串中字符的索引序号

字符串的索引指通过字符串的序号(索引号)返回字符串中单个字符。

索引格式为:

```
<字符串>[M]
```

其中,M 是所要返回字符的序号(索引号),可以使用正向序号或反向序号。序号要用方

括号括起来。例如,"Python 语言!" [6]或"Python 语言!" [-3]均可表示"Python 语言!"字符串中的字符“语”。

2. 字符串的切片

切片指字符串中一段字符子串。切片操作(slice)就是从一个字符串中获取子字符串(字符串的一部分)。使用一对方括号、起始偏移量 start、终止偏移量 end 以及步长 step 来获取字符切片。若 start 省略则表示从字符串的第一个字符开始,end 省略表示到字符串的最后一个字符结束,步长 step 省略表示步长为 1,即在字符串中按照连续截取的方式获得子串。

切片格式如下。

```
[start:end:step]
```

[:]提取从开头(默认位置 0)到结尾(默认位置-1) 的整个字符串。

[start:]从 start 提取到结尾。

[:end]从开头提取到 end-1。

[start:end]从 start 提取到 end-1。

[start:end:step]从 start 提取到 end-1,每 step 个字符提取一个。

左侧第一个字符的位置/索引值为 0,右侧最后一个字符的位置/索引值为-1。

说明:

(1) [start:end] 从 start 提取到 end-1,start 序号包含,end 序号不包含。例如:str="Python 语言!",则切片 str[1:4]的结果为'yth'。终止序号 4 对应的字符不包含在切片结果里。

(2) [start:end:step]中,步长 step 为截取的前后字符的序号差值。例如:str="Python 语言!",则切片 str[1::2]的结果为 'yhn 言',即两次截取的字符序号之间差 2。step 为负值表示从后往前逆序截取。例如:str[::-3]的结果为 '! nt',即按照逆序截取 str 间隔 3 个字符生成的字符串。

(3) 可以通过多种不同的表示方法得到同样的切片结果。例如:str="Python 语言!",要截取 str 字符串中的"Python"字符切片,写法有 str [0:6]、str [0:-3]、str [:6]、str [:-3]等形式。

【例 2.5】身份证号码是由 18 位数字组成的,其中:第 1、2 位数字表示所在省份的代码。第 3、4 位数字表示所在城市的代码。第 5、6 位数字表示所在区县的代码。第 7~14 位数字表示出生年、月、日,7~10 位是年,11~12 位是月,13~14 位是日。第 15~16 位数字表示所在地派出所的代码。第 17 位数字表示性别,奇数表示男性,偶数表示女性。第 18 位数字是校检码,校检码可以是数字 0~9 或字母 X。

编写程序,输入身份证号码,使用字符切片截取字符串,输出出生日期、年龄和性别。

【分析】 本例涉及 datetime 库与字符切片知识。首先导入 datetime 库,利用相关函数获取系统日期及其年份,然后使用字符切片截取身份证号码中的年、月、日与性别位,最后用 if-else 语句,判断第 17 位的奇偶并输出性别。

程序代码：

```
from datetime import *                    #导入 datetime 库
idcode=input("请输入身份证号码：")
curr_date = datetime.now()                #返回系统当前日期时间
curr_year=curr_date.year                  #返回系统日期中的年
y=idcode[6:10]                            #获取身份证号码中的年
m=idcode[10:12]                           #获取身份证号码中的月
d=idcode[12:14]                           #获取身份证号码中的日
s=idcode[16]                              #获取身份证号码中的第 17 位
print("出生日期为：{}年{}月{}日".format(y,m,d))
print("年龄为{}".format(curr_year-int(y)))
if int(s)%2==0:                           #身份证号码中的第 17 位与 2 求余
   print("性别为女")
else:
   print("性别为男")
```

程序运行结果：

```
请输入身份证号码：110102200001011234
出生日期为：2000 年 01 月 01 日
年龄为 21
性别为男
```

程序说明：

(1) 由于字符切片返回值为字符类型，因此在进行模 2 运算时，需要将字符切片先转为数值类型，如 int(s)%2。

(2) 语句 curr_date=datetime.now()与 curr_year=curr_date.year 用来返回系统当前日期中的年份。

(3) 语句 curr_year-int(y)用来计算年龄，进行减法运算时需要将身份证号码中截取的年份转为数值型，如 int(y)。

(4) 切片 idcode[6:10]截取 idcode 中从索引号 6(包含)开始到索引号 10(不包含 10)的字符串，也就是身份证号码中的年份；切片 idcode[10:12]截取身份证号码中的月份；切片 idcode[12:14]截取身份证号码中的日。

(5) idcode[16]为字符索引，可获取身份证号码中的性别位(第 17 位)。

在交互环境下练习字符切片语句，并观察运行结果。

```
str ="Python 语言!"
str[1:4]                     #截取第 2~4 位的字符
str[:]                       #截取字符串的全部字符
str[6:]                      #截取第 7 个字符到结尾
str[:-3]                     #截取从头开始到倒数第 3 个字符之前
```

```
str[2]                          #截取第 3 个字符
str[-1]                         #截取倒数第一个字符
str[::-1]                       #将原字符串按照相反的顺序逆序输出
str[-3:-1]                      #截取倒数第 3 位与倒数第 1 位之前的字符
str[-3:]                        #截取倒数第 3 位到结尾
str[-5:-3]                      #截取倒数第 5 位数与倒数第 3 位数之间的字符串
str[::2]                        #从左侧第 1 个字符开始,按照步长为 2,返回所有值
str[1::2]                       #从左侧第 2 个字符开始,按照步长为 2,返回所有值
```

2.4.5 字符串处理函数

Python 内置函数是内置对象类型之一,不需要额外导入任何模块即可直接使用,常用的内置字符串处理函数有 len()、max()、min()、sorted()等,如表 2-13 所示。

表 2-13 字符串内置函数

函 数	功 能 描 述
max(string)	返回字符串 string 中最大的字符
min(string)	返回字符串 string 中最小的字符
len(string)	返回字符串长度
sorted(string)	用于对可迭代对象进行排序,排序方式 reverse 参数默认为 False,可以指定排序方式 reverse=True

max()函数返回给定参数的最大值,当对象是字符串时,返回字符串中字符编码最大的字符,编码方式为 UTF-8。

min()函数返回给定参数的最小值,当对象是字符串时,返回字符串中字符编码最小的字符,编码方式为 UTF-8。

len()函数返回对象的长度或元素个数。当对象是字符串时,返回字符串中的字符个数。

sorted()函数的功能是对序列(字符串、列表、元组、字典、集合)进行排序。使用 sorted() 函数对序列进行排序,并不会在原序列的基础上进行修改,而是会重新生成一个排好序的对象。sorted()函数通过 reverse 参数指定以升序(False,默认)还是降序(True)进行排序。

字符串内置函数示例如下。

```
>>> a="Python 程序设计"
>>> max(a)                  #返回 a 中字符编码最大的字符,编码方式为 UTF-8
'设'
>>> min(a)                  #返回 a 中字符编码最小的字符
'P'
```

```
>>> len(a)                          #返回 a 中的字符个数
10
>>> len(a.encode())                 #返回 a 中的字节数,默认为 UTF-8 编码
18
>>> len(a.encode("gbk"))            #返回 a 中的字节数,编码方式为 GBK
14
>>> sorted(a)                       #a 中的字符升序排序,默认为 UTF-8 编码,升序
['P', 'h', 'n', 'o', 't', 'y', '序', '程', '计', '设']
>>> sorted(a,reverse = True)        #a 中的字符降序排序,默认为 UTF-8 编码
['设', '计', '程', '序', 'y', 't', 'o', 'n', 'h', 'P']
```

2.4.6 字符串处理方法

Python 字符串对象提供了大量的方法,可以应用这些方法进行字符串的查找、替换、分隔、合并等操作。由于字符串属于不可变序列,所以只要涉及字符串修改的方法都是返回修改后的字符串,而原字符串是不会做任何改动的。字符串方法的使用格式如下。

```
字符串对象.方法名(参数)
```

字符串对象的常用方法如表 2-14 所示。

表 2-14 字符串对象的常用方法

功能分类	方法	描述
字符串格式化	string.format()	格式化字符串
大小写转换	string.lower()	转换 string 中所有大写字母为小写
	string.upper()	转换 string 中的小写字母为大写
	string.swapcase()	翻转 string 中的大小写
	string.title()	将 string 中每个单词的首字母变为大写,其他字母变为小写
	string.capitalize()	将 string 中首字母变为大写,其他字母变为小写
字符串合并	string.join(seq)	将序列中的元素以指定的字符连接生成一个新的字符串
字符串分隔	string.split(str="", num=string.count(str))	以 str 为分隔符分隔 string,如果 num 有指定值,则仅分隔 num+1 个子字符串
统计指定字符串重复次数	string.count(str,beg=0,end=len(string))	返回 str 在 string 里面出现的次数,如果 beg 或者 end 指定则返回指定范围内 str 出现的次数

续表

功能分类	方　　法	描　　述
字符串查找	string.find(str,beg=0,end=len(string))	检测str是否包含在string中,如果beg和end指定范围,则检查是否包含在指定范围内,如果是,返回开始的索引值,否则返回-1
	string.index(str,beg=0,end=len(string))	与find()方法功能相同,如果str不在string中会报一个异常
字符串对齐	string.center(width,fillchar)	返回一个指定的宽度width居中的字符串,fillchar为填充的字符,默认为空格
	string.ljust(width)	返回一个原字符串左对齐,并使用空格填充至长度width的新字符串
	string.rjust(width)	返回一个原字符串右对齐,并使用空格填充至长度width的新字符串
删除指定字符	string.strip([obj])	删除字符串前后(左右两侧)的空格或特殊字符
	string.lstrip()	删除字符串前面(左边)的空格或特殊字符
	string.rstrip()	删除字符串后面(右边)的空格或特殊字符
字符串替换	string.replace(str1,str2,num=string.count(str1))	把string中的str1替换成str2,如果num指定,则替换不超过num次
首尾字符串判断	string.startswith(obj,beg=0,end=len(string))	检查字符串是否是以obj开头,是则返回True,否则返回False。如果beg和end指定值,则在指定范围内检查
	string.endswith(obj,beg=0,end=len(string))	检查字符串是否以obj结束,如果beg或者end指定值,则检查指定的范围内是否以obj结束,如果是,返回True,否则返回False
特殊字符判断	string.isalnum()	判断所有字符是否是字母或数字
	string.isalpha()	判断所有字符是否是字母
	string.isdigit()	判断所有字符是否是数字
	string.isnumeric()	判断所有字符是否是数字,包含汉字数字
	string.isspace()	判断字符是否为空格
	string.islower()	判断所有字符是否全小写
	string.isupper()	判断所有字符是否全大写
编码与解码	string.decode(encoding='UTF-8',errors='strict')	以encoding指定的编码格式解码string
	string.encode(encoding='UTF-8',errors='strict')	以encoding指定的编码格式编码string

1. 字母的大小写转换

Python中,为了方便对字符串中的字母进行大小写转换,提供了5种方法,分别是

title()、capitalize()、swapcase()、lower()和 upper()，最常用的有 lower()和 upper()方法。

1）把大写字母转换为小写字母的 lower()方法

lower()方法用于将字符串中的所有大写字母转换为小写字母，转换完成后，该方法会返回新字符串。字符长度与原字符长度相同。如果字符串中原本就都是小写字母，则该方法会返回原字符串。lower()方法的语法格式如下。

```
str.lower()
```

str：表示要进行转换的字符串。

2）把小写字母转换为大写字母的 upper()方法

upper()的功能和 lower()方法恰好相反，它用于将字符串中的所有小写字母转换为大写字母，upper()和 lower()两种方法的返回方式相同，即如果转换成功，则返回新字符串。upper()方法的语法格式如下。

```
str.upper()
```

str：表示要进行转换的字符串。

另外，Python 还提供了 title()、capitalize()和 swapcase()方法。

str.capitalize()方法用于将 str 字符串中首字母变为大写，其他字母变为小写。

str.swapcase()方法用于将 str 字符串中的字母大小写互换。

str.title()方法用于将 str 字符串中每个单词的首字母转为大写，其他字母全部转为小写。

2. 分隔与合并字符串

1）分隔字符串的 split()方法

split()方法可以将一个字符串按照指定的分隔符切分成多个子串，这些子串会被保存到列表中(不包含分隔符)，作为方法的返回值返回。split()方法的语法格式如下。

```
str.split(sep,maxsplit)
```

str：表示要进行分隔的字符串。

sep：用于指定分隔符，可以包含多个字符。此参数默认为 None，表示所有空字符，包括空格、换行符“\n”、制表符“\t”等。

maxsplit：可选参数，用于指定分隔的次数，最后列表中子串的个数最多为 maxsplit+1。如果不指定或者指定为−1，则表示分隔次数没有限制。如果不指定 sep 参数，那么也不能指定 maxsplit 参数。

2）合并字符串 join()方法

join()方法用来将列表(或元组)中包含的多个字符串连接成一个字符串。join()方法与 split()方法互逆。join()方法的语法格式如下。

```
newstr=str.join(iterable)
```

str：用于指定合并时的分隔符。

newstr：表示合并后生成的新字符串。

iterable：做合并操作的源对象，允许以列表、元组等形式提供。

使用 join()方法合并字符串时，它会将列表（或元组）中多个字符串采用固定的分隔符连接在一起。例如，字符串"www.baidu.com"就可以看作是通过分隔符"."将['www','baidu','com']列表元素合并为一个字符串的结果。

3. 检索字符串

1）统计重复字符串 count()方法

count()方法用于检索指定字符串在另一字符串中出现的次数，如果检索的字符串不存在，则返回 0，否则返回出现的次数。count()方法的语法格式如下。

```
str.count(sub[,start[,end]])
```

str：表示原字符串。

sub：表示要检索的字符串。

start：指定检索的起始位置，也就是从什么位置开始检测。如果不指定，默认从头开始检索。

end：指定检索的终止位置，如果不指定，则表示一直检索到结尾。

与字符切片相同，字符串中各字符对应的检索值，也是从 0 开始。

2）检测字符串中是否包含某子串 find()方法

find()方法用于检索字符串中是否包含目标字符串，如果包含，则返回第一次出现该字符串的索引值；反之，则返回−1。find()方法的语法格式如下。

```
str.find(sub[,start[,end]])
```

str：表示原字符串。

sub：表示要检索的目标字符串。

start：表示开始检索的起始位置。如果不指定，则默认从头开始检索。

end：表示结束检索的结束位置。如果不指定，则默认一直检索到结尾。

3）检测字符串中是否包含某子串 index()方法

同 find()方法类似，index()方法也可以用于检索是否包含指定的字符串，不同之处在于，当指定的字符串不存在时，index()方法会抛出异常。index()方法的语法格式如下。

```
str.index(sub[,start[,end]])
```

str：表示原字符串。

sub：表示要检索的子字符串。

start：表示检索开始的起始位置，如果不指定，默认从头开始检索。

end：表示检索的结束位置，如果不指定，默认一直检索到结尾。

另外，Python 还提供了 rfind()方法，与 find()方法最大的不同在于，rfind()是从字符串右边开始检索。

4. 去除空格和特殊字符

用户输入数据时，很有可能会无意中输入多余的空格，或者在一些场景中，字符串前后不允许出现空格和特殊字符，此时就需要去除字符串中的空格和特殊字符。

这里的特殊字符，指的是制表符(\t)、回车符(\r)、换行符(\n)等。

Python 中，字符串变量提供了以下 3 种方法来删除字符串中多余的空格和特殊字符。

strip()：删除字符串前后(左右两侧)的空格或特殊字符。

lstrip()：删除字符串前面(左边)的空格或特殊字符。

rstrip()：删除字符串后面(右边)的空格或特殊字符。

Python 的字符串是不可变的(不可变的意思是指，字符串一旦形成，它所包含的字符序列就不能发生任何改变)，因此这三个方法只是返回字符串前面或后面空白被删除之后的副本，并不会改变字符串本身。

1) strip()方法

strip()方法用于删除字符串左右两侧的空格和特殊字符，该方法的语法格式为：

```
str.strip([chars])
```

其中，str 表示原字符串，[chars]用来指定要删除的字符，可以同时指定多个，如果不指定，则默认会删除空格以及制表符、回车符、换行符等特殊字符。

2) lstrip()方法

lstrip()方法用于删除字符串左侧的空格和特殊字符。该方法的语法格式如下。

```
str.lstrip([chars])
```

其中，str 和 chars 参数的含义，与 strip()格式中的 str 和 chars 完全相同。

3) rstrip()方法

rstrip()方法用于删除字符串右侧的空格和特殊字符，该方法的语法格式如下。

```
str.rstrip([chars])
```

str 和 chars 参数的含义和前面两种方法语法格式中的参数完全相同。

5. 字符串替换 replace()方法

replace()方法用于把字符串中的 old(旧字符串)替换成 new(新字符串)，如果指定第三个参数 max，则替换不超过 max 次。该方法的语法格式如下。

```
str.replace(old, new[, max])
```

old：表示将被替换的字符串。

new：表示新字符串，用于替换 old 字符串。

max：是可选参数，表示替换不超过 max 次。

【例 2.6】 编写程序，输入一个字符串，删除该字符串左右两侧的空格和特殊字符。计算该字符串的长度，找出该字符串中最大的字符和最小的字符，并输出最大字符和最小字符在字符串中的位置。

【分析】 本例涉及字符串处理方法与函数。可选择 strip()方法删除字符串两侧的空格和特殊字符；利用内置函数 max()、min()和函数 len()，获得字符串中字符编码最大的字符、最小的字符和字符个数；利用 find()方法或 index()方法，进一步检索字符串中最大字符和最小字符出现的位置。

程序代码：

```
s=input("请输入字符串：")
s1=s.strip()              #删除 s 两侧的空格和特殊字符
w1=max(s1)                #返回最大字符
w2=min(s1)                #返回最小字符
print("字符串长度为：{}".format(len(s1)))
print("最大字符为：{},最小字符为：{}".format(w1,w2))
print("最大字符{}第一次出现的位置为：{}".format(w1,s1.find(w1)))
print("最小字符{}第一次出现的位置为：{}".format(w2,s1.find(w2)))
```

程序运行结果：

```
请输入字符串：Python\program\n
字符串长度为：16
最大字符为：y,最小字符为：P
最大字符 y 第一次出现的位置为：1
最小字符 P 第一次出现的位置为：0
```

程序说明：

(1) *s*.strip()删除字符串 *s* 左右两侧的空格和特殊字符，但并没有真正改变字符串本身，因此，删除后的字符串需要重新赋给字符变量。

(2) len()、max()与 min()均为内置函数，参数为删除特殊字符后的字符串。len(s1)、max(s1)与 min(s1)分别返回字符串中的字符个数、字符编码最大的字符与字符编码最小的字符。

(3) s1.find(w1)与 s1.find(w2)用来返回最大字符 w1 与最小字符 w2 在字符串 s1 中第一次出现的位置。

【例 2.7】 编写程序，输入两个字符串 s1 和 s2(字符串中的字母不区分大小写)，统计

s2 字符串在 s1 字符串中出现的次数，然后从字符串 s1 中删除字符串 s2，并输出删除后的字符串。

【分析】 本例涉及字符串处理方法。由于字母不区分大小写，需要利用 lower()或 upper()方法把字母统一转换为小写或大写；用 count()方法检索字符串 s2 在 s1 中重复出现的次数；用 replace()替换字符串的方法从 s1 中删除指定字符串 s2。

程序代码：

```
s1=input("请输入字符串 s1: ")
s2=input("请输入字符串 s2: ")
s1=s1.lower()                           #将 s1 全部转小写
s2=s2.lower()                           #将 s2 全部转小写
n=s1.count(s2)                          #检索 s2 在 s1 中重复出现的次数
print("字符串<{}>在<{}>中重复出现了{}次".format(s2,s1,n))
print("删除后的字符串为<{}>".format(s1.replace(s2,"")))
```

程序运行结果：

```
请输入字符串 s1: Python 程序文件的扩展名为 py
请输入字符串 s2: py
字符串<py>在<python 程序文件的扩展名为 py>中重复出现了 2 次
删除后的字符串为<thon 程序文件的扩展名为>
```

程序说明：

(1) 由于字符串为不可变序列，因此 lower()方法、count()方法和 replace()方法并不会修改原字符串。

(2) replace()方法的格式为 string.replace(old,new)，作用是把 string 中的 old 替换成 new，如果 new 为空字符串，则删除 string 字符串中的所有 old 子字符串；语句 s1.replace(s2,"")表示删除 s1 字符串中的 s2 字串。

(3) 语句 s1.count(s2)返回字符串 s2 在字符串 s1 中重复出现的次数。

【例 2.8】 已知字符串"python、计算机、编程、语言"，统计该字符串中的词语个数，并将字符串以“python-计算机-编程-语言”格式输出。

【分析】 本例涉及字符串处理方法。首先利用 split()方法把字符串按照指定的分隔符“、”分隔成多个子串，再利用 join()方法将分隔后的字符元素，用指定字符合并为新字符串。

程序代码：

```
s="python、计算机、编程、语言"
s1=s.split("、")                       #以“、”为分隔符分隔字符串 s
s2="-".join(s1)                        #将分隔后的 s1 中的元素重新合并为新字符串 s2
print("字符串中的词语个数为: {}".format(len(s1)))
print("新合并字符串为: {}".format(s2))
```

程序运行结果：

```
字符串中的词语个数为：4
新合并字符串为：python-计算机-编程-语言
```

程序说明：

(1) join()方法的格式为：string.join(seq)，作用是把 seq 对象中的元素用 string 指定的字符重新合并为新字符串，其中，string 为合并时的指定分隔符。语句 s2 = "-".join(s1)表示将 s1 中的字符元素合并为字符串 s2。

(2) 也可以用 s.replace("、","-")把字符串 s 中的字符"、"替换成字符"-"。

在交互环境下练习字符串处理方法，并观察运行结果。

```
>>> a = "Python123"
>>> b="www.hao123.com/"
>>> a.lower()              #a 中全部字母转小写
>>> a.upper()              #a 中全部字母转大写
>>> a.isupper()            #判断 a 中是否全部为大写字母
>>> a.islower()            #判断 a 中是否全部为小写字母
>>> a.isnumeric()          #判断 a 中是否全部为数字
>>> a.isalnum()            #判断 a 中是否为字母或数字
>>> b.replace("w","W")     #将 b 中所有小写 w 替换为大写 W
>>> b.count("w")           #检索 b 中字符 w 重复出现的次数
>>> a.ljust(20,"#")        #将字符串 a 以宽度为 20 左对齐，不足 20 用"#"填充
>>> a.rjust(20,"*")        #将字符串 a 以宽度为 20 右对齐，不足 20 用"*"填充
>>> a.center(20)           #将字符串 a 以宽度为 20 居中对齐，不足 20 用空格填充
>>> b.split(".")           #以"."为分隔符分隔 b 字符串
>>> "-".join(a)            #将 a 中每个字符用"-"连接为一个新字符串
>>> b.strip("/")           #删除 b 中左右两侧的"/"
>>> a.find("n")            #检索 a 中字符 n 出现的位置
>>> b.index("p")           #检索 b 中字符 p 出现的位置
```

2.5 数据类型转换

Python 是动态类型的语言，也称为弱类型的语言。不需要像 C 语言和 Java 语言一样，在使用变量前声明变量类型。虽然 Python 不需要声明变量类型，但当自动类型转换无法实现时，就需要使用函数进行强制类型转换，从一种类型转换为另外一种类型。Python 中提供了如表 2-15 所示数据类型转换函数。

表 2-15　数据类型转换函数

函　数	功　能
int(x[,base])	将 x 转换为整数
float(x)	将 x 转换为浮点数
complex(real[,imag])	创建一个复数,复数的实部为 real,虚部为 imag
str(x)	将 x 转换为字符型
chr(x)	将一个整数转换为一个字符
ord(x)	将一个字符转换为它的整数值
hex(x)	将一个整数转换为一个十六进制字符串
oct(x)	将一个整数转换为一个八进制字符串
bin(x)	将一个整数转换为一个二进制字符串

类型转换函数示例如下。

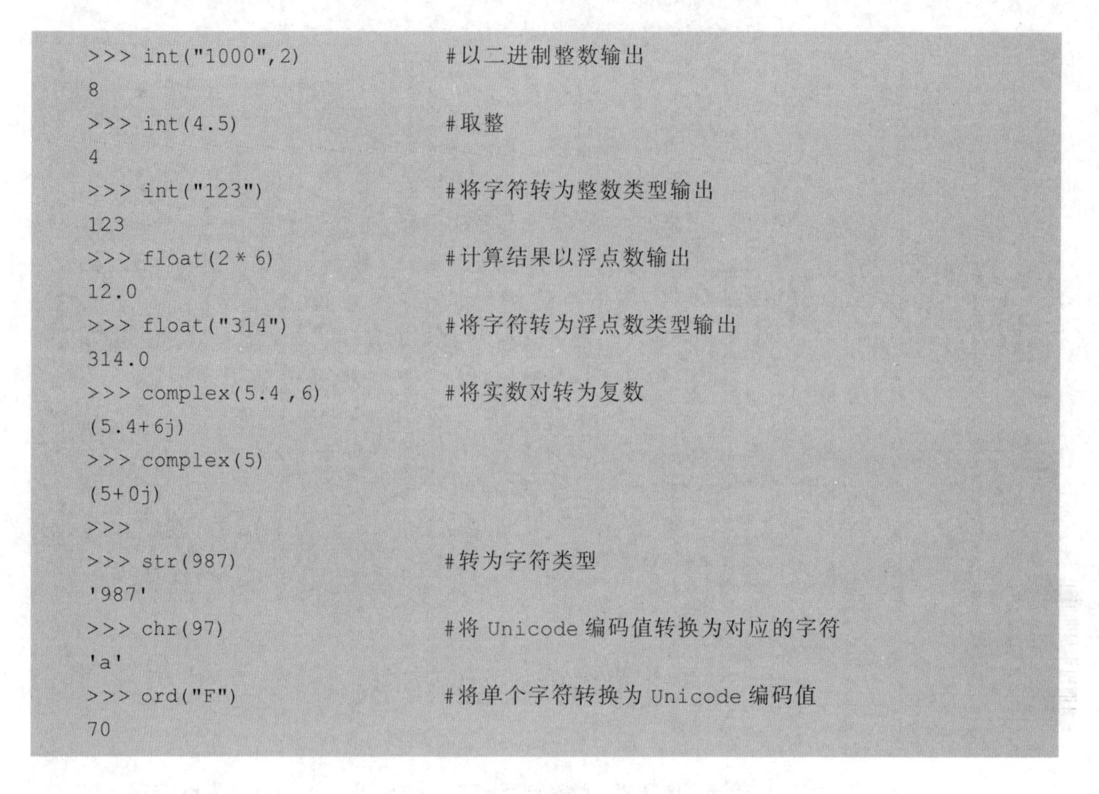

```
>>> int("1000",2)              #以二进制整数输出
8
>>> int(4.5)                   #取整
4
>>> int("123")                 #将字符转为整数类型输出
123
>>> float(2 * 6)               #计算结果以浮点数输出
12.0
>>> float("314")               #将字符转为浮点数类型输出
314.0
>>> complex(5.4 ,6)            #将实数对转为复数
(5.4+6j)
>>> complex(5)
(5+0j)
>>>
>>> str(987)                   #转为字符类型
'987'
>>> chr(97)                    #将 Unicode 编码值转换为对应的字符
'a'
>>> ord("F")                   #将单个字符转换为 Unicode 编码值
70
```

2.6　本 章 小 结

本章首先介绍了 Python 中的数值类型及操作,包括各类数值运算操作符、数值类型转换函数和数学计算标准库 math 库。然后介绍了字符串类型及操作,详细介绍了字符

索引、字符切片和字符串格式化方法 format()。同时以实例形式，进一步介绍了字符串中常见方法的功能和操作。

2.7 上机实验

【实验 2.1】 复利计算公式是计算前一期利息再生利息的问题，计入本金重复计息，即“利生利，利滚利”。它的计算方法主要分为两种：一种是一次支付复利计算；另一种是等额多次支付复利计算。复利计算的特点是：把上期末的本金与收益作为下一期的本金，在计算时每一期本金的数额是不同的。

复利的本息计算公式为：

$$F=P(1+i)^n$$

其中，P 代表现值(本金)，F 代表终值(本金+收益)，i 代表利率，n 代表计息期数。

请编写程序，输入本金(单位：万元)、投资期限和利率，按照一次支付复利计算投资收益额(单位：元，保留两位小数)和收益率(百分比表示)。

程序运行结果：

```
请输入一次性投入资金(单位：万元)：20
请输入投资期限：5
请输入利率：0.055
一次性投资 20 万元，投资期限 5 年，收益 61392.00 元，收益率 31%
```

1. 实验目的。

(1) 巩固数值运算符与数值运算函数。

(2) 巩固 format()格式化数值方法。

2. 实验步骤。

(1) 分别从键盘获取本金、投资期限和利率。

(2) 根据公式 $F=P(1+i)^n$ 计算本息。

(3) 计算投资收益和收益率。

3. 提示。

(1) 使用 pow()函数或幂运算符**计算$(1+i)^n$。

(2) 收益率=收益÷本金×100%。

(3) format()函数设置收益额和收益率输出控制格式为：{:.2f}和{:.0%}。

4. 扩展。

(1) 通过预期收益、投资回报率和投资期限，计算应投入资金。

(2) 将一次性投资，变为等额多次投资，计算收益和收益率。

相关计算公式如下。

一次性投资终值计算：$F=P\times(1+i)^n$。

一次性投资现值计算：$P=F\times(1+i)^{-n}$。

等额多次投资终值计算：$F=A\times[(1+i)^{(n+1)-1}]/i$。

等额多次投资现值计算：$P=A\times[(1+i)^{(n+1)-1}]/(1+i)^{n}\times i$。

【实验 2.2】 字符索引与字符切片。下面是清代李旸的一首回文诗，所谓回文诗，顾名思义就是能够回还往复，正读倒读皆成章句的诗篇。

垂帘画阁画帘垂，谁系怀思怀系谁？影弄花枝花弄影，丝牵柳线柳牵丝。脸波横泪横波脸，眉黛浓愁浓黛眉。永夜寒灯寒夜永，期归梦还梦归期。

请编写程序，按行输出原诗句和该诗对应的回文诗；分别截取并输出原诗中每句的第一个字符和最后一个字符。

程序运行结果：

```
原诗
垂帘画阁画帘垂，谁系怀思怀系谁？
影弄花枝花弄影，丝牵柳线柳牵丝。
脸波横泪横波脸，眉黛浓愁浓黛眉。
永夜寒灯寒夜永，期归梦还梦归期。
回文诗
期归梦还梦归期，永夜寒灯寒夜永。
眉黛浓愁浓黛眉，脸波横泪横波脸。
丝牵柳线柳牵丝，影弄花枝花弄影。
谁系怀思怀系谁，垂帘画阁画帘垂。
原诗每句第一个字符：
垂谁影丝脸眉永期
原诗每句最后一个字符：
垂谁影丝脸眉永期
```

1. 实验目的。

(1) 巩固字符串索引与切片。

(2) 巩固 format()格式化字符方法。

2. 实验步骤。

(1) 定义字符常量 s。

(2) 按照每行 16 个字符的规律，用字符切片截取原诗中的每行诗句。

(3) 将字符串 s 逆序生成新字符串，并用字符切片和字符索引构造回文诗。

(4) 按照每行 16 个字符的规律，用字符切片截取回文诗中的每行诗句。

(5) 按照每句 8 个字符的规律，用字符切片截取原诗中每句的第一个字符和最后一个字符。

3. 提示。

(1) s1=s[::-1]生成字符串 s 的逆序字符串 s1。

(2) 逆序后的字符串 s1 的第 1 个字符为句号“。”，s1[1:]+s1[0]将句号移至最后。

(3) 切片 s[0:16]截取第一行。

(4) 切片 s[0::8]截取每句第一个字符。

4. 扩展。

(1) 从键盘输入所在行数,按照输入行数输出对应的诗句。

(2) 使用分支结构 if-else 选择输出原诗或回文诗。

【实验 2.3】 单词统计与查找(所有字母不区分大小写)。从键盘输入英文文章和一个指定单词,查找指定单词在文章中第一次出现的位置;统计文章中的字符个数和单词个数;统计指定单词在文章中出现的次数与频率;将单词按照升序排序输出。

程序运行结果:

```
请输入英文文章:
The shortest way to do many things is to only one thing at a time.A strong man will
struggle with the storms of fate. He who seize the right moment, is the right man.
请输入英文单词:
the
the 在原文章中第一次出现的位置是 0,出现了 4 次,出现的频率为 11.43%
文章中字符有 165 个,单词有 35 个
文章中的所有单词排序后为:
['a', 'a', 'at', 'do', 'fate', 'he', 'is', 'is', 'man', 'man', 'many', 'moment',
 'of', 'one', 'only', 'right', 'right', 'seize', 'shortest', 'storms', 'strong',
 'struggle', 'the', 'the', 'the', 'the', 'thing', 'things', 'time', 'to', 'to',
 'way', 'who', 'will', 'with']
```

1. 实验目的。

(1) 巩固字符串内置函数。

(2) 巩固字符串常用方法的使用。

2. 实验步骤。

(1) 从键盘获取英文文章 text 和英文单词 word。

(2) 使用 lower()方法将英文文章中的所有英文字母转为小写字母。

(3) 使用 count()方法检索单词 word 在 text 中重复出现的次数。

(4) 使用 index 方法检索单词 word 在 text 中第 1 次出现的位置。

(5) 使用 replace()方法将字符串 text 中的"."和","替换为空格。

(6) 使用 split()方法,将字符串 text 进行分隔,生成新字符串 words。

3. 提示。

(1) len(text)和 len(words)函数分别返回字符个数和单词个数。

(2) words.sort()将分隔后的单词进行升序排序。

(3) 由于英文文章每句的结尾是句号"."或","。因此需要先将"."和","分别替换为空格,再进行分隔。

4. 扩展。

(1) 在英文文章中检索单词时，增加分支结构 if-else，当检索到该单词时输出其位置，否则输出“未找到”。

(2) 增加删除指定单词功能。

习　　题

1.【单选】下列选项中表示二进制整数的是(　　)。

A. b1010　　B. "1010"　　C. 0b1020　　D. 0B1101

2.【单选】print("0:0<8".format(123))的输出结果是(　　)。

A. 123: True　　B. 123 True　　C. 00000123　　D. 12300000

3.【单选】语句 print(pow(2,10))的输出结果是(　　)。

A. 1024　　B. 20　　C. 100　　D. 12

4.【单选】s="Hello Python",则可以输出字符串"Python"的是(　　)。

A. print(s[5:0])　　B. print(s[6:0])　　C. print(s[6:1])　　D. print(s[6:])

5. 编写程序，使用 math 库中的 sqrt()函数，计算下列数学表达式的结果并输出，小数点后保留 3 位小数。

$$x=\sqrt{\frac{(3^4+5\times 6^7)}{8}}$$

6. 计算两个坐标点之间的距离。输入平面的两个点的坐标 $P_1(x_1,y_1)$，$P_2(x_2,y_2)$，计算 P_1，P_2 两点之间的距离。两点之间距离的公式为：

$$d=\sqrt{(x_2-x_1)^2+(y_2-y_1)^2}$$

要求：输入两组坐标值，一组坐标值以西文逗号分隔，每行一组坐标值。

程序运行结果：

```
请输入点 P1 的坐标: 2,1
请输入点 P2 的坐标: 3,5
P1,P2 两点之间的距离为: 4.123105625617661
```

7. 解析几何中求点 $P(x_0,y_0)$ 到直线 $Ax+By+C=0$（A、B 不全为 0）的距离公式为：

$$d=\frac{|Ax_0+By_0+C|}{\sqrt{A^2+B^2}}$$

编写程序，分别输入 P 点坐标和直线方程系数，计算点到直线的距离 d 并输出。

要求：

(1) 第一行输入 P 点坐标值，坐标值用西文逗号分隔。

(2) 第二行输入直线方程 $Ax+By+C=0$ 的系数。

(3) 计算结果四舍五入保留三位小数。

程序运行结果：

```
请输入P点坐标：2,3
请输入直线方程系数：1,5,4
点到直线的距离为 4.118
```

8. 已知字符串"0123456789",使用字符切片截取输出字符串。

(1) 输出所有奇数数字。

(2) 输出所有偶数数字。

(3) 逆向输出所有数字。

(4) 截取前 4 位与后 3 位,组成新数字输出。

(5) 截取首尾两个数字,组成一个新数字输出。

程序运行结果：

```
13579
02468
9876543210
0123789
09
```

9. 判断用户输入的一串字符是否为回文。回文即字符串中所有字符逆序组合的结果与原来的字符串相同。例如,"20211202"是回文,"as12sa"不是回文。

程序运行结果：

```
请输入字符串：斗鸡山上山鸡斗
是回文
请输入字符串：asdas
不是回文
```

10. 输入一个字符串,统计其中的字母 a,o,e,i,u 出现的次数和频率(百分比显示,保留两位小数)。字符串中的字符不区分大小写。

程序运行结果：

```
请输入字符串：apple pear peach grape banana pineapple watermelon orange
a在字符串中出现了 10 次,出现的频率为 17.54%
o在字符串中出现了 2 次,出现的频率为 3.51%
e在字符串中出现了 9 次,出现的频率为 15.79%
i在字符串中出现了 1 次,出现的频率为 1.75%
u在字符串中出现了 0 次,出现的频率为 0.00%
```

11. 字符串"python programming language",其中原本包含的英文字母 p 全部被替换为 P,输出替换后的新字符串,字符串中的字符个数和单词个数。

程序运行结果:

```
替换后的新字符串为: Python Programming language
字符个数为: 27
单词个数为: 3
```

第3章 程序控制结构

学习目标

- 能运用三种基本控制结构分析问题，并绘制程序流程图。
- 能运用分支结构解决选择结构的问题。
- 能运用循环结构解决循环结构的问题。
- 能调用随机函数库解决实际问题。
- 能运用异常处理功能控制程序中的异常情况。

本章主要内容

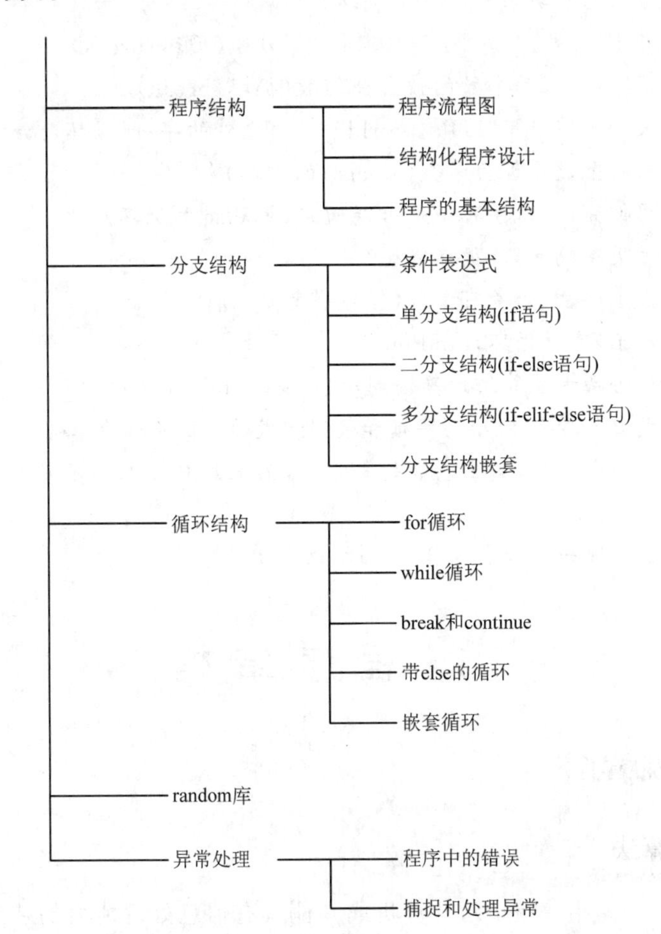

各例题知识要点

例 3.1　输出三个数中的最大数(单分支结构 if)

例 3.2　判断整数的奇偶(二分支结构 if-else 语句,紧凑型二分支结构)

例 3.3　判断“打鱼”还是“晒网”(二分支结构 if-else 语句)

例 3.4　数学分段函数的计算(多分支结构,math 库)

例 3.5　英制单位英寸与公制单位厘米换算(多分支结构)

例 3.6　计算应付货款(分支嵌套)

例 3.7　计算 $1+2+\cdots+n$ 的值(for 循环)

例 3.8　编程计算 n 的阶乘(for 循环)

例 3.9　计算 $1+1/2+1/3+1/4+\cdots+1/n$(for 循环)

例 3.10　输出所有 3 位水仙花数(for 循环)

例 3.11　求字符串中大写字母的个数(for 循环,字符串遍历)

例 3.12　利用循环将键盘输入的字符串进行反转(字符串遍历)

例 3.13　计算 $1+2+\cdots+n$ 的值(while 循环)

例 3.14　对输入的整数求和(while 循环)

例 3.15　计算 $1+2+3+\cdots+n\geqslant100$ 时的最小 n(循环,break)

例 3.16　使用循环,求两个数的最大公约数(循环,break)

例 3.17　依次输出字符串"hello,world"中","之外的字符(循环,continue)

例 3.18　判断一个数是否为素数(带 else 的循环)

例 3.19　使用循环,判断字符串是否是回文(带 else 的循环)

例 3.20　百元买百鸡问题(循环嵌套)

例 3.21　输出 10～99 的所有素数(循环嵌套)

例 3.22　掷骰子游戏(循环,random 库)

例 3.23　利用蒙特卡罗算法计算圆周率(循环,random 库)

例 3.24　生成由大写字母、小写字母和数字组成的 6 位随机验证码(循环,random 库)

例 3.25　输入一个整数,输出该数的平方值,如果用户输入的不是整数,则输出提示信息“输入不是整数”(异常处理)

例 3.26　编程实现一个除法计算器(异常处理)

3.1　程序结构

3.1.1　程序流程图

1. 程序与算法

程序(Program)是指一组指示计算机或其他具有信息处理能力的装置,执行动作或做出判断的指令。计算机程序通常是用高级语言编写源程序，程序包含数据结构、算法、存储方式等，经过语言翻译程序(解释程序和编译程序)转换成机器接受的指令。计算机程序是算法的一种实现，计算机按照程序逐步执行算法，实现对问题的求解。

算法(Algorithm)是为了求解问题而给出的有限的指令序列，每条指令表示一个或多个操作。常用的描述算法的方法有自然语言、流程图、程序设计语言和伪代码等。

2. 程序流程图

程序流程图又称程序框图，是人们对解决问题的方法、思路或算法的一种描述，它利用一系列图形、流程线和文字说明描述程序的基本操作和控制流程，它是程序分析和过程描述的最基本方式。程序流程图的基本元素包括7种，如表3-1所示。

表3-1 程序流程图的基本元素

符号名称	图形	功能
起止框	圆角矩形	表示程序逻辑的开始或结束
判断框	菱形	表示一个判断条件，并根据判断结果选择不同的执行路径
处理框	矩形	表示一组处理过程，对应于顺序执行的程序逻辑
输入输出框	平行四边形	表示程序中的数据输入或结果输出
注释框	虚线加半框	表示程序的注释
流向线	箭头	表示程序的控制流，以带箭头直线或曲线表达程序的执行路径
连接点	圆	表示多个流程图的连接，常用于将多个较小流程图组织成较大流程图

3. 程序设计过程

(1) 问题分析：将要解决的问题进行分析、描述程序功能。

(2) 设计算法：根据所需的功能，理清思路，设计出解决问题的方法和完成功能的具体步骤，其中每一步都应当是简单的、确定的。这一步也被称为"逻辑编程"。

(3) 编写程序：根据前一步设计的算法编写程序。

(4) 运行与调试程序：通过编译调试和运行程序，尽可能地排除错误，获得正确的编码和正确的结果。

3.1.2 结构化程序设计

结构化程序设计(Structured Programming)是由荷兰计算机科学家 E. W. Dijkstra 于 1965 年提出,是软件发展的一个重要的里程碑。结构化程序设计是按照一定的原则与原理,组织和编写正确且易读的程序的软件技术。

(1) 结构化程序设计采用自顶向下、逐步求精的程序设计方法。对于小规模程序设计,它与逐步精化的设计策略相联系;对于大规模程序设计,它则与模块化程序设计策略相结合,即将一个大规模的问题划分为几个模块,每一个模块完成一定的功能。

(2) 逐步细化。对复杂问题,应设计一些子目标作为过渡,逐步细化。

(3) 模块化设计。一个复杂问题,肯定是由若干稍简单的问题构成。模块化是把程序要解决的总目标分解为子目标,再进一步分解为具体的小目标,每一个小目标被称为一个模块。模块化提高了编程工作的效率,降低了软件开发成本。

(4) 借助于体现结构化程序设计思想的所谓结构化程序设计语言来书写结构化程序,并采用一定的书写格式以提高程序结构的清晰性,增进程序的易读性。

(5) 程序中的语句执行,任何简单或者复杂的算法都使用顺序、分支、循环三种基本控制结构构造程序,每种结构只有一个入口和一个出口,这是结构化设计的一个原则。

3.1.3 程序的基本结构

计算机的一个程序由若干语句组成,这些语句用来完成特定的任务。程序中的语句可以由顺序结构、分支结构和循环结构三种基本结构组成。

顺序结构:是指程序按照语句顺序自上而下,依次执行的一种运行方式,如图 3-1(a)所示,其中,语句块 1 和语句块 2 表示一个或一组顺序执行的语句。

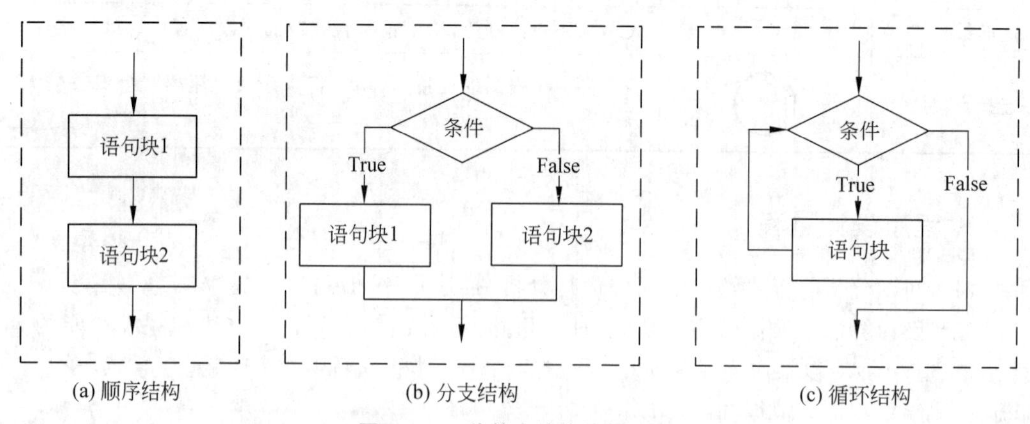

图 3-1 三种基本结构执行流程

选择结构:根据判断条件的结果而选择不同向前路径的运行方式。如图 3-1(b)所示,其中,语句块 1 是判断表达式返回结果为 True 时执行的语句,语句块 2 是判断表达式返回结果为 False 时执行的语句。

循环结构：是程序根据条件判断结果向后反复执行的一种运行方式。它由循环体中的条件判断继续执行某个功能还是退出循环。如图 3-1(c)所示，其中被反复执行的语句称作“循环体”，判断循环是否继续执行还是退出的条件称作“循环条件”。在 Python 中根据循环体触发条件不同，循环结构又包括条件循环和遍历循环结构。

3.2 分支结构

3.2.1 条件表达式

在分支结构中，程序的执行要根据条件表达式的返回结果来确定要继续执行的语句。Python 中条件表达式可以是单纯的布尔值或变量，也可以是表达式。表达式中可以使用任何能够产生 True 或 False 的语句，形成判断条件最常见的方式是采用关系运算符和逻辑运算符，Python 语言中提供的关系运算符有 6 个，如表 3-2 所示，逻辑运算符 3 个，如表 3-3 所示。

表 3-2 关系运算符

运算符	对应数学符号	含义	举例	结果
<	<	小于	'ab'<'ac'	True
<=	$\leqslant$	小于或等于	125<=130	True
>	>	大于	'e'>'g'	False
>=	$\geqslant$	大于或等于	'e'>='H'	True
==	=	等于	'f'=='F'	False
!=	$\neq$	不等于	'e'!='E'	True

表 3-3 逻辑运算符

运算符	含义	使用	描述	运算规则
and	逻辑与	x and y	两个条件 x 和 y 的逻辑与	x 和 y 两个均为 True 时，结果为 True
or	逻辑或	x or y	两个条件 x 和 y 的逻辑或	x 和 y 至少有一个为 True 时，结果为 True
not	逻辑非	not x	条件 x 的逻辑非	x 为 True(False)时，结果为 False(True)

在关系运算符中，除了数字可以进行关系运算，字符或字符串也可以用于关系运算。字符串比较本质上是字符串对应的 Unicode 编码的比较，因此，字符串的比较按照字典顺序进行。例如，英文大写字符对应的 Unicode 编码比小写字符小。

3.2.2　单分支结构(if 语句)

Python 中 if 语句用来形成单分支结构，语法格式如下。

```
if 条件表达式 :
    语句块
```

说明：

(1) if 是保留字。

(2) 条件表达式可以是算术表达式、关系表达式、逻辑表达式等任意合法的表达式，条件表达式的返回结果为逻辑值：真(True)或者假(False)。

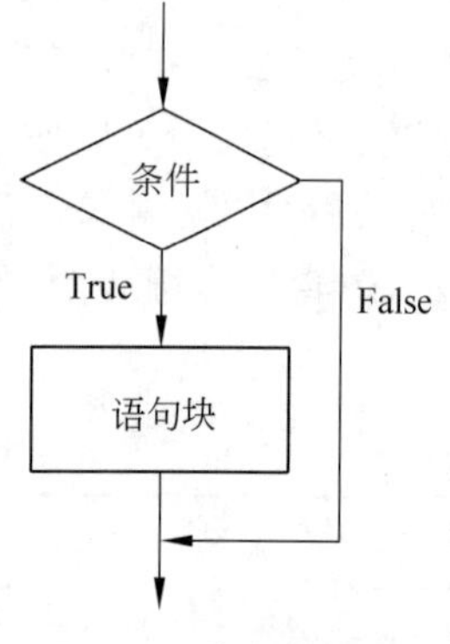

图 3-2　单分支结构控制流程图

(3) 冒号(:)必不可少。

(4) 语句块比 if 语句多缩进若干个字符(通常是 4 个空格或一个 Tab)，由相同缩进量的单个或多个语句组成。

单分支结构(if 语句)控制流程图如图 3-2 所示，首先判断 if 后的条件表达式，如果结果为 True(真)说明条件满足，则程序执行语句块中的语句序列，否则不执行语句块，也就是跳过该语句块继续执行后面的语句。

if 语句中语句块是否执行依赖于条件判断的结果，但无论条件返回的结果是 True(真)或 False(假)，控制都会转到 if 语句后与该语句同级别的下一条语句。

【例 3.1】 从键盘上输入三个数，输出三个数中的最大数。

【分析】 本例使用单分支结构。定义变量 max 用于存放最大值，暂且假设第 1 个是最大数，将其放到 max 中；把第 2 个数与 max(即第 1 个数)进行比较，如果第 2 个数比 max 大，则将第 2 个数作为最大数放到 max 中，否则什么也不做。此时 max 中存放的是前两个数中的较大数；把第 3 个数与 max(前两个数中的较大数)再进行比较，如果第 3 个数比 max 大，则将第 3 个数作为最大数放入 max，否则什么也不做。此时 max 中存放的是三个数中的最大数。

上述程序流程图如图 3-3 所示。

程序代码：

```
a,b,c=eval(input("请输入三个数: "))
max=a                                  #将 a 赋给变量 max
if  b>max:                             #判断 b 是否大于 max
   max=b                               #将 b 赋给变量 max
if  c>max:                             #判断 c 是否大于 max
   max=c                               #将 c 赋给变量 max
print("最大数是{}".format(max))
```

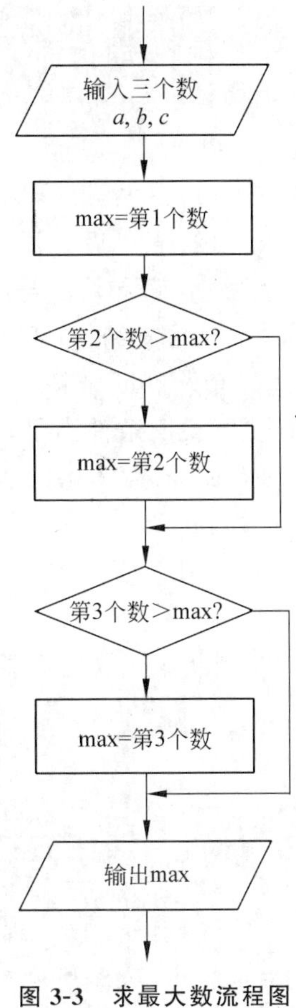

图 3-3 求最大数流程图

程序运行结果：

```
请输入三个数:6,5.2,8.2
最大数是 8.2
```

程序说明：

(1) 使用 input()函数默认输出的是字符串,需要通过 eval()函数进行转换。

(2) a,b,c 三个变量在同一行输入,变量之间用英文半角逗号分隔。

(3) 语句 print("最大数是{}".format(max))中的 format()方法用来定义输出格式。

(4) 本例中使用了两个 if 单分支语句。

3.2.3 二分支结构(if-else 语句)

Python 中 if-else 语句用来形成二分支结构,语法格式如下。

```
if  条件表达式 :
    语句块 1
```

```
else:
    语句块 2
```

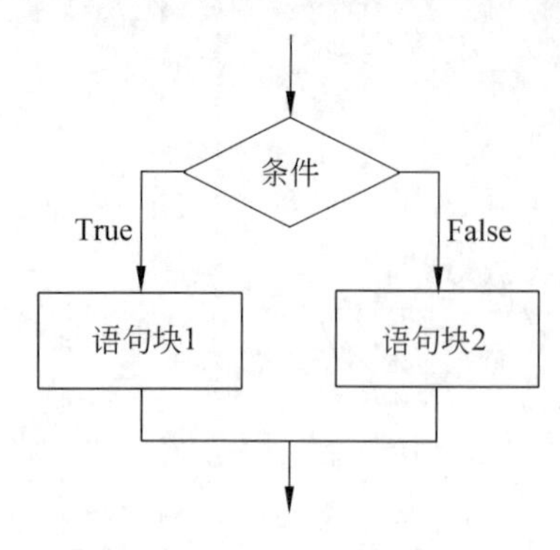

图 3-4　二分支结构控制流程图

说明：

(1) if 与 else 都是保留字，且必须对齐。

(2) else 后必须加冒号(:)。

(3) 语句块 1 与语句块 2 具有相同的缩进量。

二分支结构(if-else 语句)控制流程图如图 3-4 所示，首先判断 if 后的条件表达式，如果结果为 True(真)，说明条件满足，则执行语句块 1 中的语句序列；如果结果为 False(假)，则执行语句块 2 中的语句序列。

【例 3.2】 输入一个整数，判断该数是奇数还是偶数。

【分析】 本例使用 if-else 语句。判断输入数是否能被 2 整除，如果能被 2 整除则为偶数，否则为奇数。

程序代码：

```
n=eval(input())
if n%2==0:
    print("该数是偶数")
else:
    print("该数是奇数")
```

程序说明：通过求余运算%的结果为 0 判断整除。

思考：判断一个数是否是 3 或 5 的倍数，判断条件应如何写？

二分支结构还有一种更简洁的表达方式，紧凑形式的二分支结构，适用于返回特定值的简单表达式。紧凑形式的二分支结构语法格式如下。

```
<表达式 1> if 条件表达式 else <表达式 2>
```

其中，<表达式 1/2>一般是数字类型或字符串类型的一个值。当条件表达式结果为 True 时，返回<表达式 1>，否则返回<表达式 2>。

使用紧凑型二分支结构，改写例 3.2，程序代码如下。

```
n =eval(input())
print("该数是{}".format("偶数" if n%2==0 else "奇数"))
```

【例 3.3】 中国有个典故“三天打鱼，两天晒网”。出自《红楼梦》第九回：“因此也假说来上学，不过三日打鱼，两日晒网，白送些束修礼物与贾代儒。”比喻“做事时断时续，没有恒心，不能坚持”。假如某人从 2020 年 1 月 1 日起开始“三天打鱼两天晒网”，问这个人在以后的某一天是在打鱼还是晒网？

请编写程序实现：从键盘输入年月日（用逗号分隔），判断并输出是“打鱼”或者“晒网”。

【分析】 本例涉及 datetime 库和分支结构。首先用 date()函数获得起始日期与当前日期；然后计算两个日期相差的天数；最后用天数除以 5（一个工作周期是 5 天）得到余数，如果余数小于 3（前三天），则表示“打鱼”，否则表示“晒网”。

程序说明：

```
from datetime import *                    #导入 datetime 库
y,m,d=eval(input("请依次输入年月日："))
start_date = date(2020,1,1)               #获得起始日期
local_date= date(y,m,d)                   #获得当前日期
t=(local_date-start_date).days            #计算两个日期相差的天数
x = t %5                                  #计算总天数除以 5 的余数
if x<3 :
   print("打鱼")
else:
   print("晒网")
```

程序运行结果：

```
请依次输入年月日：2021,11,12
打鱼
```

程序说明：

（1）本例需要导入 datetime 库，调用 datetime 库中的 date()函数构造日期，date()函数有三个参数 year、month 和 day，date(year，month，day)返回日期 year-month-day。

（2）(local_date － start_date).days 返回两个日期相差的天数。

（3）本例中使用了二分支 if-else 语句。

【扩展】 “三天打鱼，两天晒网”启示我们做事要有持之以恒的毅力。但是要办成一件事，一定要事先进行筹划、安排，这样才能稳步把事情做好。所谓“工欲善其事，必先利其器”就是强调工作方式方法的重要性，只有真正拥有“器”，才能最终做好“事”。勤于学习，善于学习，才能真正保持“器”的“锋利”，实现“事”的“完美”。

计算从某日开始至当前日期，采用“三天打鱼两天晒网”工作模式，计算“打鱼”的总天数和“晒网”的总天数。

3.2.4 多分支结构（if-elif-else 语句）

Python 中 if-elif-else 语句用来形成多分支结构，语法格式如下。

```
if  条件表达式 1:
    语句块 1
```

```
elif  条件表达式 2:
    语句块 2
...
[else:
    语句块 n]
```

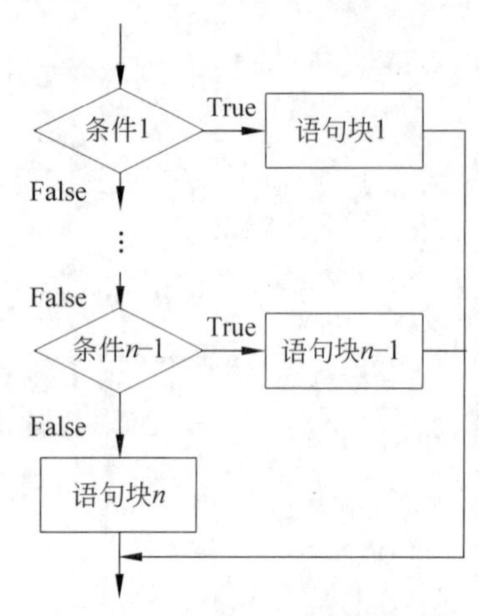

图 3-5 多分支结构控制流程图

说明：

(1) if、elif 与 else 都是保留字。

(2) elif 条件表达式后必须加冒号(:)。

(3) else 书写在最后，也可以省略不写，当省略 else 语句时，说明所有条件表达式不成立时不执行任何语句。

(4) 语句块 1、语句块 2 与语句块 n 具有相同的缩进量。

多分支结构是二分支结构的扩展，这种形式通常用于设置同一个判断条件的多条执行路径。多分支结构(if-elif-else)控制流程图如图 3-5 所示，首先判断 if 后的条件表达式 1，如果结果为 True(真)说明条件满足，则程序执行语句块 1 中的语句序列；否则依次判断每个 elif 后的条件，当结果为 True 时，执行该条件下的语句块，同时跳过整个 if-elif-else 结构，执行后面的语句；如果前面的条件表达式均为 False，则执行 else 语句。

【例 3.4】 编写程序，实现如下所示数学分段函数的计算。输入 x，输出"$y=$函数值"，结果保留两位小数。

$$f(x)=\begin{cases}|x+2|, & x\leqslant -1\\ \dfrac{1}{2}x^2, & -1<x<2\\ \sin 3x, & x\geqslant 2\end{cases}$$

【分析】 本例涉及 math 库和多分支结构的使用。当不同条件对应不同的输出时，适合使用多分支结构解决；三角函数的计算则需要使用数学库 math。

程序代码：

```
import math
x=eval(input("请输入 x:"))
if x<=-1:
    y=abs(x+2)
elif x<2:
    y=1/2 * x**2
else:
    y=math.sin(3 * x)
print("y={:.2f}".format(y))
```

程序运行结果：

```
请输入 x: 2
y=-0.28
```

程序说明：

(1) 当不满足 $x \leqslant -1$ 时，判断 $-1<x<2$ 条件是否满足的条件为 elif $x<2$，不必再包含 $-1<x$，因为 elif 中已经包括 $x>-1$ 的情况。当然，如果要按照分段函数公式，可以把条件写完整。如果写完整条件的话，可以使用三个并列的单分支 if 语句，改写如下。

```
import math
x=eval(input("请输入 x:"))
if x<=-1:
    y=abs(x+2)
if -1<x<2:
    y=1/2 * x**2
if x>=2
    y=math.sin(3 * x)
print("y={:.2f}".format(y))
```

(2) 计算正弦值需调用 math 库，本例中计算绝对值，直接用的 abs()内置函数，如果要使用 math 库中的函数求绝对值，应使用 math.fabs(x+2)。

【例 3.5】 英制单位英寸与公制单位厘米换算。

英寸是英国及英联邦国家使用的一种长度单位，我们国家只在个别场合使用，如相片尺寸等；厘米是国际单位制中长度单位的基本单位；英寸和厘米之间的换算关系为：

$$1\text{ 英寸}=2.54\text{ 厘米}(1\text{inch}=2.54\text{cm})$$

编写程序实现英寸与厘米之间的单位换算。如果输入的单位是“英寸”或者“in”，则将其转换为厘米输出。如果输入的单位是“厘米”或者“cm”或者“CM”则将其转换为英寸输出；如果输入的单位错误，则输出“单位无效”提示信息。换算后的数值保留两位小数输出。

【分析】 本例涉及字符切片与分支结构。从键盘输入字符串类型的“长度值单位”，由于单位“in”“英寸”“cm”“CM”“厘米”均为输入字符串的后两位，因此可以用字符切片得到输入的长度单位；用字符切片截取除长度单位以外的字符，得到输入的长度值。

如果截取的长度单位是“in”或“英寸”，则将输入数由英寸转换为厘米输出；否则，如果截取的长度单位是“cm”“CM”或“厘米”，则将输入数由厘米转换为英寸输出；如果截取的长度单位不是“in”“英寸”“cm”“CM”或“厘米”，则输出“单位无效”。

程序代码：

```
length_unit = input("请输入值(单位: 英寸/in/厘米/CM/cm): ")
length=eval(length_unit[0:-2])
unit=length_unit[-2:]
if unit== 'in' or unit == '英寸':
```

```
    print('{}英寸={:.2f}厘米' .format(length,length * 2.54))
elif unit== 'cm' or unit== '厘米' or unit== 'CM':
    print('{}厘米={:.2f}英寸' .format(length,length/2.54))
else:
    print('单位无效')
```

程序说明：

(1) 字符切片 length_unit[0:-2]用来截取 length_unit 字符串中的倒数第 2 个字符之前的所有字符，不包含索引号为-2 的字符。

(2) 字符切片 length_unit[-2:]用来截取 length_unit 字符串中的最后两个字符，包含索引号为-2 的字符。

(3) 本例中使用了多分支 if-elif-else 语句。

程序运行结果 1：

```
请输入值(单位：英寸/in/厘米/CM/cm)：25 厘米
25 厘米=9.84 英寸
```

程序运行结果 2：

```
请输入值(单位：英寸/in/厘米/CM/cm)：30in
30 英寸=76.20 厘米
```

程序运行结果 3：

```
请输入值(单位：英寸/in/厘米/CM/cm)：10m
单位无效
```

思考：尝试编程实现摄氏度和华氏度之间的温度转换。

3.2.5 分支结构嵌套

分支结构嵌套是指一个分支结构的内部包含另一个分支结构。

Python 中分支结构嵌套的语法格式如下。

```
if  条件表达式 1：
    语句块 1
    if  条件表达式 2_1：
        语句块 2_1
    elif  条件表达式 2_2:
        语句块 2_2
        …                         内层 if 语句
    else:
        语句块 2_n
```

```
elif  条件表达式 2:
    语句块 2
...
else:
    语句块 n
```

说明：

(1) 外层 if 语句与内层 if 语句可以是单分支、二分支或多分支结构。

(2) 任何一个语句块中都可以包含更内层的 if 语句。

(3) 同一层的缩进量相同。

【例 3.6】 计算应付货款。从键盘输入订货量和价格。根据订货量大小给以不同的折扣，计算应付货款。订货量在 500 以下，折扣为 3%；订货量在 500 及以上，1000 以下，折扣为 5%；订货量在 1000 及以上，2000 以下，折扣为 8%；订货量在 2000 及以上，折扣为 10%。需要考虑订货量和价格小于或等于 0 的情况，当订货量或价格小于或等于 0 时，输出“输入错误”。

【分析】 首先验证数据的有效性，如果订货量或价格小于或等于 0，则输出错误提示信息。否则根据订货量确定折扣情况。如果订货量在(0,500)，则折扣为 3%；如果订货量在[500,1000)，则折扣为 5%；如果订货量在[1000,2000)，则折扣为 8%；如果订货量在 2000 以上，则折扣为 10%。

程序代码：

```
quantity,price = eval(input("请依次输入订货量和价格: "))
if quantity>0 and price>0:                #判断订货量和价格是否均大于 0
    if quantity < 500:
        d=0.03
    elif quantity <1000:
        d=0.05
    elif quantity <2000:
        d=0.08
    else:
        d=0.1
    pays = quantity * price * (1-d)       #计算应付货款
    print("应付货款为:{:.2f}元".format(pays))
else:
    print("输入错误")
```

程序运行结果 1：

```
请依次输入订货量和价格: 1000,0
输入错误
```

程序运行结果 2：

```
请依次输入订货量和价格：1500,15
应付货款为：20700.00元
```

程序说明：

(1) 本题采用分支嵌套结构，外层使用 if-else 二分支结构，判断订货量和价格的取值是否合法；内层使用 if-elif-else 多分支结构，判断订货量所在范围并确定相应折扣。

(2) 应付货款＝订货量×价格×(1－折扣)。

3.3 循环结构

当需要重复执行某些代码时，可以使用循环语句。例如，需要在屏幕上打印 10 行 "HelloWorld"，如果复制、粘贴 10 遍也可以实现该功能，但是这样不符合编程的风格，代码需要简洁高效，所以需要程序能够自动重复执行需要重复的代码，来达到输出 10 行的目的。这里自动重复执行的语句就是循环语句。

Python 的循环语句主要包括 for 和 while 循环。for 循环主要用于已知循环次数的情况；while 循环用于不知道循环次数的情况。

3.3.1 for 循环

for 循环又称为遍历循环，由保留字 for 和 in 组成。语法形式如下。

```
for<循环变量> in <遍历结构>
    <语句块>
```

遍历循环语句从遍历结构中逐一提取元素，放在循环变量中。每提取一次元素，就执行一次语句块，直至遍历完所有元素后结束。从遍历结构中提取几个元素，则语句块就重复执行几次。循环语句中的语句块也叫循环体，循环体就是多次重复执行的部分。循环体可以是一条语句，也可以是多条语句。

按照遍历结构的类型，遍历循环可以分为计数遍历、字符串遍历、列表遍历、文件遍历等几种形式。其中，列表遍历将在第 4 章介绍，文件遍历将在第 6 章介绍。

计数遍历的形式如下。

```
for i in range(m,n,d):
    <语句块>
```

计数遍历由 range()函数产生数字序列进行循环。range(m,n,d)产生的整数数列为 m,$m+d$,$m+2d$,…,$m+xd$，即 m 为起始值、$m+xd$ 为最接近 n 的终止值但不超过 n，d 为步长。

range 可以只有一个参数 n，即产生从 0 到 $n-1$ 的连续整数序列。遍历循环语句从数字序列 0,1,…,$n-1$ 中逐一提取元素,放在循环变量中。每提取一次元素,就执行一次语句块,直至遍历完所有元素后结束。例如以下程序,循环变量 i 从 0 循环到 4。

```
for i in range(5):
    print(i)
```

程序运行结果:

```
0
1
2
3
4
```

如果 range 包含两个参数(m,n),产生从 m 到 $n-1$ 的连续整数序列。遍历循环语句从数字序列 m,$m+1$,…,$n-1$ 中逐一提取元素,放在循环变量中。每提取一次元素,就执行一次语句块,直至遍历完所有元素后结束。例如以下程序,循环变量 i 从 1 循环到 4。

```
for i in range(1,5):
    print(i)
```

程序运行结果:

```
1
2
3
4
```

如果 range 包含三个参数,第三个参数 d 表示步长,当 d 为正数时,则数列递增。例如通过以下程序,可以输出 1～10 的所有奇数。

```
for i in range(1,11,2):
    print(i)
```

程序运行结果:

```
1
3
5
7
9
```

当 d 为负数，则该数列递减，第一个参数要大于第二个参数。例如通过如下程序，可以从大到小输出 0～10 的偶数。

```
for i inrange(10,0,- 2):
    print(i)
```

程序运行结果：

```
10
8
6
4
2
```

【例 3.7】 使用 for 循环，编程计算 $1+2+\cdots+n$ 的值，n 从键盘输入。

【分析】 利用 range()产生 1～n 的数字序列（初值为 1，终值为 $n+1$，步长为 1（可省略）），再利用累加求和的算法计算和值。

程序代码：

```
n=eval(input())
s=0
for i in range(1,n+1):
    s-s+i
print("1~{}的和是{}".format(n,s))
```

程序运行结果：

```
100
1~100 的和是 5050
```

程序说明：

(1) range 产生 1～n 的整数数列，i 依次遍历每个数值。使用累加算法 $s=s+i$，每循环一次，变量 s 在原有的基础上加 i，再赋给 s，从而实现了从 1 到 n 的求和。

(2) 在求和前，需要给 s 赋初值为 0。循环结束后输出结果，print()要与 for 对齐。

思考：尝试编程实现计算 1～n 所有奇数和或偶数和，计算 1～n 所有被 5 整除的数之和。

【例 3.8】 编程计算 n 的阶乘。

【分析】 使用 range 产生 1～n 的数列，通过累乘计算出阶乘。

程序代码：

```
n=eval(input())
f=1
for i in range(1,n+ 1):
    f=f * i
print("{}!={}".format(n,f))
```

程序运行结果：

```
10
10!=3628800
```

程序说明：

(1) 注意求阶乘，存放乘积的变量应赋初值为1，累乘算法为：$f=f*i$。

(2) 求阶乘可以直接调用 math 库下的函数完成，例如，math.factorial(10)可以求得10!。

【例 3.9】 计算 $1+1/2+1/3+1/4+\cdots+1/n$，n 从键盘输入，结果保留两位小数。

【分析】 利用 range 函数产生 $1\sim n$ 的数列作为分母，分子始终是1，利用累加求和算法求和 $s=s+1/i$。

程序代码：

```
n=eval(input())
s=0
for i in range(1,n+1):
    s=s+1/i
print("1~{}的倒数和是{:.2f}".format(n,s))
```

程序运行结果：

```
100
1~100的倒数和是5.19
```

思考：如果计算 $1-1/2+1/3-1/4+\cdots+1/n$，应该如何控制每一项的正负号？

【例 3.10】 输出所有3位水仙花数。水仙花数是指3位数的各位数字的3次方之和等于该数本身的数，即 $abc=a^3+b^3+c^3$。

【分析】 利用 range 产生 $100\sim999$ 的数列，将每个数的各位数字分离出来，根据水仙花数的特点进行判断。

程序代码：

```
for i in range(100,1000):
    n=i%10
    m=i//10%10
    d=i//100
    if n**3+m**3+d**3==i:
        print(i,end=",")
```

程序运行结果：

```
153,370,371,407
```

程序说明：i 遍历所有的 3 位数 100～999。依次求出 i 的每位数字。

$n=i\%10$：得到 n 是 i 的个位数字。

$m=i//10\%10$：得到 m 是 i 的十位数字。

$d=i//100$：得到 d 是 i 的百位数字。

思考：尝试编程输出所有的四叶玫瑰数（四叶玫瑰数是指四位数各位上的数字的 4 次方之和等于本身的数，即 $abcd=a^4+b^4+c^4+d^4$）。

【例 3.11】 求字符串中大写字母的个数。

【分析】 利用 for 循环遍历字符串，利用字符比较大小或者 isupper()函数判断大写字母，利用累加求和进行计数。

程序代码：

```
n=0
str="Hello World, Hello Python!"
for s in str:
    if "A"<=s<="Z":                         #等价于 if s.isupper()==True:
        n=n+1
print("字符串中大写字母有",n,"个")
```

程序运行结果：

```
字符串中大写字母有 4 个
```

程序说明：

(1) for 循环可以遍历可迭代对象，像前面介绍的 range 函数产生的等差数列，除此之外，Python 中的可迭代对象还有很多，如字符串等。

(2) 本例题利用 for 循环来遍历 str 字符串对象，变量 s 在 for 循环中遍历 str 字符串的每个字符。在循环体中需要判断 s 是否为大写字母，可以像比较数字一样用"A"＜s＜"Z"不等式来比较 s 与“A”和“Z”之间的关系，以此来判断 s 是否为大写字母。

(3) 计算机中任何数据都有自己的值，这个值叫 ASCII 码，A 的 ASCII 码是 65，B 的 ASCII 码是 66，以此类推，Z 的 ASCII 码是 90。所以可以用不等式来表示字符之间的关系。

(4) 除了使用不等式来判断字符的关系，还可以使用 Python 提供的相关函数来判断字符的大小写情况。

s.isupper()函数：判断 s 字符是否为大写字母，如果 s 是大写字母，则 *s*.isupper()的值为 True；否则为 False。

s.islower()函数：判断 s 字符是否是小写字母，如果 s 是小写字母，则 *s*.islower()的值为 True；否则为 False。

s.isdigit()函数：判断 s 字符是否是数字字符，如果 s 是数字字符，则 *s*.isdigit()的值为 True，否则为 False。

(5) 当 s 是大写字母时，执行计数器 $n=n+1$，计数器就是一个累加求和的过程，只是每次累加的是 1，所以 $n=n+1$ 实现了计数器的功能。

【例 3.12】 利用循环将键盘输入的字符串进行反转。

【分析】 不能利用字符串反转函数进行反转，要求利用循环进行字符串反转。首先定义一个新的字符串，然后在 for 循环遍历字符串时，将遍历的每个字符累加放在新字符串中。

程序代码：

```
s = input()
str= ""
for  i  in  s :
    str = i+str
print("原字符串是: ",s)
print("反转后字符串是: ",str)
```

程序运行结果：

```
python
原字符串是: python
反转后字符串是: nohtyp
```

程序说明：该例题通过 i 遍历 s 字符串对象，使用累加求和的思想，$\mathrm{str}=i+\mathrm{str}$ 每次将新的字符 i 连接在新字符串 str 的前面，从而实现了将 s 字符串反转的功能。

3.3.2 while 循环

for 循环是通过遍历可迭代对象来执行的循环操作。然而在某些情况下，明确需要使用循环结构，但是又没有可迭代对象或者对于循环开始值和结束值不是很明朗的时候，这时就需要采用 while 循环来达到循环的目的。

无限循环也称条件循环，是由条件控制的循环运行方式。无限循环语句用保留字 while 实现，具体形式如下。

```
while <条件> :
    <语句块>
```

当满足条件时，反复执行语句块，直到条件不满足时结束循环。在 while 循环中，需要用户根据题目要求给定条件表达式，并且在循环体中，必须有能使 while 循环趋向于结束的语句，即使条件表达式趋于不成立的语句。

【例 3.13】 利用 while 循环，编程计算 $1+2+\cdots+n$ 的值，n 从键盘输入。

【分析】 该例可以利用 for 循环实现，也可以用 while 循环来实现。用 while 循环时，需要给定条件表达式，循环体内必须有使条件表达式趋于不成立的语句。

程序代码：

```
n=eval(input())
s=0
i=1
while i<=n:
    s=s+i
    i=i+1
print("1~{}的和是{}".format(n,s))
```

程序运行结果:

```
100
1~100的和是5050
```

程序说明:使用 while 循环求和时,需要在循环体内有控制循环变量增1的语句。通过本例与例3.7的对比,体会 for 循环和 while 循环的差异。

思考:尝试利用 while 循环求 1～100 的偶数和。

【例 3.14】 将用户输入的整数进行累加求和,当和大于100时,停止输入,求当前的和以及用户输入的次数。

【分析】 本例中循环次数未知,因此采用 while 循环语句。

程序代码:

```
sum=0
n=0
while sum<=100:
    d=int(input())
    n=n+1
    sum=sum+d
print("和={}, 输入了{}次".format(sum,n))
```

程序运行结果:

```
10
25
30
45
和=110, 输入了4次
```

程序说明:

(1)"当和大于100时,停止输入",也就是和大于100时,停止循环,所以条件表达式应该是"和<=100"值为真时,进入循环。

(2)用户输入、累加求和均放在循环体中。这里的累加求和就是使条件表达式趋于结束的语句。

(3)累加求和的两个变量 sum 和 n,需要提前赋初值为0。

思考：尝试编程实现如下功能，用户不断地从键盘输入字符串，如果输入的字符串不是“#”，则输出该字符串，否则停止输入。

3.3.3 break 和 continue

在循环执行过程中，如果希望在循环次数未达到设置或未达到循环终止条件时，提前跳出循环，可以使用 break 语句。如果希望结束本次循环，直接进行下次循环，可以使用 continue 语句。break 语句和 continue 语句只能用于循环语句体中。

【例 3.15】 计算 $1+2+3+\cdots+n\geqslant 100$ 时的最小 n，输出 n 和对应的和值。

【分析】 如果使用 for 循环求 n，可以考虑给定循环变量的范围为 1～100，实际上达到题目要求的条件，循环变量不会循环到 100，因此循环体内判断累加和是否大于或等于 100，一旦满足该条件，则通过 break 提前结束循环。

程序代码：

```
sum=0
for i in range(1,100):
    sum=sum+i
    if sum >=100:
        break
print("n={},和={}".format(i,sum))
```

程序运行结果：

```
n= 14,和= 105
```

程序说明：

(1)当满足设定的条件 sum>=100 时，提前结束了循环，实际的循环次数是 14 次。

(2)如果使用 while 循环，则可以将 sum>=100 相反的条件，即 sum<100 作为循环条件，此时可以不用 break 语句，程序代码如下。

```
i=0
sum=0
while sum<100:
    i=i+1
    sum=sum+i
print("n={},和={}".format(i,sum))
```

思考：尝试编程实现，求满足 $1+3+5+\cdots+n\leqslant 100$ 的最大的 n。

【例 3.16】 使用循环，求两个数的最大公约数。

【分析】 两个数的最大公约数，最大不会超过两者中最小值，因此从两个数 m 和 n 中的最小数开始，循环递减查找能同时整除 m 和 n 的数，找到后使用 break 提前退出循环。

程序代码：

```
m=eval(input())
n=eval(input())
z=min(m,n)
for i in range(z,0,-1):
    if m %i ==0  and n %i ==0 :
        print("{}和{}的最大公约数是{}".format(m,n,i))
        break
```

程序运行结果：

```
12
42
12 和 42 的最大公约数是 6
```

程序说明：

(1) $z==\min(m,n)$语句中 min 函数返回两个参数 m 和 n 中的最小值，并将最小值赋给 z 变量。

(2) for 循环中 i 变量遍历从 z 递减到 1 的数列。

(3) 求两个整数的最大公约数可以通过调用 math 库中 gcd()函数得到，例如，通过如下代码计算 12 和 42 的最大公约数。注意 gcd()函数只能有两个参数。

```
>>> import math
>>> math.gcd(12,42)
6
```

思考：尝试编程实现如下功能，判断用户输入的字符串中，是否含有空格(使用循环判断，不能使用字符串函数)，如果含有空格，则提示“输入有空格，错误”，循环停止。

【例 3.17】 依次输出字符串"hello，world"中“，”之外的字符。

【分析】 遍历字符串，输出每个字符，当遇到字符“，”时不输出，可以通过 continue 跳过本次循环。

程序代码：

```
for c in "hello, world":
    if c==",":
        continue
    print(c,end="")
```

程序运行结果：

```
hello world
```

程序说明：遍历"hello,world"字符串过程中，遇到“,”时，执行 continue，结束本次循环，但后续的字符还要继续遍历，可以看到，输出结果中不含“,”，但是包含“,”之前以及“,”之后的所有字符。

思考：尝试实现剔除给定字符串中的逗号、分号、句号后输出。

3.3.4 带 else 的循环

无论是 for 循环还是 while 循环，都有两个出口退出循环：一个是正常将循环执行完退出；另一个是通过 break 中途退出循环。有时，可以根据退出循环的不同方式，执行相应的操作。即需要得知是正常退出的循环，还是中途通过 break 退出的循环，根据不同的出口，执行不同的语句。带 else 子句的循环就满足了这一需求。

带 else 的 for 循环形式如下。

```
for <变量> in <遍历结构> :
    <语句块 1>
else :
    <语句块 2>
```

带 else 的 while 循环的形式如下。

```
while <条件> :
    <语句块 1>
else :
    <语句块 2>
```

带 else 的循环语句的执行逻辑是：当循环没有因 break 语句退出时，则执行 else 语句块。可以理解为，else 语句块是作为“正常”完成循环的奖励。

【例 3.18】 判断一个数是否为素数。素数又称质数，质数是指在大于 1 的自然数中，除了 1 和本身以外不再有其他因数的自然数。

【分析】 素数只能被 1 和自身整除。根据定义，将 n 依次去除以 $2\sim n-1$ 的数，判断是否可以整除，一旦有能被整除的，则表明该数不是素数；如果都不能被整除，则该数为素数。

程序代码：

```
n=eval(input())
for i in range(2,n):
    if n %i == 0:
        print(n,"不是素数")
        break
else:
    print(n,"是素数")
```

程序运行结果：

```
89
89 是素数
```

程序说明：

(1) 本例中用到的 for-else 结构，起到了开关变量的作用，这是 Python 语言特有的用法。

(2) 本例更优化的方法是，用 2～sqrt(n)的所有整数去除即可，sqrt()需要用到 math 库。math 库的介绍在 2.2.4 节。可以查询资料改写本例。

思考：尝试实现如下密码验证功能，如果用户输入的密码是 abc，则密码正确，显示“正确”；否则，显示“错误”，当用户验证超过 3 次时，停止验证，显示“已经验证 3 次，请退出”。

【例 3.19】 使用循环，判断字符串是否是回文。

【分析】 回文是指正着读和倒着读都是相同的字符串。例如“上海自来水来自海上”。在判断是否回文时，根据回文的特点，前后对应位置依次进行比较，如果两两均相同，则为回文，否则，只要其中有一个两两不相同，则不是回文，终止循环。

程序代码：

```
s=input()
print(s)
d=len(s)//2
for i in range(0,d):
    if s[i]!=s[-(i+1)]:
        print(s,"不是回文")
        break
else:
    print(s,"是回文")
```

程序运行结果：

```
输入字符串：abcba
abcba 是回文
```

程序说明：从首尾开始向中间逐一比较，只要有一对不相等，就不是回文。所以程序中判断 s[i] !=s[-(i+1)]，只要该条件成立，就不是回文，退出循环。如果循环过程中没有被 break 中断，则正常循环结束，说明中间没出现不相等的字符，则在 else 结构中输出是回文。

3.3.5 嵌套循环

在一个循环体里，包含另一个循环，就是嵌套循环。循环可以多层嵌套。进入循环后，一定将循环做完才能退出循环，所以从外循环进入内循环后，一定将内循环做完，才退出内循环，继续执行外循环，即外循环做一次，内循环做一圈。

【例 3.20】 百元买百鸡问题：用一百元去买一百只鸡，公鸡 5 元/只，母鸡 3 元/只，小鸡 1 元 3 只。请问有多少种购买方案？

【分析】 使用枚举法，尝试所有可能的购买方案。如果 100 元全部买公鸡，最多买 20 只公鸡，如果全部买母鸡，最多买 33 只母鸡。因此，公鸡的只数为 0～20，母鸡的只数为 0～33，剩下的就是小鸡的只数。如果满足条件：小鸡只数是 3 的倍数，总金额是 100 元，总数量是 100 只，则为合格的购买方案。

程序代码：

```
for cock in range(0,21):
    for hen in range(0,34):
        chick=100-cock-hen
        if chick %3==0 and cock * 5+hen * 3+chick/3==100:
            print("公鸡{}只;母鸡{}只;小鸡{}只".format(cock,hen,chick))
```

程序运行结果：

```
公鸡 0 只;母鸡 25 只;小鸡 75 只
公鸡 4 只;母鸡 18 只;小鸡 78 只
公鸡 8 只;母鸡 11 只;小鸡 81 只
公鸡 12 只;母鸡 4 只;小鸡 84 只
```

程序说明：本例使用了嵌套循环，公鸡 cock 的数量范围作为外循环，母鸡 hen 的数量作为内循环，小鸡 chick 的数量则采用符合"百元买百鸡"作为条件。

思考：尝试使用循环嵌套，输出如图 3-6 所示的九九乘法表。

```
1*1=1
1*2=2  2*2=4
1*3=3  2*3=6  3*3=9
1*4=4  2*4=8  3*4=12  4*4=16
1*5=5  2*5=10  3*5=15  4*5=20  5*5=25
1*6=6  2*6=12  3*6=18  4*6=24  5*6=30  6*6=36
1*7=7  2*7=14  3*7=21  4*7=28  5*7=35  6*7=42  7*7=49
1*8=8  2*8=16  3*8=24  4*8=32  5*8=40  6*8=48  7*8=56  8*8=64
1*9=9  2*9=18  3*9=27  4*9=36  5*9=45  6*9=54  7*9=63  8*9=72  9*9=81
```

图 3-6 九九乘法表输出示例

【例 3.21】 输出 10～99 的所有素数。

【分析】 使用嵌套循环，外循环是 10～99 的序列，内循环判断外循环变量是否为素数。

程序代码：

```
for n in range(10,100):
    for i in range(2,n):
        if n %i==0:
```

```
            break
    else:
        print(n,end=" ")
```

运行结果：

```
11 13 17 19 23 29 31 37 41 43 47 53 59 61 67 71 73 79 83 89 97
```

程序说明：外层循环 n 遍历 11～99 的整数，内循环用于判断每个 n 是否是素数。

思考：尝试通过双层循环实现，键盘输入一数字字符串，统计每个数字字符的个数。

3.4 random 库

随机数的使用历史已经有数千年，无论是抛硬币还是掷骰子，目的是让随机概率决定结果。计算机中的随机数也是如此，就是生成随机不可预测的结果。计算机产生的随机数称为伪随机数，是通过算法模拟的，看上去和随机数一样，实际上能算出来的数就是可以预见的数(对用户来说不可预见，对计算机则是可预见)，不是真正的随机数。

Python 中的 random 库是用于产生并运用随机数的标准库。random 库中常见的随机函数有 9 个，如表 3-4 所示。

表 3-4 random 库的常用函数

函 数 名	功 能
seed(a)	初始化给定的随机数种子，该函数没有返回值； 当 a=none 时，默认生成的种子是当前系统时间
random()	生成一个[0.0,1.0)的随机小数。初始化给定的随机种子，默认当前时间。便于程序再现。范围为 $0\leqslant n<1.0$
randint(a,b)	生成一个[a,b]范围的整数，传入参数必须是整数，a 一定要小于 b
uniform(a,b)	生成[a,b]范围的随机小数
randrange(m,n[,k])	生成[m,n)范围以 k 为步长的随机整数
choice(seq,k)	从序列 seq 中随机选择 k 个元素，k 默认为 1
shuffle(seq)	将列表中的元素打乱顺序，功能相当于洗牌，会修改原有序列
getrandbits(k)	生成一个 k 比特长度的随机整数
sample(seq,k)	从指定序列中随机获取 k 个元素作为一个片段返回，不会修改原有序列

【例 3.22】 掷骰子游戏：掷 4 次骰子，如果出现 6 点，则为赢，不用继续掷骰子；如果一次都没有出现 6 点，则为输。游戏过程当中，显示每次掷骰子的点数。

【分析】 利用随机函数产生 1～6 的随机数，循环过程中，如果产生的随机数是 6，则为赢，通过 break 提前退出循环，否则循环结束输出输的结果。可以使用带 else 的 for 循环实现。

程序代码：

```
import random
for i in range(1,5):
    n=random.randint(1,6)
    print(n)
    if n==6:
        print("YOU WIN")
        break
else:
   print("YOU LOSE")
```

程序运行结果：

```
5
1
4
6
YOU WIN
```

程序说明：

(1) 首先导入 random 库，randint(1,6)产生包含 1～6 的随机整数。

(2) for 循环 4 次，如果 $n==6$ 条件满足时，提前终止循环；如果 4 次循环结束都没有为 6 的随机数，则为输。

(3) 由于每次运行产生的随机数不固定，因此程序的运行结果也是可变的。

思考：产生 20 个[1,10]范围的随机整数，统计其中出现的奇数和偶数情况。

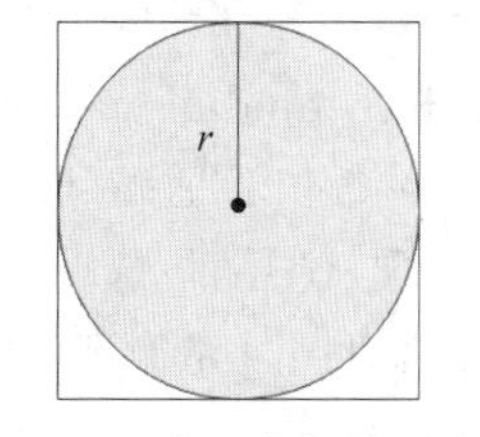

图 3-7　正方形内切圆示意图

【例 3.23】　利用蒙特卡罗算法计算圆周率 π。

在一个正方形内部有一个相切的圆，如图 3-7 所示，它们的面积之比是 π/4。

$$\frac{\text{圆面积}}{\text{正方形面积}}=\frac{\pi r^2}{(2r)^2}=\frac{\pi}{4} \tag{3-1}$$

随机产生 1 000 000 个点(每个点由(x,y)构成)，计算它们与中心点的距离，来判断是否落在圆的内部，落在圆内部的点与总点数的比值是 π/4。

【分析】　蒙特卡罗算法是利用随机概率的方法来解决工程上的一些问题。如图 3-7 所示，正方形内有个相切的圆，向正方形内随机撒点，从概率上来说，点落在圆内的概率与总点数相比，就是圆面积与正方形面积的比值，即 π/4。

程序代码：

```
import random
```

```
n=1000000
cn=0
for i in range(1,n+1):
    x=random.uniform(-1,1)
    y=random.uniform(-1,1)
    if  x*x+y*y<=1:
        cn=cn+1
pi=cn/n*4
print("pi=",pi)
```

程序运行结果：

```
pi= 3.143812
```

程序说明：

(1) 利用随机函数 random.uniform(－1,1)产生－1～1 的随机小数。

(2) 利用 for 循环产生 100 万次(－1,1)的随机小数作为随机点，每次产生两个随机点：x 和 y 作为一对坐标点，判断(x,y)到圆点的距离小于 1，则该点落在了圆内，再利用 cn 来进行计数。最终 cn 与总点数的比值就是 π/4。

【例 3.24】 生成由大写字母、小写字母和数字组成的 6 位随机验证码。

【分析】 本例涉及 random 随机库和 for 循环。操作步骤如下。

(1) 导入 random 随机库。

(2) 由于大写字母 A～Z 的 ASCII 码值为介于 65～90 的整数，可以先使用 randint(65,90)，产生[65,90]的一个随机整数，然后再用 chr()函数将整数转换为对应的字符；同理，利用 randint(97,122)可以产生[97,122]的一个随机整数。

(3) 每位验证码可以是大写字母、小写字母和数字中的任何一个，利用 choice()函数可以实现从中随机选取任意一个元素。

(4) 采用 for 循环结构，每循环一次产生 1 个随机字符，循环 6 次即可产生 6 位随机验证码。

(5) 每次产生的一个随机字符(大写字母、小写字母或数字)，用字符串连接符“＋”号连接后输出。

程序代码：

```
from random import *
checkcode=""                                   #创建名为 checkcode 的空字符串
for i in range(6):                             #循环 6 次,生成 6 个字符
   uppers=chr(randint(65,90))                  #随机生成一个 A~Z 的大写字母
   lowers=chr(randint(97,122))                 #随机生成一个 a~z 的小写字母
   number=str(randint(0,9))                    #随机生成一个 0~9 的数字
   checkcode=checkcode+choice([uppers,lowers,number])  #将 6 个字符拼接为字符串
print(checkcode)
```

程序运行结果：

```
6位随机验证码为：JS12Ym
```

程序说明：

(1) randint(65,90)：返回[65,90]的一个随机整数，包含 65 和 90。

(2) chr(randint(65,90))：将[65,90]的一个随机整数转换为 ASCII 列表中 A～Z 对应的字母。

(3) chr(randint(97,122))：将[97,122]的一个随机整数转换为 ASCII 列表中 a～z 对应的字母。

(4) str(randint(0,9))：将[0,9]的数字转换为字符。

(5) choice([uppers,lowers,number])：随机返回大写字母(uppers)、小写字母(lowers)和数字(number)中任意一个元素。

(6) 由于是随机数，因此输出结果是可变的。

3.5 异常处理

异常处理(exceptional handling)是编程语言里的一种机制，是为了防止未知错误产生所采取的处理措施。异常处理用于处理软件或信息系统中出现的异常状况。

3.5.1 程序中的错误

Python 中的错误分为三类：语法错误、逻辑错误和运行时错误。

(1) 语法错误(Syntax Error，也称解析错误)是指不遵循语言的语法结构引起的错误。一般是指由于程序语句、表达式、函数等存在书写格式错误或语法规则上的错误。语法错误属于编译阶段的错误，如果存在语法错误，程序则无法正常编译或运行。

常见的语法错误包括：程序遗漏了某些必要的符号(冒号、逗号、括号)、关键字拼写错误、缩进不正确、全角符号和空语句块等。这种错误在 IDLE 或其他 IDE 中会有明显的错误提示，根据提示的错误代码位置，能比较容易地找出错误并改正。

(2) 逻辑错误(语义错误)是指程序可以正常运行，但执行结果与预期不符。存在逻辑错误的程序从语法上来说是正确的，但会产生意外的输出或结果，不一定会被立即发现，而且有的逻辑错误并不是每次运行都出现错误的运行结果。例如，由于运算符优先级考虑不周、变量名使用不正确、语句缩进层次不对等产生的错误。

(3) 运行时错误是指程序可以运行，但在运行过程中遇到错误，导致意外退出。当程序由于运行时错误停止时，通常会说程序崩溃了。一般来说的异常是运行时异常，有时也把所有错误都归于异常，Python 标准异常及说明见附录。

3.5.2 捕捉和处理异常

异常是程序运行中发生的一个事件，该事件会影响程序的正常执行。一般情况下，在Python 无法正常处理程序时，或者程序运行时发生错误而没有被处理时就会发生一个异常，这些异常会被 Python 的内建异常类捕捉。

异常的类型很多，例如 NameError、SyntaxError、TypeError、ValueError 等都是异常。当程序发生异常时应该捕捉并处理它，使程序平稳运行，否则程序会终止运行甚至直接崩溃。程序设计中，要尽可能考虑全面，避免异常的发生。同时，尽可能对可能产生的异常进行处理，使程序有更好的健壮性和容错性。

1. try-except

try-except 代码块用来捕捉和处理可能引发的异常，形式如下。

```
try:
    <语句块 1>
except:
    <语句块 2>
```

当执行语句块 1 出现异常时，则捕捉该异常，并在语句块 2 中进行错误处理。

异常有不同的类型，在 except 后增加异常类型，可以指定具体类型的处理方法。处理特定类型异常的形式如下。

```
try:
    <语句块 1>
except <异常类型 1>:
    <语句块 2>
except <异常类型 2>:
    <语句块 3>
```

举例：

```
num = int(input("请输入一个整数: "))
print(num**2)
```

在这两行代码中，如果用户没有输入整数，则会产生异常，并弹出下面的错误提示。错误提示指明了异常发生的异常类型，即 ValueError。但是，因为没有为异常处理指定任何操作，此时程序就会异常退出，终止执行，错误如图 3-8 所示。

【例 3.25】 输入一个整数，输出该数的平方值，如果用户输入的不是整数，则输出提示信息“输入不是整数”。

【分析】 为避免用户输入的不是整数，使用 try-except 捕捉该异常并处理。

```
请输入一个整数: ab
Traceback (most recent call last):
  File "D:/tmp/python/tt.py", line 1, in <module>
    num = int(input("请输入一个整数: "))
ValueError: invalid literal for int() with base 10: 'ab'
```

图 3-8　异常错误提示

程序代码：

```
try:
    num = int(input("请输入一个整数："))
    print(num**2)
except:
    print("输入不是整数")
```

也可以增加对应的异常类型进行处理，仅响应 ValueError 此类异常。

```
try:
    num = int(input("请输入一个整数："))
    print(num**2)
except ValueError:
    print("输入不是整数")
```

程序说明：如果可能出现多种类型异常的程序，可以通过多个 except 捕捉多种类型的异常，分别进行处理。如果对于异常类型并不明确，则可以不加异常类型，这样可以捕捉到所有的异常。

2. try-except-else-finally

Python 中异常处理包括 try、except、else 和 finally 关键字，完整处理格式如下。

```
try:
    <语句块 1>
except:
    <语句块 2>
else:
    <语句块 3>
finally:
    <语句块 4>
```

程序首先执行 try 后的语句块 1，如果未发生异常，则执行 else 中的语句。无论是否发生异常，均会执行 finally 中的语句。finally 放在最后，通常是做一些后续的处理，比如关闭文件、资源释放等。

程序设计时可以只把可能发生异常的代码放在 try 语句中。在不会发生异常成功执行时的代码放在 else 中。

【例 3.26】 编程实现一个除法计算器。

【分析】 考虑除法运算可能出现的除数为 0 和输入的不是数值的异常情况。

程序代码：

```
while True:
    first_number = input("输入被除数：")
    #输入 q 则退出
    if first_number=='q':
        break
    second_number= input("输入除数：")
    try:
        answer = eval(first_number) / eval(second_number)
    except ZeroDivisionError:  #除数为 0
        print("0 不能作为除数")
    except NameError:  #输入的不是数值类型
        print("输入类型错误")
    else:    #无异常,输出计算结果
        print(answer)
```

程序说明：通过 ZeroDivisionError 捕捉除数为 0 的异常，通过 NameError 捕捉输入非数值类型的异常，如果没有出现任何异常，则会运行 else 后的语句，输出计算结果。

3.6 本章小结

本章主要介绍了程序的基本控制结构——分支结构和循环结构。通过实例，首先介绍了单分支、二分支、多分支结构以及分支嵌套结构的特点和用法。然后介绍了 for 循环与 while 循环的使用方法以及两种循环控制语句的异同。在 for 循环中重点介绍了两种遍历方式，同时阐述了 break 语句与 continue 语句的概念与特点。最后介绍了 random 库的使用和程序的异常处理方法。

3.7 上机实验

【实验 3.1】 个人所得税是调减收入分配差距、深化改革、促进可持续发展、构建和谐社会的客观要求。个税改革制度除了给纳税人带来直接的减税红利之外，更实现了从分类税制向综合与分类相结合制度的重大转变，更利于税负公平分配；新税改尤其是六项专项附加扣除政策，使更多人在减税中受益。

请按照最新工资薪金所得适用的个人所得税税率表如表 3-5 所示。编写程序，从键

盘输入每月税前工资和个人缴纳的各项社会保险费金额，按照个人所得税计算公式，计算并输出应纳税所得额、适用税率(百分比)、速算扣除数、应缴税款(保留两位小数)、实发工资(保留两位小数)。

个人所得税的计算公式为：

应纳税所得额＝税前工资－各项社会保险费－起征点(5000 元)

应缴税款＝应纳税所得额×税率－速算扣除数

实发工资＝税前工资－各项社会保险费－应纳税额

1. 实验目的。

(1) 巩固分支结构的使用方法。

(2) 巩固算术运算符、关系运算符和逻辑运算符的使用方法。

(3) 巩固 format()格式化字符串的方法。

2. 实验步骤。

(1) 输入以人民币(元)为单位的税前工资和个人缴纳各项社会保险费，用逗号分隔。

(2) 采用分支嵌套结构，外层用 if-else 二分支结构判断用户输入的数据是否合法。如果用户输入了零或负数，则输出提示信息“请输入正数!”，如程序运行结果 1 所示。其他错误输入不予考虑。

程序运行结果 1：

```
请分别输入税前工资和各项社会保险费：10000,-2000
请输入正数!
```

(3) 内层采用 if-elif-else 多分支结构，判断应纳税所得额的范围并输出相关信息。

我国的个人所得税采用“超额累进税率”计算方法，简化公式如下。

应纳税所得额＝税前工资－各项社会保险费－起征点(5000 元)

① 如果应纳税所得额≤0，则输出“不需要缴税!”，如程序运行结果 2 所示。

程序运行结果 2：

```
请分别输入税前工资和各项社会保险费：6000,2000
不需要交税!
```

② 如果应纳税所得额在表 3-5 中对应的范围内，则按照适用的“税率”和“速算扣除数”，计算“应缴税款”和“实发工资”。同时输出“应纳税所得额”“适用税率”“速算扣除数”“应缴税款”和“实发工资”，如程序运行结果 3 所示。(应缴税款和实发工资均保留两位小数。)

表 3-5 工资薪金所得适用的个人所得税税率表

级数	全月应纳税所得额	税率	速算扣除数
1	不超过 3000 元的	3%	0
2	超过 3000 元至 12 000 元的部分	10%	210

续表

级数	全月应纳税所得额	税率	速算扣除数
3	超过 12 000 元至 25 000 元的部分	20%	1410
4	超过 25 000 元至 35 000 元的部分	25%	2660
5	超过 35 000 元至 55 000 元的部分	30%	4410
6	超过 55 000 元至 80 000 元的部分	35%	7160
7	超过 80 000 元的部分	45%	15 160

程序运行结果 3：

```
请输入税前工资和各项社会保险费：10000,2000
应纳税所得额为 3000 元
适用税率为 3%
速算扣除数为 0 元
应缴税款为 90.00 元
实发工资为 7910.00 元
```

3. 提示。

(1) 用 format()设置税率输出格式(百分比)，格式如下。

```
"{:.0%}".format(税率))
```

(2) 用 format()方法设置个人所得税输出格式(保留两位小数)，格式如下。

```
"{:.2f}".format(个人所得税))
```

4. 扩展。

查阅《个人所得税专项附加扣除办法》，增加累计专项附加扣除(专项附加扣除包括：子女教育、继续教育、大病医疗、住房贷款利息或住房租金，以及赡养老人等 6 项)，计算每个月的应缴税款，并计算每年节约的税款。

【实验 3.2】 求 1!+2!+3!+…+n!的和。

1. 实验目的。

(1) 巩固 for 循环结构的使用。

(2) 巩固累加求和的算法。

2. 实验步骤。

(1) 键盘输入 n。

(2) 累加求和变量 sum 赋初值 0。

(3) 外循环 for，range 产生 1～n 的数列。

① 求阶乘的 m 变量赋初值 1。

② 内循环 for，range 产生 1～i 的数列，i 是外循环变量。

● 内循环使用 m 求阶乘。

③ 外循环用 sum 累加求和。

(4) 输出结果。

3. 提示。

(1) 变量赋初值：sum 赋值 0，m 赋值 1。

(2) 每次进入内循环，都需要将 m 赋一次初值。

4. 扩展。

求$(1+2)+(1+2+3)+(1+2+3+4)+\cdots+(1+2+3+4+\cdots+n)$的值。

【实验 3.3】 求 2000～2500 年的所有闰年，每行输出 5 个年份。闰年的定义为：能被 4 整除但不能被 100 整除或者能被 400 整除的年份。

1. 实验目的。

(1) 巩固 for 循环结构的使用。

(2) 强化条件表达式的书写。

2. 实验步骤。

(1) 累加求和变量 n 赋初值。

(2) for 循环，range 产生 2000～2500 的数列。

(3) 根据闰年条件，判断是否是闰年。如果是闰年，则输出该年份并累加计数。

(4) 判断个数是否是 5 的倍数，来决定是否带回车输出。

3. 提示。

(1) 累加计数的变量 n 赋初值 0。

(2) 闰年的条件表达式：i % 400==0 or (i%4==0 and i%100 !=0)。

(3) 带回车输出：print(i)；不带回车输出 print(i,end=",")。

4. 扩展。

带着行号和列号输出闰年。

【实验 3.4】 字符编码：一个含有大小写字母和数字的字符串，编码的规则是，将字符串逆置，大写字母转变为小写字母，并且变为它的下一个字母(A 变为 b，Z 变为 a)；小写字母转变为大写字母，然后变为它的前一个字母(a 变为 Z，z 变为 Y)。键盘输入一个字符串，输出编码后的字符串。

1. 实验目的。

(1) 巩固 for 循环在字符串方面的使用。

(2) 巩固字符串的基本使用。

2. 实验步骤。

(1) 使用 for 循环遍历字符串。

(2) 根据字符大小判断字符属于大写、小写还是数字字符，然后根据编码规则进行编码。

(3) 使用前置累加算法，类似于 str=i+str 的样式。

3. 提示。

(1) 大写字母转换为小写字母时，可以使用其 Unicode 编码进行转换。ord()函数得到字符的 Unicode 编码，大写字母和相应的小写字母 Unicode 码相差 32，即“A”的 Unicode 编码是 65，“a”的 Unicode 编码是 97。

(2) chr()函数可以将 Unicode 编码转换为相应的字符。

(3) 如果希望“A”转换为小写“a”，即 chr(ord("A")＋32)。

(4) 在处理“Z”和“a”时需要单独处理，如果是“Z”，则直接变为“a”，如果是“a”则直接变为“Z”，因为它们是字母表的结尾处，如果继续加 1 进行编码，则会超出字母表范围。

4. 扩展。

将编码好的字符串再还原成原字符串。

【实验 3.5】 冰雹猜想：一个正整数，如果是偶数，则减半；如果是奇数，则变为它的 3 倍加 1。直到变为 1 停止。猜想对于所有正整数经过多次的变换最终都能达到 1。编写程序，模拟冰雹猜想的过程，输出每一步的变换结果，到达 1 为止。

1. 实验目的。

(1) 巩固 while 循环的使用。

(2) 强化编程技巧。

2. 实验步骤。

(1) 用户键盘输入数据。

(2) while 循环，只要用户数据不是 1：

① 判断用户数据奇偶性，如果是奇数，则整除 2；否则乘以 3 加 1。

② 输出本次变换的结果。

3. 提示。

(1) while 循环的条件表达式，应该是用户的数据不是 1，就一直循环，条件表达式可以写成：$n!=1$，n 为用户输入的数据。

(2) 每次变换后的数据依旧放在原用户数据的变量中。

(3) 如果希望保留用户原始数据，则进入循环前，将用户数据存入另一变量。

4. 扩展。

将一个数分解为质数的和。例如：4＝1＋3。

【实验 3.6】 密码强度验证。密码强度用来衡量一个密码的安全等级，密码的强度和其长度、复杂度有关。请编写程序，判断从键盘输入的字符串是否符合密码格式的设置要求。密码设置规则：密码长度至少 6 位且密码为字母。

编写程序，从键盘输入密码，判断是否符合密码规则。如果密码长度不足 6 位，则输出“密码长度不足 6 位”；如果密码长度符合规则(即≥6 位)，判断密码中的每个字符是否为字母，如果条件成立，则输出“密码格式正确”，否则输出“密码格式错误”。

1. 实验目的。

(1) 巩固分支结构与循环结构的使用方法。

(2) 巩固 break 和 continue 的区别。

(3) 巩固 for-else 的用法。

2. 实验步骤。

(1) 输入需要验证的密码(字符串)。

(2) 计算密码长度。

(3) 判断密码长度，如果长度≥6，继续验证；如果长度<6，输出“密码长度不足6位”。

(4) 逐个字符验证是否为字母，如果是字母，用 continue 结束当前循环，继续遍历验证下一个字符；如果不是字母，用 break 结束整个循环，同时输出“密码格式错误”。

(5) 全部密码字符遍历结束后，如果均为字母，输出“密码格式正确”。

3. 提示。

(1) 使用 lower()方法或 upper()方法将输入字符串中的所有字母转为小写或大写。

(2) 使用 len()函数测试字符串长度。

(3) 使用 if-else 二分支结构验证密码长度是否合法。

(4) 使用 for 循环遍历密码，逐个字符验证是否为字母。

(5) 使用 continue 结束当前循环，使用 break 结束整个循环。

(6) 如果 for 循环过程中没有被 break 中断，则正常循环结束，说明所有字符均为字母，则在 else 结构中输出“密码格式正确”。

4. 扩展。

(1) 增加密码规则，密码中含有数字。

(2) 增加校验次数，如果超过 5 次则不通过验证，程序强制退出。

【实验 3.7】 猜数字游戏：首先由用户输入一个[0,9]的数字，这里需要判断用户的数据是否合法，如果不合法，则要求重新输入。系统随机产生一个[0,9]的数字，如果两者的数字相等，则游戏结束，用户赢，输出“你赢了”；如果两者的数字不相等，则重复前面的过程，用户重新输入，系统重新产生随机数，该过程最多 5 次，如果用户均没有猜中，则用户输，输出“你输了”。

1. 实验目的。

(1) 巩固 for 和 while 循环的使用。

(2) 巩固随机数的基本使用。

2. 实验步骤。

(1) 导入随机函数库。

(2) 用户键盘输入数据。

(3) 设置含有 5 次的 for 循环：

① 用户输入数据。

② 利用 while 循环判断用户输入的是否是 0～9 的数字，如果不是要求重新输入，直到输入正确为止。

③ 随机产生 0～9 的随机整数。

④ 输出用户和系统的数据。

⑤ 判断用户数据和系统数据是否相等。如果相等，则用户赢，终止循环。

(4) 循环结束后，利用 else 结构，输出“用户输”的结果。

3. 提示。

在利用 while 循环对用户输入的数据进行错误处理时，while 后的条件表达式可以写成：user<0 or user>9。

4. 扩展。

如果用户数据与系统数据相差±1范围以内，都为赢，否则为输。即如果用户的数据是5，系统数据是4或者5或者6，用户赢。

【实验3.8】 利用蒙特卡罗方法计算函数 $y=x^2$ 在[0，1]区间的积分，如图3-9所示。

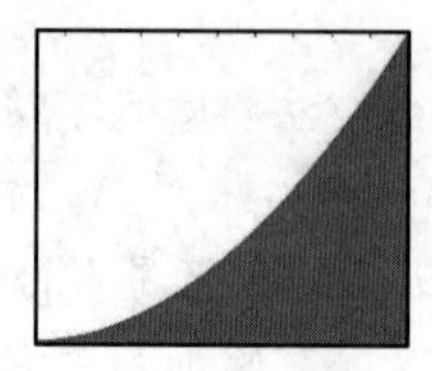

图3-9 $y=x^2$ 在[0，1]区间的示意图

1. 实验目的。

(1) 巩固for循环在字符串方面的使用。

(2) 巩固随机函数的使用。

(3) 强化蒙特卡罗算法的使用。

2. 实验步骤。

(1) 导入随机函数库。

(2) 累加求和变量sum赋初值0。

(3) for循环，range产生1～1 000 000的数列。

(4) 循环体中，生成两个(0,1)范围内的随机小数，作为(x,y)的坐标值。

(5) 依据相应的函数关系判断，随机点是否落在函数范围内，并进行计数。

(6) 落入函数范围的点与总点数的比值即为结果。

3. 提示。

(1) 累加变量赋初值为0。

(2) 随机的总数量越大，则结果越准确。

4. 扩展。

利用蒙特卡罗方法计算函数 $y=\sqrt{x}$ 在[0,1)区间的积分。

习　题

1.【单选】random.randint(0, 1)的返回值是(　　)。

A. 0　　B. 1　　C. 0或1　　D. 2

2.【单选】以下描述不正确的是(　　)。

A. 分支结构使用if保留字

B. Python中if-else语句用来描述二分支结构

C. Python 中 if-elif-else 语句用来描述多分支结构

D. 分支结构可以向已经执行过的语句部分跳转

3. 设 x=5,y=8,z=3,c="h",d="T",请写出下列表达式的值。

(1) x>3 and y!=9

(2) x==6 or y!=8

(3) not(z<0)

(4) not(x>1 and z<5)

(5) x<7 and y==4 or z=3

(6) "a"<=c<="z"

(7) c>="A" and c<="Z"

(8) c!=d and c!="\n"

(9) 4 and z!=6 or 0

(10) c<d or 0

4. 编写程序,判断输入的正整数是否为同构数。如果正整数 n 与它平方数的尾部数相同,则称 n 为同构数。例如,$6^2=36$,6 就是同构数,$7^2=49$,7 不是同构数。

5. 编写程序,接收用户输入的年份和月份,输出该月天数。

6. 输入三角形的三条边 a,b,c,判断是否能构成三角形,如果能构成三角形则计算周长和面积并输出。已知三角形的三边是 a,b,c,周长 $C=a+b+c$。

令 $p=(a+b+c)/2$,则三角形的面积:

$$S=\sqrt{p(p-a)(p-b)(p-c)}$$

要求:

(1) 在同一行输入三条边 a,b,c 的值(用英文半角逗号隔开),三个数均大于 0。

(2) 判断是否构成三角形,如果任意两边之和大于第三边(或两边之差小于第三边)则构成三角形。

(3) 如果不符合上述条件则输出“不能构成三角形”,否则输出三角形的面积。

(4) 周长与面积均保留两位小数。

程序运行结果 1:

```
请输入三角形的三条边:1,2,3
不能构成三角形
```

程序运行结果 2:

```
请输入三角形的三条边:2,5,4
周长=11.00
面积=3.80
```

7. 编写程序,输入一个年份,判断该年份是否是闰年并输出结果。凡符合下面两个条件之一的年份是闰年。

(1) 能被 4 整除但不能被 100 整除。

(2) 能被 400 整除。

程序运行结果 1:

```
请输入年份:2020
2020是闰年
```

程序运行结果 2:

```
请输入年份:2010
2010不是闰年
```

8. 输入一元二次方程 $ax^2+bx+c=0$ 中 a、b、c 的值,求这个方程的根。方程的系数与解的对应关系如表 3-6 所示。

表 3-6 一元二次方程的系数与解的对应关系

系数		方程的解
$a=0$	$b=0$	方程无解
	$b\neq 0$	$x=-c/b$
$a\neq 0$	$b^2-4ac<0$	方程无实根
	$b^2-4ac=0$	方程有两个相同的实根:$x=\frac{-b}{2a}$
	$b^2-4ac>0$	方程有两个不等实根:$x_1=\frac{-b-\sqrt{b^2-4ac}}{2a}$,$x_2=\frac{-b+\sqrt{b^2-4ac}}{2a}$

计算结果保留两位小数。

程序运行结果 1:

```
请依次输入系数:0,0,5
该方程无解
```

程序运行结果 2:

```
请依次输入系数:0,2,4
该方程的解为:x=-2.00
```

程序运行结果 3:

```
请依次输入系数:2,6,7
该方程无实根
```

程序运行结果 4:

```
请依次输入系数: 1,4,4
方程有两个相同的实根: x=-2.00
```

程序运行结果5:

```
请依次输入系数: 1,3,2
方程有两个不等实根: x1=-2.00,x2=-1.00
```

9. 国家质量监督检验检疫局发布的《车辆驾驶人员血液、呼气酒精含量阈值与检验》(GB19522—2004)中规定:

驾驶人员血液酒精含量小于20mg/100ml不构成饮酒驾驶行为;

驾驶人员血液酒精含量大于或等于20mg/100ml并小于80mg/100ml为饮酒驾车;

驾驶人员血液酒精含量大于或等于80mg/100ml为醉酒驾车。

编写程序,根据输入的酒精含量判断是否为酒后驾车。

程序运行结果1:

```
请输入酒精含量: 15
不构成饮酒驾驶行为,可以开车,但要注意安全!
```

程序运行结果2:

```
请输入酒精含量: 60
已构成饮酒驾驶行为,请不要开车!
```

程序运行结果3:

```
请输入酒精含量: 200
已构成醉酒驾驶行为,千万不要开车!
```

10. 临床上所称的血糖专指血液中的葡萄糖而言。每个个体全天血糖含量随进食、活动等情况会有波动。

餐后2h血糖<7.8mmol/L为正常;当餐后2h血糖为7.8~11.1mmol/L时,可以诊断为糖耐量减低或受损;当餐后2h血糖>11.1mmol/L时,考虑为糖尿病;

餐前血糖值<2.8mmol/L,并且临床产生相应的症状则考虑为低血糖;

餐前血糖值>6.1mmol/L且<7.0mmol/L,可考虑为空腹血糖受损;

餐前血糖值≥7.0mmol/L,考虑为糖尿病,建议再次复查空腹血糖,或进行口服葡萄糖耐量实验。

编写程序,输入餐前(或餐后)与血糖值,判断并输出血糖水平。

11. 猜拳游戏。编写"石头","剪刀","布"游戏,1代表石头、2代表剪刀、3代表布。

游戏规则:布赢石头,石头赢剪刀,剪刀赢布。

玩家用户输入"1"、"2"或者"3",对手计算机随机生成1、2或者3。如果平局,则输出"平局了!";如果用户输了,则输出"对手获胜!";如果用户赢了,则输出"恭喜您,战胜了对手!”。(程序运行结果是可变的。)

程序运行结果:

```
请输入 1(石头)2(剪刀)3(布):1
恭喜您,战胜了对手!
```

12. 编程求正方形数列 1,4,9,16,25,36,49,…的和,项数由键盘输入。

13. 计算 $a+aa+aaa+\cdots+aa\cdots aaaa$(最后一项有 n 个 a)的值。a 为[0,9]中的 1 个数字,n 为项数。例如,$a=6$,$n=5$,则 $s=6+66+666+6666+66666$。a 和 n 由用户从键盘输入。

14. 编程求 3 位数中包含数字 7 的数,输出这些数以及总个数。

15. 编程输出大写和小写字母的 Unicode 编码对应表,如图 3-10 所示,要求 5 个一换行(“A”的 Unicode 编码是 65,“a”的 Unicode 编码是 97)。

```
A - 65, B - 66, C - 67, D - 68, E - 69
F - 70, G - 71, H - 72, I - 73, J - 74
K - 75, L - 76, M - 77, N - 78, O - 79
P - 80, Q - 81, R - 82, S - 83, T - 84
U - 85, V - 86, W - 87, X - 88, Y - 89
Z - 90, a - 97, b - 98, c - 99, d - 100
e - 101, f - 102, g - 103, h - 104, i - 105
j - 106, k - 107, l - 108, m - 109, n - 110
o - 111, p - 112, q - 113, r - 114, s - 115
t - 116, u - 117, v - 118, w - 119, x - 120
y - 121, z - 122,
```

图 3-10 输出示例

16. 编程求输入的字符串中大写、小写、数字字符以及其他字符的个数并输出。

17. 编程输出斐波那契数列的前 n 项,项数 n 从键盘输入,斐波那契数列:1,1,2,3,5,8,13,…

(1) 斐波那契数列的规律:每一项等于它的前两项和,即 $f_n=f_{n-1}+f_{n-2}$。

(2) 斐波那契数列的第 1 项和第 2 项是固定的 1。

18. 猴子吃桃问题:猴子第一天摘下若干个桃子,立即吃了一半,不过瘾,又多吃了一个。第二天早上将第一天剩下的桃子吃掉一半,又多吃一个。以后的每天早上都吃了前一天剩下的一半多一个。第 10 天早上再想吃时,只剩下一个桃子了。求猴子第一天摘了多少个桃子。

第4章 组合数据类型

学习目标

- 能列举组合数据类型的分类。
- 能阐述序列类型的特点及通用操作。
- 能阐述列表的概念、基本操作和函数与方法。
- 能阐述集合的概念、基本操作和函数与方法。
- 能阐述字典的概念、基本操作和函数与方法。
- 能综合运用组合数据类型解决实际问题。

本章主要内容

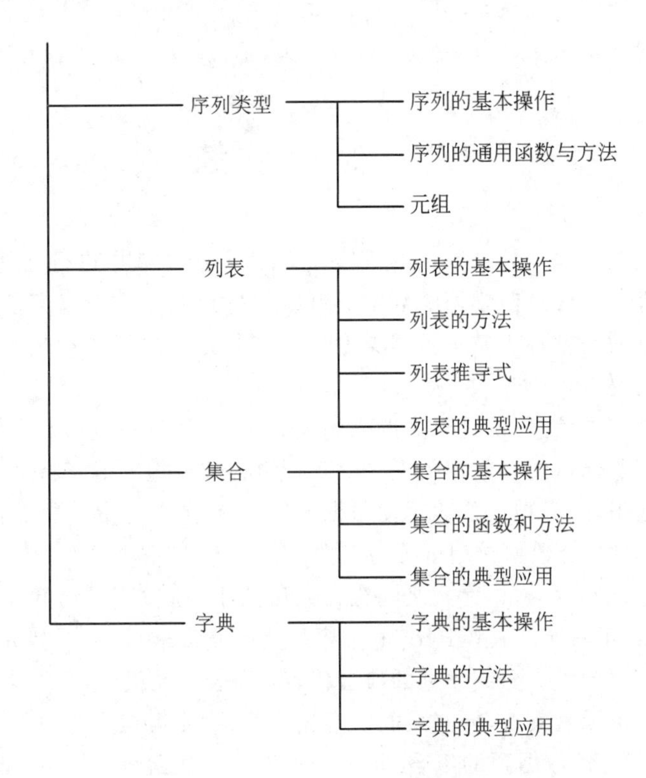

各例题知识要点

例 4.1　冬奥菜单统计(序列(列表)基本操作和函数)

例 4.2　计算成绩最大值、最小值和总分(序列(列表)函数)

例 4.3　冬奥菜单统计(序列(元组)基本操作和函数)

例 4.4　计算成绩最大值、最小值和总分(序列(元组)函数)

例 4.5　计算平均成绩(列表函数)

例 4.6　成绩判定(创建列表、遍历列表)

例 4.7　统计成绩前三名(列表排序)

例 4.8　生成 1～9 每个数字立方组成的列表(列表推导式)

例 4.9　5A 级景区名单调整(列表基本操作、方法)

例 4.10　5A 级景区名单调整 2(列表方法)

例 4.11　入境游客数量统计(列表函数、方法)

例 4.12　计算不重复的数字的乘积(集合去重、遍历)

例 4.13　运动会项目报名名单统计(集合去重)

例 4.14　学生成绩等级设定(字典基本操作、遍历字典)

例 4.15　汉字出现次数统计(字典 get()方法)

例 4.16　汉字出现次数统计(字典 get()方法、字典排序)

例 4.17　字母出现次数统计(字典 get()方法、字典排序)

4.1　概　　述

计算机本质上是存储和处理数据的机器,它可以对单个数据进行处理,也可以对一组数据进行批量处理。前面章节学习的数字类型、布尔类型,一个变量只能表示一个数据,这种表示单一数据的类型称为基本数据类型。当需要处理的问题比较复杂时,仅用基本数据类型无法满足要求,例如:

给定全校新生基本信息,统计学生的来源地分布、统计各专业男女生比例。

这种问题就需要通过组合数据类型来处理。组合数据类型能够将多个同类型或不同类型的数据组织起来,通过单一的表示使数据操作更有序、更容易。根据数据组织方式的不同,Python 语言中组合数据类型可分为三类:序列类型、集合类型和映射类型。

序列类型是一维元素向量,元素之间存在先后关系,通过序号访问序列中的元素,元素之间不排他,元素不具唯一性。Python 中序列类型非常丰富,包括列表、元组、字符串、字节数组、队列等,本章重点介绍序列的典型代表:列表和元组。

集合类型是一个元素集合,元素之间没有先后关系,元素在集合中具有唯一性。

映射类型是"键-值"数据项的组合,每个键值对为一个元素,表示为 key:value 的形式。映射类型的典型代表是字典。

4.2 序 列 类 型

字符串可以看作一个字符序列，元组和列表都是包含 0 个或多个数据项(元素)的数据序列，其中每个数据项可以是数字、字符串、列表、元组等任何类型的数据。列表与元组的不同之处为：列表的元素是可以更改的，而元组一旦被创建，其元素不可更改，所以列表是可变序列，元组是不可变序列。

所有序列都可以进行索引、切片、连接、复制、成员检查等操作，另外，序列还包含一些通用的函数和方法(见表 4-1)，本节后续部分将对序列的通用操作、函数和方法做详细的讲解。

表 4-1　序列类型的通用操作、函数和方法

操作或函数方法	含　义
s[i]	索引，返回序列 s 中的第 i 个元素
s[i:j]	切片，返回序列 s 中从第 i 个到第 j 个(不包含第 j 个)元素的子序列
s[i:j:k]	切片，返回序列 s 中从第 i 到第 j 个元素以 k 为步长的子序列
s+t	连接 s 和 t 两个序列
s*n 或 n*s	将序列 s 复制 n 次
x in s	成员检查，若 x 是序列 s 的元素，返回 True，否则返回 False
x not in s	成员检查，若 x 不是序列 s 的元素，返回 True，否则返回 False
len(s)	序列 s 的长度(元素个数)
max(s)	序列 s 中的值最大的元素
min(s)	序列 s 中的值最小的元素
sum(s)	序列 s 的和
s.index(x)	序列 s 中元素 x 第一次出现的位置
s.index(x,i,j)	序列 s 中从位置 i 到位置 j 中元素 x 第一次出现的位置
s.count(x)	序列 s 中元素 x 出现的总次数

4.2.1 序列的基本操作

1. 索引

在实际应用中，经常需要访问序列中的某个元素，例如访问字符串中的某个字符、访问列表或元组中的某个数据项，这种需求可通过“索引”操作实现。

序列中每个元素都被分配一个数字，代表其在序列中的位置(索引)。Python 中序列有两种索引方式：自左向右和自右向左。自左向右索引，元素的位置编号从 0 开始，自左向右依次递增；自右向左索引，元素的位置编号从－1 开始，自右向左依次递减。

图 4-1 表示字符串"Hello world"的索引，每个单一字符作为一个基本单元；图 4-2 表示列表["China",(1949,10),['Asia','Beijing']]的索引，每个数据项作为一个基本单元。

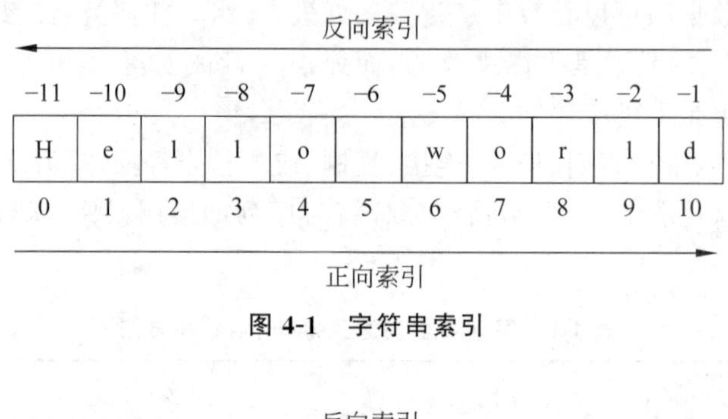

图 4-1 字符串索引

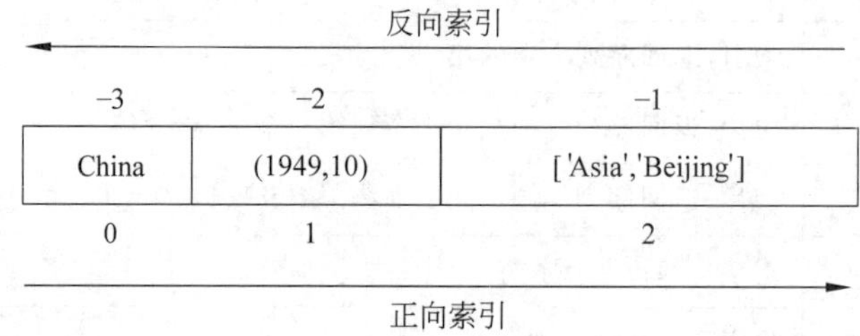

图 4-2 列表索引

索引操作示例如下。

```
>>> greeting="Hello world"          #字符串索引操作示例
>>> greeting[0]
'H'
>>> greeting[4]
'o'
>>> greeting[-1]
'd'
>>> greeting[-10]
'e'
```

列表索引操作如下。

```
>>> info=["China",(1949,10),['Asia','Beijing']]
>>> info[0]
'China'
>>> info[-1]
['Asia', 'Beijing']
```

2. 切片

访问序列中的部分元素，可以通过切片操作完成。简单来说，切片就是从序列中截取需要的元素，并生成一个新的序列。

一个完整的切片表达式包含三个参数 start_index、end_index、step，用两个“：”分隔。给定序列 s，创建切片的一般形式为 s[start_index:end_index:step]。

step：其符号可正可负，绝对值表示切片的“步长”，正负号决定截取方向。符号为正表示“从左往右”截取，为负表示“从右往左”截取。当 step 省略时，默认为 1。

start_index：表示起始索引，截取的序列包含该索引对应值；该参数省略时，若 step 为正，从左边第一个元素开始截取，为负则从右边第一个元素开始截取。

end_index：表示终止索引，截取的序列不包含该索引对应值；该参数省略时，若 step 为正，则从下标为 start_index 的元素开始自左向右截取到序列的最后一个元素（包含最后一个元素），若 step 为负，则从下标为 start_index 的元素开始自右向左截取到序列的最后一个元素（包含最后一个元素）。

切片操作示例如下。

```
>>> st=[89,78,90,67,78,92,97,'python']
>>> st[0:6]
[89, 78, 90, 67, 78, 92]
>>> st[:6]
[89, 78, 90, 67, 78, 92]
>>> st[3:]
[67, 78, 92, 97, 'python']
>>> st[0:5:2]
[89, 90, 78]
>>> st[5:2:-1]
[92, 78, 67]
>>> st[::-1]
['python', 97, 92, 78, 67, 90, 78, 89]
```

3. 连接

给定序列 s 和 t，可以通过操作符“+”连接两个序列：$s+t$。

连接操作示例如下。

```
>>> info1=["China",(1949,10)]
>>> info2=['Asia','Beijing']
>>> info1+info2
['China', (1949, 10), 'Asia', 'Beijing']
```

4. 复制

给定序列 s，可通过 $s*n$ 或 $n*s$ 操作将 s 复制 n 次。

复制操作示例如下。

```
>>> s='Hello'
>>> s*3
'HelloHelloHello'
>>> 2*s
'HelloHello'
```

5. 成员检查

成员检查有 in 和 not in 两种操作，用来检查某个元素是否在序列中。

给定序列 s 和元素 x，语句 x in s 表示：若 x 是 s 的元素，返回 True，否则返回 False；语句 x not in s 表示：若 x 不是 s 的元素，返回 True，否则返回 False。

成员检查示例如下。

```
>>> s='Hello world'
>>> 'H' in s
True
>>> '2' in s
False
>>> Uni_info=["buu",2021,(1985,10),["北京",97]]
>>> 2021 in Uni_info
True
>>> 2021 not in Uni_info
False
```

4.2.2 序列的通用函数与方法

1. 求序列长度

len()函数的语法格式为：

```
len(s)
```

返回序列 s 的长度，即 s 中元素的个数，示例如下。

```
>>> s='Hello world'
>>> len(s)
11
>>> Uni_info=["buu",2021,(1985,10),["北京",97]]
>>> len(Uni_info)
4
```

2. 求序列中的最小值

min()函数的语法格式为：

```
min(s)
```

即返回序列 s 中最小的元素，要求 s 中元素是可比较的，示例如下。

```
>>> s='HelloWorld'
>>> min(s)
'H'
>>> st=[34,100,46,21,87]
>>> min(st)
21
```

注意：使用 min(s)函数时，序列 s 中元素必须是可比较的，否则会出错，示例如下。

```
>>> Uni_info=["buu",2021,(1985,10),["北京",97]]
>>> min(Uni_info)
Traceback (most recent call last):
  File "<pyshell#153>", line 1, in <module>
    min(Uni_info)
TypeError: '<' not supported between instances of 'int' and 'str'
```

3. 求序列中的最大值

max()函数的语法格式为：

```
max(s)
```

即返回序列 s 中最大的元素，要求 s 中元素是可比较的，示例如下。

```
>>> s='HelloWorld'
>>> max(s)
'r'
>>> st=[34,100,46,21,87]
>>> max(st)
100
```

4. 求序列的元素和

sum()函数的语法格式为：

```
sum(s)
```

返回序列 s 中所有元素的和，示例如下。

```
>>> st=[34,100,46,21,87]
>>> sum(st)
288
```

5. 求序列中某元素的次数

count()方法的语法格式为：

```
s.count(x)
```

返回序列 s 中元素 x 出现的总次数，示例如下。

```
>>> s='HelloWorld'
>>> s.count('o')
2
>>> s.count('1')
0
```

6. 求元素在序列中的索引

index()方法的语法格式为：

```
s.index(x,i,j)
```

返回元素 x 在序列 s 中位置 i 和 j 之间第一次出现的位置，若 i、j 省略，表示 x 在序列 s 中第一次出现的位置，示例如下。

```
>>> s='Hello world'
>>> s.index('o')
4
>>> s.index('o',5,9)
7
```

利用序列中通用操作、函数和方法，可以解决生活中常见的问题。

【例 4.1】 已知北京冬奥会中，运动员中餐汤类菜单如下：黄瓜蛋花汤、西湖牛肉羹、冬瓜海米汤、玉米排骨汤、菌汤、酸辣汤、番茄蛋花汤、鸡茸粟米羹。根据序列类型的基本操作、函数和方法，完成如下操作。

(1) 将上述汤类菜单存放在列表 Win_Oly_soup 中，每道汤为列表中一个元素（元素按照上述顺序存放）。

(2) 输出菜单中共有几种汤。

(3) 输出菜单列表中索引为 4 的汤。

(4) 输出菜单列表中索引为 3～6 的汤。

(5) 切片输出菜单列表中的["菌汤","酸辣汤","番茄蛋花汤"]。

(6) 判断"酸辣汤"是否在冬奥菜单中。

【分析】 根据本节介绍的 len()函数、索引、切片、成员检查等相关内容,完成上述操作。

程序代码:

```
#code_4_1.py
Win_Oly_soup=['黄瓜蛋花汤','西湖牛肉羹','冬瓜海米汤','玉米排骨汤','菌汤','酸辣汤','番茄蛋花汤','鸡茸粟米羹']
print('菜单中共有{}种汤'.format(len(Win_Oly_soup)))
print('菜单中索引为 4 的汤为{}'.format(Win_Oly_soup[4]))
print('菜单中索引为 3~6 的汤为{}'.format(Win_Oly_soup[3:7]))
print(Win_Oly_soup[4:7])
if '酸辣汤' in Win_Oly_soup:
    print('酸辣汤在冬奥菜单中')
else:
    print('酸辣汤不在冬奥菜单中')
```

程序运行结果:

```
菜单中共有 8 种汤
菜单中索引为 4 的汤为菌汤
菜单中索引为 3~6 的汤为['玉米排骨汤', '菌汤', '酸辣汤', '番茄蛋花汤']
['菌汤', '酸辣汤', '番茄蛋花汤']
酸辣汤在冬奥菜单中
```

【例 4.2】 已知学生 A 的 5 门课程的期末成绩分别为 89、97、78、67、90。根据本节所学内容,完成如下操作。

(1) 将学生 A 的期末考试成绩存放在列表 A_score 中,每个分数作为列表的一个元素。

(2) 若列表 A_score2=[76,89]存储的是 A 的两门选修课成绩,将 A_score2 中元素与 A_score 合并,输出学生 A 的所有科目成绩。

(3) 输出 A 的所有科目最高分。

(4) 输出 A 的所有科目最低分。

(5) 输出 A 的总分。

【分析】 根据本节介绍的序列通用函数中的最大值函数 max()、最小值函数 min()、求和函数 sum()可以完成上述操作。

程序代码:

```
#Code_4_2.py
A_score=[89,97,78,67,90]
A_score2=[76,89]
```

```
A_score=A_score+A_score2
print('A的所有科目成绩为{}'.format(A_score))
print('A的最高分为{}'.format(max(A_score)))
print('A的最低分为{}'.format(min(A_score)))
print('A的总分为{}'.format(sum(A_score)))
```

程序运行结果：

```
A的所有科目成绩为[89, 97, 78, 67, 90, 76, 89]
A的最高分为 97
A的最低分为 67
A的总分为 586
```

4.2.3 元组

元组(tuple)是一种特殊的序列，一旦创建，元组中的元素就不能修改，使得代码更安全。元组继承了序列类型的全部操作，因为元素无法修改，所以没有特殊操作。

1. 创建元组

元组是用一对圆括号括起、用逗号分隔的多个数据项的组合，一般形式如下。

```
元组名=(数据项 1,数据项 2,…,数据项 n)
```

1）使用逗号创建元组

使用逗号将多个数据项分隔，可自动创建元组，示例如下。

```
>>> tp=1,                                     #使用逗号创建具有 1 个元素的元组
>>> tp
(1,)
>>> tp1='physics', 'chemistry',2021  #创建具有多个元素的元组
>>> tp1
('physics', 'chemistry', 2021)
```

2）使用圆括号和逗号创建元组

使用圆括号将多个数据项括起，用逗号分隔，可创建元组，示例如下。

```
>>> tp2=('physics', 'chemistry',2021)
>>> tp2
('physics', 'chemistry', 2021)
```

3）使用 tuple 函数创建元组

tuple 函数可以以一个序列作为参数，将其转换为元组，示例如下。

```
>>> tuple('hello')
('h', 'e', 'l', 'l', 'o')
>>> tuple(['physics', 'chemistry', 2021])
('physics', 'chemistry', 2021)
```

2. 元组的基本操作及内置函数、方法

1）元组的索引和切片

元组继承了序列类型的所有通用操作，所以可使用下标索引访问元组中特定位置的元素，也可通过切片截取元组中元素，示例如下。

```
>>> tp=('hello','world',2021,2022)
>>> tp[2]
2021
>>> tp[0:3]
('hello', 'world', 2021)
```

2）元组连接

元组中的元素值不允许修改，但是可以通过"＋"操作对元组进行连接组合，示例如下。

```
>>> tp1= ('hello', 'world')
>>> tp2=(2021,2022)
>>> tp1+tp2
('hello', 'world', 2021, 2022)
```

3）删除元组

元组中元素不允许删除，但是可以使用 del 语句删除整个元组，示例如下。

```
>>> tp=('hello', 'world', 2021, 2022)
>>> del tp
>>> tp
Traceback (most recent call last):
  File "<pyshell#220>", line 1, in <module>
    tp
NameError: name 'tp' is not defined
```

4）求元组的长度

使用 len()函数求元组的长度，即元组中元素个数，示例如下。

```
>>> tp=('hello','world',2021,2022)
>>> len(tp)
4
```

5）遍历元组

通过 for 循环遍历元组，示例如下。

```
>>> tp=('hello','world',2021,2022)
>>> for t in tp:
    print(t)
hello
world
2021
2022
```

或者使用 range()函数，遍历元组，示例如下。

```
>>> for i in range(len(tp)):
    print(tp[i])
hello
world
2021
2022
```

6）转换为元组类型

tuple(seq)函数用于将其他序列类型的数据转换为元组，见本节创建元组部分。

max(tp)、min(tp)、tp.index(x)完全继承了序列的相应方法。因为元组继承了序列中所有操作、函数和方法，例 4.1 和例 4.2 中数据都可以用元组存储，利用元组来完成所有操作，不同之处为切片取出的是元组。

【例 4.3】 利用元组完成例 4.1 的操作。

程序代码：

```
#Code_4_3.py
Win_Oly_soup=('黄瓜蛋花汤','西湖牛肉羹','冬瓜海米汤','玉米排骨汤','菌汤','酸辣
            汤','番茄蛋花汤','鸡茸粟米羹')
print('菜单中共有{}种汤'.format(len(Win_Oly_soup)))
print('菜单中索引为 4 的汤为{}'.format(Win_Oly_soup[4]))
print('菜单中索引为 3-6 的汤为{}'.format(Win_Oly_soup[3:7]))
print(Win_Oly_soup[4:7])
if '酸辣汤' in Win_Oly_soup:
    print('酸辣汤在冬奥菜单中')
else:
    print('酸辣汤不在冬奥菜单中')
```

程序运行结果：

```
菜单中共有 8 种汤
菜单中索引为 4 的汤为菌汤
菜单中索引为 3-6 的汤为('玉米排骨汤', '菌汤', '酸辣汤', '番茄蛋花汤')
('菌汤', '酸辣汤', '番茄蛋花汤')
酸辣汤在冬奥菜单中
```

【例 4.4】 利用元组完成例 4.2 的操作。

程序代码：

```
#Code_4_4.py
A_score=(89,97,78,67,90)
A_score2=(76,89)
A_score=A_score+A_score2
print('A的所有科目成绩为{}'.format(A_score))
print('A的最高分为{}'.format(max(A_score)))
print('A的最低分为{}'.format(min(A_score)))
print('A的总分为{}'.format(sum(A_score)))
```

程序运行结果：

```
A的所有科目成绩为(89, 97, 78, 67, 90, 76, 89)
A的最高分为 97
A的最低分为 67
A的总分为 586
```

4.3 列　　表

列表是 Python 中使用最频繁的一种数据类型。序列类型所有的通用操作、函数和方法都适用于列表(见 4.2 节)，本节不再赘述。

不同于字符串和元组，列表中的元素可以修改。此外，列表还具有很多功能独特的函数或方法(见表 4-2)，本节后续将进行详细介绍。

表 4-2　列表特有的操作、函数和方法

操作、函数和方法	含　义
ls[i]=m	列表 ls 的第 i 个元素重新赋值为 m(修改列表第 i 个元素的值为 m)
ls[i:j]=lt	用列表 lt 替换列表 ls 中从第 i 个到第 j−1 个元素
ls[i:j:k]=lt	用列表 lt 替换 ls 中从第 i 个到第 j 个以 k 为步长的数据项
del ls[i]	删除列表中第 i+1 个元素
del ls[i:j]	删除列表中从第 i 到第 j−1 个元素

续表

操作、函数和方法	含　义
ls.append(*x*)	在列表 ls 的最后增加一个元素 *x*
ls.insert(*i*,*x*)	在列表 ls 的第 *i* 个位置增加元素 *x*
ls.pop(*i*)	返回列表 ls 的第 *i* 个元素,并将其在列表中删除
ls.remove(*x*)	将列表 ls 中出现的第一个 *x* 删除
ls.reverse()	将列表 ls 中元素反转
sorted(ls)或 sorted(ls,reverse=False)	对列表 ls 中的元素进行升序排序,生成一个新的列表,ls 本身不变化
sorted(ls,reverse=True)	对列表中的元素进行降序排序,生成一个新的列表,ls 本身不变化
ls.sort()或 ls.sort(reverse=False)	对列表 ls 中的元素进行升序排序,ls 本身变化
ls.sort(reverse=True)	对列表 ls 中的元素进行降序排序,ls 本身变化
ls.copy()	生成一个新列表,并将列表 ls 中所有元素复制过去
ls.clear()	删除 ls 中所有元素

4.3.1 列表的基本操作

本节介绍列表中除了序列通用操作外的特有操作。

1. 创建列表

列表是用一对方括号(“[]”)括起、用逗号分隔的多个数据项的组合,一般形式如下。

```
列表名=[数据项 1,数据项 2,…,数据项 n]
```

1) 创建空列表

可以使用方括号(“[]”)和 list()函数创建空列表,示例如下。

```
>>> st=[]
```

或者:

```
>>> st1=list()
```

2) 创建非空列表

可以使用方括号和 list()函数创建非空列表。

使用方括号(“[]”)创建列表,只需要把逗号分隔的不同数据项用方括号括起来即可,列表的数据项不需要具有相同的数据类型,示例如下。

```
>>> st2=[34,3,6,23,100]
>>> st3=['physics', 'chemistry', 1997, 2000]
```

使用 list(seq)函数可以将任意序列 seq 转换为列表,示例如下。

```
>>> list('hello')
['h', 'e', 'l', 'l', 'o']
>>> list('China')
['C', 'h', 'i', 'n', 'a']
>>> list((23,56,12))
[23, 56, 12]
```

2. 修改列表元素值

赋值语句是最简单的修改列表元素值的方式。给定列表 st,st[2]=10,表示对索引号为 2 的元素重新赋值为 10,示例如下。

```
>>> st=[100,56,78,20,45]
>>> st[2]=10
>>> st
[100, 56, 10, 20, 45]
```

3. 删除列表元素

可以使用 del 语句删除列表中对应位置的元素。

给定列表 st,delst[*m*] 表示删除列表 st 中索引号为 *m* 的位置的元素,示例如下。

```
>>> st=[100,56,78,20,45]
>>> del st[4]
>>> st
[100, 56, 78, 20]
```

4. 遍历列表

通过 for 循环遍历列表,示例如下。

```
>>>st=['hello','world',2021,2022]
>>> for t in st:
    print(t)
hello
world
2021
2022
```

或者借助 range()函数遍历列表。

```
>>> st=['hello','world',2021,2022]
>>> for i in range(len(st)):
    print(st[i])
hello
world
2021
2022
```

利用序列的通用操作及列表的特有操作,可以解决现实生活中的很多问题。

【例 4.5】 已知 5 个学生 Python 程序设计课程的期末成绩分别为 89、78、90、64、47,编写程序,输出这 5 个学生的平均分。

【分析】 已知学生的成绩为一组数字序列,可以选择列表存储,借助列表的 sum()函数求总成绩,继而计算平均分。

程序代码:

```
#code_4_5.py
score=[89,78,90,64,47]
avg=sum(score)/len(score)          #平均分为总成绩除以人数,即列表元素个数
print('平均分为{:.2f}'.format(avg))
```

程序运行结果:

```
平均分为 73.60
```

【例 4.6】 创建一个空列表 A_score,从键盘录入学生 A 的 5 门课的成绩(0～100)保存到列表 A_score 中。若 A 有课程不及格,输出其分数。

【分析】 本例涉及创建空列表、列表中增加元素、遍历列表等知识点。增加列表元素可通过 for 循环控制增加元素的个数,append()方法实现列表元素的增加;判断学生 A 是否有课程不及格,需要遍历列表,判断每个列表元素的值是否小于 60,若小于则输出该元素值。

程序代码:

```
#code_4_6.py
A_score=[]
for i in range(5):
    s=eval(input())
    A_score.append(s)
for s in A_score:
    if s<60:
        print('不及格的分数有{}'.format(s))
```

程序运行结果:

```
78
67
90
98
45
不及格的分数有 45
```

4.3.2 列表的方法

方法是与对象有密切联系的函数,对象可以是列表、字符串、元组、数字等多种类型的对象。方法的调用语法如下。

```
对象.方法(参数)
```

其中参数可以有多个,中间以逗号隔开,某些方法也可以没有参数。

前面增加列表元素时介绍了 append()方法,这里不再赘述。下面介绍列表中其他常见方法。

1. 增加列表元素

1) append()方法

在列表 ls 末尾增加元素 *x*,语法格式如下。

```
ls.append(x)
```

给定列表 st,st.append(*a*)表示在 st 的最后增加一个元素 *a*,示例如下。

```
>>> st=[100,56,78,20,45]
>>> st.append(99)
>>> st
[100, 56, 78, 20, 45, 99]
```

2) insert()方法

在列表 ls 的指定索引位置 *i* 插入元素 *x*,语法格式如下。

```
ls.insert(i,x)
```

把 123 插入到列表 st,使其成为第 4 个数,即在索引位置 3 插入,示例如下。

```
>>> st=[100,56,78,20,45,56,80]
>>> st.insert(3,123)
>>> st
[100, 56, 78, 123, 20, 45, 56, 80]
```

2. 追加列表

extend()方法用于在列表末尾一次性追加另一个序列中的多个值，语法格式如下。

```
list.extend(seq)
```

表示将元素列表 seq 中元素追加到列表 list 中，示例如下。

```
>>> st1=['hello','python']
>>> st2=['you','are','fuuny']
>>> st1.extend(st2)
>>> st1
['hello', 'python', 'you', 'are', 'fuuny']
```

extend()方法看起来和连接操作类似，实际不同，extend()方法修改了被扩展的列表，而连接操作会返回一个全新的列表，示例如下。

```
>>> st1=['hello','python']
>>> st2=['you','are','funny']
>>> st1+st2
['hello', 'python', 'you', 'are', 'funny']
>>> st1
['hello', 'python']
```

3. 删除元素

1) pop()方法

用于删除列表中的一个元素，并返回该元素的值。pop()方法的语法格式如下。

```
list.pop([index=-1])
```

index 为可选参数，若省略，默认为−1，即删除列表中最后一个元素。

若 index 不省略，则删除索引号为 index 的元素的值，并返回该元素，示例如下。

```
>>> st=[100, 56, 78, '123', 20, 45, 56, 80]
>>> st.pop()
80
>>> st
[100, 56, 78, '123', 20, 45, 56]
>>> st.pop(3)
'123'
>>> st
[100, 56, 78, 20, 45, 56]
```

2）remove()方法

用于删除列表中某个值的第一个匹配项，语法格式如下。

```
list.remove(obj)
```

list 指列表，obj 指要移除的对象。示例如下。

```
>>> st=[100, 56, 78, '123', 20, 45, 56, 80]
>>> st.remove(56)
>>> st
[100, 78, '123', 20, 45, 56, 80]
```

3）clear()方法

可使用 clear()方法清空整个列表。语法规则如下。

```
list.clear()
```

此方法不需传入参数。示例如下。

```
>>> st=[20, 45, 56, 78, 80, 100]
>>> st.clear()
>>> st
[]
```

4. 排序

1）reverse()方法

用于逆置列表中的元素，语法规则如下。

```
list.reverse()
```

该方法不传入参数。示例如下。

```
>>> st=['hello','python']
>>> st.reverse()
>>> st
['python', 'hello']
```

2）sort()方法

sort()方法用于对列表进行排序。sort()方法可接受布尔值的 reverse 参数，来决定是升序还是降序排序。若参数 reverse 缺失或 reverse=False，表示对列表元素按照升序排序；若 reverse=True，表示对列表元素按照降序排序。示例如下。

```
st=[100, 78, 20, 45, 56, 80]
>>> st.sort()
```

```
>>> st
[20, 45, 56, 78, 80, 100]
st=[100, 78, 20, 45, 56, 80]
>>> st.sort(reverse=False)
>>> st
[20, 45, 56, 78, 80, 100]
st=[100, 78, 20, 45, 56, 80]
>>> st.sort(reverse=True)
>>> st
[100, 80, 78, 56, 45, 20]
```

程序说明：也可以使用 sorted()函数实现列表排序，它不会改变原列表，而是返回一个新的已排序列表。示例如下。

```
st=[100, 78, 20, 45, 56, 80]
>>> sorted(st)
[20, 45, 56, 78, 80, 100]
>>> st
[100, 78, 20, 45, 56, 80]
>>> sorted(st,reverse=True)
[100, 80, 78, 56, 45, 20]
>>> sorted(st,reverse=False)
[20, 45, 56, 78, 80, 100]
```

5. 列表复制

copy()方法用于复制列表，语法如下。

```
list.copy()
```

此方法不需要传入参数。示例如下。

```
>>> st=[20, 45, 56, 78, 80, 100]
>>> st1=st.copy()
>>> st1
[20, 45, 56, 78, 80, 100]
```

【例 4.7】 已知全班 10 个学生的 Python 程序设计课程的期末成绩分别为 89、78、90、64、47、89、87、95、100、65，编写程序输出前三名的分数。

【分析】 班级学生分数为一组数字序列，可以用列表存储。若要输出前三名的分数，可先对列表元素排序，然后根据升序或降序输出列表的后三个或前三个元素。

程序代码：

```
#code_4_7.py
score=[89,78,90,64,47,89,87,95,100,65]
score.sort(reverse=True)  #降序排序
print('前三名成绩为{}、{}、{}'.format(score[0],score[1],score[2]))
```

程序运行结果：

```
前三名成绩为 100、95、90
```

4.3.3 列表推导式

推导式是 Python 的一种独有特性，可以将其理解成一种集合了变换和筛选功能的函数。可以把一个序列转换成另一个序列。

列表推导式是一种创建新列表的便捷方式，通常用于根据一个列表中的每个元素通过某种运算或筛选得到另外一系列新数据，创建一个新列表。列表推导式由一个表达式跟一个或多个 for 从句、0 个或多个 if 从句构成。

【例 4.8】 计算 1～9 中每个数字的立方，使用列表推导式将其存储在列表中并输出。

【分析】 如果不考虑列表推导式，按照循环方法实现，需要遍历 1～9 中的每个数字，计算其立方，通过列表的 append()方法加到列表中。

程序代码：

```
ls=[]
for i in range(1,10):
    ls.append(i**3)
print(ls)
```

如果使用列表推导式，程序代码如下。

```
#code_4_8.py
ls=[i**3 for i in range(1,10)]
print(ls)
```

程序说明：[i * * 3 for i in range(1,10)]是一个列表推导式，推导式生成的序列放在列表中，for 从句前面是一个表达式，in 后面是一个列表或能生成列表的对象。将 in 后面列表中的每个数据作为 for 前面表达式的参数，再将计算得到的序列转成列表。可以看出，列表推导式实现的代码更简洁。

列表推导式还可以用条件语句对数据进行过滤，用符合条件的数据推导出新列表。例如，希望生成 1～10 中每个偶数的平方组成的列表，可以使用以下代码实现。

```
ls=[x**2 for x in range(1,11) if x%2==0]
print(ls)
```

还可以用多个 for 从句对多个变量进行计算。例如,在列表[2,1,5]和列表[4,1]中分别遍历,生成由这两个列表中各取一个不相等的元素组成的元组,代码如下。

```
ls=[(x,y) for x in [2,1,5] for y in [4,1] if x!=y]
print(ls)
```

除了列表推导式,还有集合推导式和字典推导式,用法类似,可以在学习集合和字典后实践。

4.3.4 列表的典型应用

【例 4.9】 整改前 S 市各区的 5A 级景区名单如表 4-3 所示,2019 年进行整改,B2 景区因管理出现较多问题被取消 5A 级景区称号,C 区的景区 C3 新增为 5A 级景区。使用列表基本操作编写程序实现景区名单调整过程,输出 S 市调整后的 5A 级景区名单。

表 4-3 S 市各区 5A 级景区名单

位　置	5A 级景区名单
S 市 B 区	B1,B2,B3
S 市 C 区	C1,C2
S 市 D 区	D1,C2,D3,D4

【分析】 用列表存储各区 5A 级景区名单,利用列表的连接操作,得到 S 市全部 5A 级景区名单,保存在列表 St_5star 中。遍历 St_5star,删除 B2;使用 append()方法,向列表中增加 C3。

程序代码:

```
#code_4_9.py
st_B=['B1','B2','B3']
st_C=['C1','C2']
st_D=['D1','D2','D3','D4']
st_5star=st_B+st_C+st_D                    #列表连接
print('整改前 S 市 5A 级景区名单为:')
print(st_5star)
#遍历列表,找到 B2,则将其从列表中删除,同时退出循环
for i in range(len(st_5star)):             #遍历列表
    if st_5star[i]=='B2':
        del st_5star[i]
        break
st_5star.append('C3')
print('整改后 S 市 5A 级景区名单为:')
print(st_5star)
```

程序运行结果：

```
整改前 S 市 5A 级景区名单为:
['B1', 'B2', 'B3', 'C1', 'C2', 'D1', 'D2', 'D3', 'D4']
整改后 S 市 5A 级景区名单为:
['B1', 'B3', 'C1', 'C2', 'D1', 'D2', 'D3', 'D4', 'C3']
```

程序说明：通过列表的连接操作可将多个列表中元素合并到一个列表；删除列表中某元素，通过遍历列表，获取该元素的位置信息，使用 del 语句将该元素从列表中删除。也可以使用列表的 extend()方法实现多个列表元素的合并，使用 remove()方法删除元素。

【例 4.10】 利用 extend()和 remove()方法，改写例 4.9 的代码。

【分析】 可以利用 extend()方法将列表 st_C 和 st_D 中元素追加到 st_B 中，列表 st_B中就保存了 S 市的全部 5A 级景区名单；利用 remove()方法删除景区 B2。

程序代码：

```
#code_4_10.py
st_B=['B1','B2','B3']
st_C=['C1','C2']
st_D=['D1','D2','D3','D4']
st_B.extend(st_C)            #列表追加
st_B.extend(st_D)            #列表追加
print('整改前 S 市 5A 级景区名单为:')
print(st_B)
st_B.remove('B2')
st_B.append('C3')
print('整改后 S 市 5A 级景区名单为:')
print(st_B)
```

程序运行结果：

```
整改前 S 市 5A 级景区名单为:
['B1', 'B2', 'B3', 'C1', 'C2', 'D1', 'D2', 'D3', 'D4']
整改后 S 市 5A 级景区名单为:
['B1', 'B3', 'C1', 'C2', 'D1', 'D2', 'D3', 'D4', 'C3']
```

【例 4.11】 给定 2011—2019 年的我国入境游客的数量分别为(单位：万人)：2711，2719，2629，2636，2598，2815，2916，3054，3188，用列表保存历年入境游人数，编程完成如下操作。

(1) 向列表中增加 2010 年入境游人数(2612 万人)。

(2) 输出历年入境游客量。

(3) 输出历年游客数量的最大值和最小值。

(4) 统计并输出 10 年来年平均入境游客量。

（5）输出大于年均值的年份游客人数。

（6）输出排名前 3 的游客量。

【分析】 用列表存储历年游客数量，利用列表的基本操作、函数、方法可完成本例的各项操作。可使用方括号创建空列表；可使用 append()方法向列表中增加 2010 年入境游客量；遍历输出列表元素即可输出历年入境游客量；利用 max()和 min()函数可以统计出历年游客人数的最大和最小值；遍历列表，统计 10 年来的入境游客数量的和，然后除以 10 即可算出年平均游客量；遍历列表，比较输出游客数量大于均值的年份的游客人数；对列表进行排序，可获取排名前三的游客量。

程序代码：

```
#code_4_11.py
tour_num_in=[3188,3054,2916,2815,2598,2636,2629,2719,2711]    #创建列表
tour_num_in.append(2612)                        #列表中追加元素
print(tour_num_in)                              #输出列表元素
print('历年游客数量最多为{}万人,最少为{}万人'.format(max(tour_num_in),min(tour_
num_in)))
sum_in=0
for num in tour_num_in:                         #遍历列表,求元素的和
    sum_in=sum_in+num
avg=sum_in/len(tour_num_in)                     #求平均值
print('历年年均游客量为{:.2f}'.format(avg))
print('超过年均值的游客量为:')
for num in tour_num_in:
    if num>avg:
        print('{}万人'.format(num))
tour_num_in.sort()                              #列表升序排序
print('排名前三的游客量为{}万人,{}万人,{}万人'.format(tour_num_in[-1],tour_num_
in[-2],tour_num_in[-3]))
```

程序运行结果：

```
[3188, 3054, 2916, 2815, 2598, 2636, 2629, 2719, 2711, 2612]
历年游客数量最多为 3188 万人,最少为 2598 万人
历年年均游客量为 2787.80
超过年均值的游客量为:
3188 万人
3054 万人
2916 万人
2815 万人
排名前三的游客量为 3188 万人,3054 万人,2916 万人
```

4.4 集　　合

同列表类似，集合也是由多个数据项组成的一个整体，但是集合与列表有两个明显的不同。

（1）集合中元素具有互异性，即集合中元素不能重复，利用集合的该特性可实现元素去重。

（2）集合中各元素之间没有先后顺序，集合不能索引。

集合还有很多特有的操作、函数和方法，见表 4-4。

表 4-4　集合的操作、函数和方法

集合操作的函数、方法	含　义
set([iterable])	将参数中可迭代对象转换为集合，若没有参数，创建一个空集合
len(S)	返回集合 S 的元素个数
S.add(x)	若 x 不在集合 S 中，则将 x 增加到 S 中
S.pop()	随机返回集合 S 中一个元素，同时将该元素从集合 S 中删除，如果 S 为空，则产生 KeyError 异常
S.discard(x)	若 x 在集合 S 中，则删除该元素，否则不报错
S.remove(x)	如果 x 在集合 S 中，则删除该元素，否则产生 KeyError 异常
S.clear()	移除集合 S 中所有元素
S.copy()	返回集合 S 的一个副本
S.isdisjoint(T)	如果集合 S 和 T 没有交集，则返回 True
S.update(T)	把集合 T 中的元素增加到集合 S 中
x in S	若 x 在集合 S 中，返回 True，否则返回 False
x not in S	若 x 不在集合 S 中，返回 True，否则返回 False
x&y	集合 x 和 y 的交集，返回一个新的集合，包括同时在集合 x 和 y 中的共同元素
x|y	集合 x 和 y 的并集，返回一个新的集合，包括集合 x 和 y 中所有元素
x−y	集合 x 和 y 的差集，返回一个新的集合，包括在集合 x 中但不在集合 y 中的元素
x^y	集合 x 和 y 的补集，返回一个新的集合，包括集合 x 和 y 的非共同元素

4.4.1 集合的基本操作

1. 创建集合

集合是一个无序的不重复元素序列。可以使用{}或者 set()函数创建集合。集合中元素之间以逗号分隔，比如 a={'苹果','香蕉','柠檬','橘子'}是有四个元素的集合。

1）创建空集合

创建空集合只能用 set()函数，“{}”用来创建空字典。创建空集合示例如下。

```
>>> set1=set()
>>> type(set1)
<class 'set'>
```

2）使用 set()函数创建集合

set()函数可以将其他数据类型的数据转换为集合类型。

将字符串转换为集合示例如下。

```
>>> setc=set('hello')              #将字符串转换为集合，自动去除重复字符
>>> setc
    {'o', 'e', 'l', 'h'}
```

将列表转换为集合示例如下。

```
>>> setn=set([1,34,21,3,34,15])    #将列表转换为集合，自动去除重复元素
>>> setn
{1, 34, 3, 15, 21}
```

3）使用“{}”创建集合

根据集合定义，用大括号（“{}”）将元素括起，元素之间以逗号分隔即可创建一个集合，示例如下。

```
>>> set2={23,14,45,'123'}
>>> set2
{'123', 45, 14, 23}
```

2. 成员检查

若要判断某个值是否在集合中，可以使用 in 或 not in 操作，示例如下。

```
>>> set2={23,14,45,'123'}
>>> 14 in set2
True
>>> 20 in set2
False
>>> 20 not in set2
True
```

3. 集合的交、并、差、补运算

集合类型有四种基本的运算：交集（&）、并集（|）、差集（－）、补集（^），其操作逻辑与

数学中相同，如图 4-3 所示。

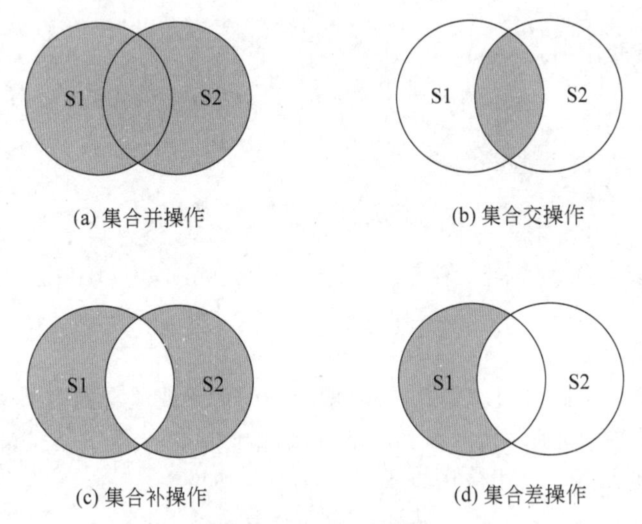

图 4-3　集合的运算

集合的交、并、差、补运算示例如下。

```
>>> set1=set('hello')
>>> set2=set('world')
>>> set1
{'o', 'e', 'l', 'h'}
>>> set2
{'d', 'w', 'o', 'l', 'r'}
>>> set1&set2
{'o', 'l'}
>>> set1|set2
{'d', 'e', 'h', 'w', 'o', 'l', 'r'}
>>> set1-set2
{'e', 'h'}
>>> set1^set2
{'d', 'h', 'w', 'e', 'r'}
```

4.4.2　集合的函数和方法

1. 增加集合元素

add()用于给集合增加单个元素，若添加的元素已经存在，该元素只出现一次，语法格式如下。

```
set.add(x)
```

将元素 x 增加到集合 set 中,示例如下。

```
>>> set1={1,2,3,4}
>>> set1.add(7)
>>> set1
{1, 2, 3, 4, 7}
>>> set1.add(2)
>>> set1
{1, 2, 3, 4, 7}
```

2. 更新集合

update()方法用于修改当前集合,可以增加新的元素或集合到当前集合中,如果添加的元素在集合中已存在,则该元素只会出现一次。与 add()不同的是,update()方法可以往集合中增加多个元素。语法格式如下。

```
set1.update(set2)
```

将集合 set2 中的元素增加到集合 set1 中,示例如下。

```
>>> x = {"apple", "banana", "cherry"}
>>> y = {"good", "nice"}
>>> x.update(y)
>>> x
{'nice', 'apple', 'cherry', 'good', 'banana'}
```

3. 求集合元素个数

len()函数用于获取集合中元素个数,语法格式如下。

```
len(set)
```

返回集合 set 中的元素个数,示例如下。

```
>>> set1={1,3,5,'123'}
>>> len(set1)
4
```

4. 删除集合元素

1) discard()

discard()方法用于删除集合中的单个元素,不考虑该元素是否在集合中。语法格式为:

```
set.discard(x)
```

若 x 在集合 set 中，则删除该元素，如果 x 不在 set 中也不报错，示例如下。

```
>>> set1 = {"apple", "banana", "cherry"}
>>> set1.discard('apple')
>>> set1
{'banana', 'cherry'}
>>> set1.discard('orange')
>>> set1
{'banana', 'cherry'}
```

2) remove()

remove()方法用于删除集合中的单个元素，考虑该元素是否在集合中，语法格式如下。

```
set.remove(x)
```

若 x 在集合 set 中，则删除该元素；若 x 不在集合 set 中，系统报错，示例如下。

```
>>> set1 = {"apple", "banana", "cherry"}
>>> set1.remove('apple')
>>> set1
{'banana', 'cherry'}
>>> set1.remove('orange')
Traceback (most recent call last):
  File "<pyshell#113>", line 1, in <module>
    set1.remove('orange')
KeyError: 'orange'
```

3) pop()

pop()方法用于从集合中随机移除一个元素，语法格式为：

```
set.pop()
```

随机返回集合 set 中的一个元素，同时将该元素从集合 set 中删除，如果 set 为空，则产生 KeyError 异常，示例如下。

```
>>> set1 = {"apple", "banana", "cherry"}
>>> set1.pop()
'apple'
>>> set1
{'banana', 'cherry'}
>>> set2=set()
>>> set2.pop()
Traceback (most recent call last):
  File "<pyshell#125>", line 1, in <module>
```

```
    set2.pop()
KeyError: 'pop from an empty set'
```

4) clear()

clear()方法用于清空集合。语法格式为:

```
set.clear()
```

清空集合 set 中所有元素,示例如下。

```
>>> set={"apple", "banana", "cherry"}
>>> set
{'apple', 'banana', 'cherry'}
>>> set.clear()
>>> set
set()
```

4.4.3 集合的典型应用

集合的一个重要特性是元素具有互异性,依据集合的这一特性,可以实现元素去重。

【例 4.12】 从键盘输入一串数字,计算不重复的数字的乘积。例如,输入 231234,不重复的数字为 1,2,3,4,乘积为 1×2×3×4=24。

【分析】 本例题实现步骤如下:①从键盘输入一个数字字符串;②借助集合元素的互异性,把数字字符串转换为集合,自动去除重复的数字字符;③遍历集合,获取集合中的各个元素,将每个数字字符转换为数字类型,逐个相乘。

程序代码:

```
#code_4_12.py
s=input('请输入一串数字:')             #从键盘输入一个数字字符串
print('输入的数字字符串为{}'.format(s))
set1=set(s)                           #将字符串转换为集合
print('转换后的集合为: ')
print(set1)
fac=1                                 #保存乘积的变量,初始值设置为 1
for i in set1:
    fac=fac * eval(i)
print('输入的不重复数字的乘积为{}'.format(fac))
```

程序运行结果:

```
请输入一串数字:2314545439
输入的数字字符串为 2314545439
```

```
转换后的集合为:
{'9', '3', '1', '5', '2', '4'}
输入的不重复数字的乘积为 1080
```

【例 4.13】 运动会项目报名名单见表 4-5,编写程序计算有多少人报名参加运动会。

表 4-5 参加运动会项目名单

运动项目	名单
网球	章萨,李斯,汪芜,赵琦
跳远	晁齐,李一,汪芜,柳思源
乒乓球	李一,李斯,章萨,赵琦
400 米接力	刘想,李奇,汪芜,赵琦

【分析】 每个项目的报名名单都可以看作一个序列,用列表存储。一个人可能报名参加多个项目,所以统计报名人数不能简单将每个列表元素个数相加。可以利用集合元素的互异性,先将单项目列表连接,生成新的列表,然后将新列表转换为集合,统计集合元素的个数,即可得到参加运动会的人数。

程序代码:

```
#code_4_13.py
tennis_n=['章萨','李斯','汪芜','赵琦']
longjump_n=['晁齐','李一','汪芜','柳思源']
pingpang_n=['李一','李斯','章萨','赵琦']
race400_n=['刘想','李奇','汪芜','赵琦']
athlete_n=tennis_n+longjump_n+pingpang_n+race400_n
print('连接后列表中元素为:')
print(athlete_n)
set_athlete_n=set(athlete_n)
print('转换为集合后人员名单为: ')
print(set_athlete_n)
athlete_num=len(set_athlete_n)
print('报名参加运动会人数为{}人'.format(athlete_num))
```

程序运行结果:

```
连接后列表中元素为:
['章萨', '李斯', '汪芜', '赵琦', '晁齐', '李一', '汪芜', '柳思源', '李一', '李斯', '
章萨', '赵琦', '刘想', '李奇', '汪芜', '赵琦']
转换为集合后人员名单为:
{'章萨', '赵琦', '李斯', '李奇', '刘想', '晁齐', '李一', '汪芜', '柳思源'}
报名参加运动会人数为 9 人
```

4.5 字　　典

用列表来存储学生的成绩,能够方便地对成绩进行查找、修改、删除。如果既要存储学生的成绩,还要存储每个学生的姓名、专业、考试科目等数据,若还是采用列表存储,查找、修改、删除等操作会非常麻烦。Python 提供了字典来解决这类问题。

字典是 Python 语言中唯一的映射类型,由多个“键值对”组成的数据项组成,形式如下。

```
{key1:value1, key2:value2, key3:value3, …, keyn:valuen}
```

字典的键与值之间用冒号“:”隔开,项与项之间用逗号“,”隔开。

字典具有如下特性。

(1) 是键-值对的结构。

(2) 键(key)必须是不可变的数据类型,且必须唯一。

(3) 值可以不唯一,可以修改。

字典的特有操作、函数与方法如表 4-6 所示。

表 4-6　字典操作、函数与方法

字典操作的函数与方法	含　义
dict[key]=value	若字典 dict 中存在键 key,修改其对应的值为 value,若不存在,则往字典 dict 中添加新的键值对 key:value
dict[key]	返回字典 dict 中键 key 对应的值
del dict[key]	删除字典中键 key 所在的键值对
key in dict	若字典 dict 中存在键 key 则返回 True,否则返回 False
key not in dict	若字典 dict 中不存在键 key 则返回 True,否则返回 False
len(dict)	返回字典 dict 中键值对的个数
dict.update(dict1)	将字典 dict1 中的键值对添加到 dict 中
dict.clear()	清除字典 dict 中的键值对
dict.keys()	返回字典 dict 中所有键组成的序列
dict.values()	返回字典 dict 中所有值组成的序列
dict.items()	返回一个元组(key,value)序列,表示键值对
dict.get(key,default)	如果字典 dict 中包含键 key 则返回 key 对应的值,否则返回 default
for var in dict 或 for var in dict.keys()	循环遍历字典 dict 的所有键
for var1,var2 in dict.items()	循环遍历字典 dict 的所有键和值

4.5.1 字典的基本操作

1. 创建字典

可以根据定义创建字典,也可以通过 dict()函数创建。

1) 根据定义创建字典

由"{}"括起多个键值对,键值对之间以","分隔,语法格式为:

```
dict={key1:value1,key2:value2,…}
```

根据定义创建字典,示例如下。

```
>>> d={'name':'Amily','age':20,'score':96}
>>> d
{'name': 'Amily', 'age': 20, 'score': 96}
```

2) 使用 dict()函数创建字典

通过 dict()函数创建字典,示例如下。

```
>>> std_info=dict(name='Amily',age=20,score=96)
>>> std_info
{'name': 'Amily', 'age': 20, 'score': 96}
```

dict()函数可以将序列转换为字典,示例如下。

```
>>> std_info2=[('name','Amily'),('age',20),('score',96)]
>>> std_info_d=dict(std_info2)
>>> std_info_d
{'name': 'Amily', 'age': 20, 'score': 96}
```

3) 创建空字典

使用 dict()函数创建空字典,示例如下。

```
>>> dict1=dict()
>>> dict1
{}
```

创建空字典也可以用{}实现,示例如下。

```
>>> std_info={}
>>> std_info
{}
>>> type(std_info)
<class 'dict'>
```

2. 修改字典

修改字典包括增加新的键值对、修改已有键的值。

给字典 dic 增加新的键值对(newkey:newvalue)的语法格式如下。

```
dic[newkey]=newvalue
```

示例如下。

```
>>> d={'name': 'Amily', 'age': 20, 'score': 96}
>>> d['number']='10010'
>>> d
{'name': 'Amily', 'age': 20, 'score': 96, 'number': '10010'}
```

若字典包含键值对 key:value,可通过语句 d[key]=newvalue,修改字典中键 key 的值。示例如下。

```
>>> d={'name': 'Amily', 'age': 20, 'score': 96}
>>> d['score']=95
>>> d
{'name': 'Amily', 'age': 20, 'score': 95}
```

3. 删除字典元素

通过 del 语句删除字典中的键值对,示例如下。

```
>>> d={'name': 'Amily', 'age': 20, 'score': 96, 'number': '10010'}
>>> del d['number']
>>> d
{'name': 'Amily', 'age': 20, 'score': 96}
```

也可通过 del 语句删除整个字典,示例如下。

```
>>> d={'name': 'Amily', 'age': 20, 'score': 96}
>>> del d
>>> d
Traceback (most recent call last):
  File "<pyshell#206>", line 1, in <module>
    d
NameError: name 'd' is not defined
```

字典删除后就无法再对其访问。

4. 成员检查

通过 in 或 not in 操作,可判断某个键是否在字典中,示例如下。

```
>>> d={'name': 'Amily', 'age': 20, 'score': 96, 'number': '10010'}
>>> 'score' in d
True
>>> 'number' not in d
False
>>> 'phone' in d
False
```

5. 求字典的长度

字典的长度即字典中元素的个数,可以通过 len()函数来获得,示例如下。

```
>>> dic={'name': 'Amily', 'age': 20, 'score': 96, 'number': '10010'}
>>> len(dic)
4
```

输出结果显示字典中元素个数为 4。

4.5.2 字典的方法

1. 获取字典元素

get()方法返回指定键的值。语法格式如下。

```
dict.get(key,default=None)
```

dict 代表指定字典,参数 key 代表要查找的键,default 表示若指定的键不存在,返回的默认值。即如果键 key 在字典 dict 中,返回其值 key 对应的值;如果 key 不在字典 dict 中,返回默认值。示例如下。

```
>>> dic={'name': 'Amily', 'score': 96, 'number': '10010'}
>>> dic.get('name')
'Amily'
>>> dic.get('age',20)
20
```

键“age”不在字典中,返回指定的默认值 20。

2. 返回字典元素

items()方法以列表返回可遍历的(键, 值) 元组数组,该方法不需要参数。语法格式如下。

```
dict.items()
```

返回字典 dict 中可遍历的(键,值)元组数组,示例如下。

```
dic={'name': 'Amily', 'age': 20, 'score': 96, 'number': '10010'}
>>> dic.items()
dict_items([('name', 'Amily'), ('age', 20), ('score', 96), ('number', '10010')])
```

3. 返回所有键

keys()方法以列表返回一个字典所有的键。语法格式如下。

```
dict.keys()
```

以列表返回字典 dict 中所有键,不需要参数,示例如下。

```
dic={'name': 'Amily', 'age': 20, 'score': 96, 'number': '10010'}
>>> dic.keys()
dict_keys(['name', 'age', 'score', 'number'])
```

4. 返回所有值

values()方法以列表形式返回字典中所有值,不需要参数。values()方法语法如下。

```
dict.values()
```

返回字典 dict 中所有值,示例如下。

```
>>> dic={'name': 'Amily', 'age': 20, 'score': 96, 'number': '10010'}
>>> dic.values()
dict_values(['Amily', 20, 96, '10010'])
```

5. 更新字典

update()方法用于把一个字典中的键值对更新到另一个字典中。语法如下。

```
dict1.update(dict2)
```

将 dict2 中键值对添加到字典 dict1 中,该方法没有返回值,示例如下。

```
>>> dic1={'name': 'Amily', 'age': 20}
>>> dic2={'score': 96, 'number': '10010'}
>>> dic1.update(dic2)
>>> dic1
{'name': 'Amily', 'age': 20, 'score': 96, 'number': '10010'}
```

6. 复制字典

copy()方法生成一个具有相同键值对的新字典。copy()方法语法如下。

```
dict.copy()
```

返回一个与字典 dict 具有相同键值对的新字典，示例如下。

```
>>> dic={'name': 'Amily', 'age': 20, 'score': 96, 'number': '10010'}
>>> dic.copy()
{'name': 'Amily', 'age': 20, 'score': 96, 'number': '10010'}
>>> dic2=dic.copy()
>>> dic2
{'name': 'Amily', 'age': 20, 'score': 96, 'number': '10010'}
>>> dic
{'name': 'Amily', 'age': 20, 'score': 96, 'number': '10010'}
```

由输出结果可以看到，使用 copy()方法可以将字典复制给另一个变量，同时对原字典没有影响。

7. 清除字典

clear()方法用于删除字典内的所有项，该方法不需要参数，语法如下。

```
dict.clear()
```

删除字典 dict 中所有键值对，示例如下。

```
>>> dic={'name': 'Amily', 'age': 20, 'score': 96, 'number': '10010'}
>>> dic.clear()
>>> dic
{}
```

4.5.3 字典的典型应用

本节介绍字典的典型应用案例。

【例 4.14】 给定学生的成绩如表 4-7 所示，编写程序保存该数据，并完成如下操作。

(1) 输出 Emily 的成绩等级。

(2) 修改 Mike 的成绩等级为 B+。

(3) 增加一个学生 Ella，成绩等级为 A+。

(4) 格式化输出所有学生及其成绩等级。

表 4-7 学生成绩等级

姓名	成绩等级	姓名	成绩等级
Jone	A	Mike	B
Emily	B+	Ashley	A
Rose	C		

【分析】 需要同时保存学生的姓名和成绩等级，可选择字典存储数据。借助字典的基本操作、函数和方法可完成本题中的各项操作。

程序代码：

```
#code_4_14.py
s_score={'Jone':'A','Emily':'B+','Rose':'C','Mike':'B','Ashley':'A'}    #创建字典
print('Emily的成绩等级为:{}'.format(s_score['Emily']))  #输出键'Emily'对应的值
s_score['Mike']='B+'                #修改键'Mike'的值
s_score['Ella']='A+'                #增加键值对: 'Ella':'A+'
print('所有学生的成绩等级为: ')
for key,value in s_score.items():
    print('{}:{}'.format(key,value))
```

程序运行结果：

```
Emily的成绩等级为: B+
所有学生的成绩等级为:
Jone:A
Emily:B+
Rose:C
Mike:B+
Ashley:A
Ella:A+
```

词频统计是字典的一个典型应用。若要对字符串或文本中出现的每个字符或单词计数，可以用循环的方式遍历字符串或文档，遇到一个需要统计的对象，计数器加1。使用字典可以很容易实现这种操作。

【例4.15】 已知字符串str1="子曰：“学而时习之不亦说乎？有朋自远方来，不亦乐乎？人不知而不愠，不亦君子乎？”"，编写程序，统计每个汉字在字符串中出现的次数，并格式化输出。

【分析】 本例中需要统计每个汉字出现的次数，所以遍历字符串时需要判定每次循环取到的字符是汉字还是特殊符号。如果获取的是汉字，使用get()方法计算其出现的次数。

程序代码：

```
#code_4_15.py
str1='子曰：“学而时习之不亦说乎？有朋自远方来，不亦乐乎？人不知而不愠，不亦君子乎？”'
dic={}
for s in str1:
    if s not in ['：','“','，','？']:        #特殊符号可根据实际情况列举
        dic[s]=dic.get(s,0)+1
print('每个字出现的次数为: ')
```

```
for key,value in dic.items():
    print('{}:{}'.format(key,value))
```

程序执行结果：

```
每个字出现的次数为:
子:2
曰:1
学:1
而:2
时:1
习:1
之:1
不:5
亦:3
说:1
乎:3
有:1
朋:1
自:1
远:1
方:1
来:1
乐:1
人:1
知:1
愠:1
君:1
```

在实际应用中,经常需要对词频排序,由于字典类型没有顺序,需要将其转换为有顺序的列表类型,再使用 sort()方法和 lambda 函数实现词频的排序。

【例 4.16】 统计例 4.15 中每个汉字出现的次数,并按照降序排序输出结果。

程序代码：

```
#code_4_16.py
str1='子曰:“学而时习之不亦说乎? 有朋自远方来,不亦乐乎? 人不知而不愠,不亦君子乎?”'
dic={}
for s in str1:
    if s not in [': ','“',',','? ']:
        dic[s]=dic.get(s,0)+1
lt=list(dic.items())
lt.sort(key=lambda x:x[1],reverse=True)
print('每个字出现的次数为: ')
for key,value in lt:
    print('{}:{}'.format(key,value))
```

程序运行结果：

```
每个字出现的次数为：
不:5
亦:3
乎:3
子:2
而:2
曰:1
学:1
时:1
习:1
之:1
说:1
有:1
朋:1
自:1
远:1
方:1
来:1
乐:1
人:1
知:1
愠:1
君:1
```

【例 4.17】 已知字符串 str2='Nothing in the world is difficult for one who sets his mind to it',统计每个字母出现的次数(字母不区分大小写),并按出现次数从大到小输出。

【分析】 本例是统计英文文本中每个字母出现的次数,因为字母不区分大小写,需要利用字符串中 lower()或 upper()方法把大写字母统一转换为小写或大写。本字符串中字符除了字母就只有空格,所以遍历字符串时,只需判断字符不是空格即可。

程序代码：

```
#code_4_17.py
str1='Nothing in the world is difficult for one who sets his mind to it'
str1=str1.lower()              #每个字母都转换为小写
dic={}
for s in str1:
    if s!=' ':                 #如果字符不是空格,则统计其出现的次数
        dic[s]=dic.get(s,0)+1
lt=list(dic.items())
lt.sort(key=lambda x:x[1],reverse=True)
print('每个字母出现的次数为：')
for key.value in lt:
print('{}:{}'.format(key,value))
```

程序运行结果：

```
每个字母出现的次数为:
i:8
o:6
t:6
h:4
n:5
s:4
e:3
d:3
f:3
w:2
r:2
l:2
N:1
g:1
c:1
u:1
m:1
```

4.6 本章小结

本章主要介绍了组合数据类型中的元组、列表、集合和字典的基本操作、函数和方法，并列举相应的案例介绍各数据类型的典型应用。

4.7 上机实验

【实验 4.1】 从键盘输入 10 个 0～100 的数字，模拟生成某班 10 位同学的 Python 期末成绩，保存在列表 std_score 中。编写程序完成如下操作。

(1) 输出所有学生成绩。

(2) 输出班级最高分和最低分。

(3) 输出 90 分以上的成绩。

(4) 输出不及格的人数。

(5) 输出前三名学生的成绩。

1. 实验目的。

(1) 巩固列表基本操作、函数、方法的使用。

(2) 加强应用列表解决实际问题的能力。

2. 实验步骤及提示信息。

(1) 创建空列表 std_score。

(2) 使用 for 循环控制数字输入个数,利用 append()将数字加入列表。

(3) 使用 max()和 min()函数取得列表元素的最大值和最小值。

(4) 遍历列表,输出 90 分以上的成绩,统计不及格的人数。

(5) 列表排序,根据升序或降序,取列表的后三个元素或前三个元素。

程序运行结果:

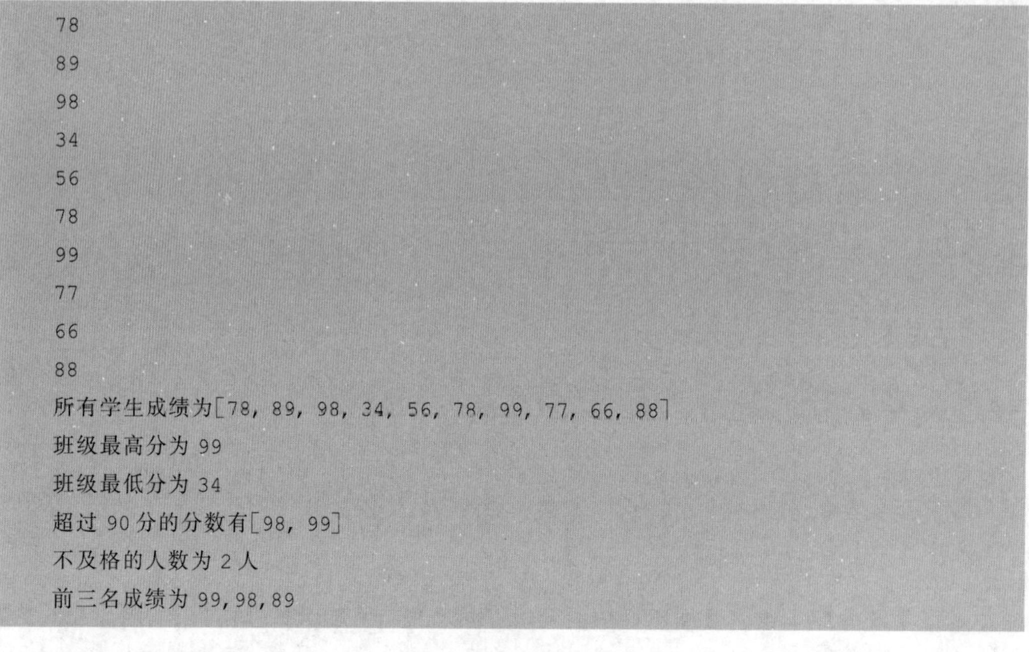

```
78
89
98
34
56
78
99
77
66
88
所有学生成绩为[78, 89, 98, 34, 56, 78, 99, 77, 66, 88]
班级最高分为 99
班级最低分为 34
超过 90 分的分数有[98, 99]
不及格的人数为 2 人
前三名成绩为 99,98,89
```

【实验 4.2】 给定 2011—2019 年的我国入境游客的数量,如表 4-8 所示。用字典保存年份及对应的游客量,编程完成如下操作。

(1) 向字典中增加 2010 年入境游人数(2612 万人)。

(2) 输出历年入境游客量(年份:游客量)。

(3) 输出这 10 年总的游客量。

(4) 输出游客数量最大的年份及对应的游客量。

(5) 输出游客数量最小的年份及对应的游客量。

表 4-8 历年入境游客量

年　份	2019	2018	2017	2016	2015	2014	2013	2012	2011
游客量/万人	3188	3054	2916	2815	2598	2636	2629	2719	2711

1. 实验目的。

(1) 巩固字典中基本操作、函数和方法的使用。

(2) 加强应用列表解决实际问题的能力。

2. 实验步骤及提示信息。

(1) 创建字典,以"年份:游客量"作为字典元素,例如,'2019':3188 为字典中一个元素。

(2) 使用 d[newkey]=newvalue 语句增加 2010 年入境游客量。

(3) 使用 d.values()获得历年游客量组成的列表,使用 sum()函数获得列表元素的和。

(4) 使用 sort()和 lambda()函数对字典按照值降序排序。

(5) 排序后第一个元素存放的是游客量最大的年份及其对应的游客量。

(6) 排序后最后一个元素存放的是游客量最小的年份及其对应的游客量。

程序运行结果:

```
{'2019': 3188, '2018': 3054, '2017': 2916, '2016': 2815, '2015': 2598, '2014': 2636, '2013': 2629, '2012': 2719, '2011': 2711, '2010': 2612}
这 10 年总的入境游客量为 27878 万人
游客量最大的年份是 2019,游客量为 3188 万人
游客量最小的年份是 2015,游客量为 2598 万人
```

习　题

1.【单选】以下关于列表操作的描述,错误的是(　　)。

A. 通过 insert(index,object)方法在指定位置 index 前插入元素 object

B. 通过 add()方法可以向列表添加元素

C. 通过 append()方法可以向列表添加元素

D. 通过 extend()方法可以将另一个列表中的元素逐一添加到列表中

2.【单选】关于集合的操作,以下代码运行结果是(　　)。

```
set1={"Google", "Runoob", "Taobao"}
set1.add(3)
set1.remove("Taobao")
print(len(set1))
```

A. 2　　B. 3

C. {3,"Google", "Runoob", "Taobao"}　　D. 以上都不正确

3.【单选】列表 ls=[2,5,{'name':'Ella','id':'2019001'},[4,'hello']],len(ls)的值是(　　)。

A. 4　　B. 5　　C. 3　　D. 2

4.【单选】下面代码的输出结果是(　　)。

```
vlist=list(range(5))
print(vlist)
```

A. [0，1，2，3，4]　　B. [0；1；2；3；4]

C. [0、1、2、3、4]　　D. [0　1　2　3　4]

5.【单选】以下(　　)项不是 Python 中内置序列操作。

A. 排序　　B. 连接　　C. 切片　　D. 重复

6.【单选】以下(　　)项不是列表的方法。

A. index　　B. insert　　C. get　　D. pop

7. 给定初始化语句：

```
s1=[2,1,4,3,8,3]
s2=['c', 'f','a','b',]
```

显示以下每个序列表达式求值的结果。

(1) s1+s2

(2) 4 * s1+3 * s2

(3) s1[2]

(4) s2[1:3]

(5) s1[0]+s2[-2]

8. 给定题目 7 的初始化语句，执行以下语句后，显示 s1 和 s2 的值(每次 s1 和 s2 都从初始值开始)。

(1) s1.remove(1)

(2) s1.sort(reverse=True)

(3) s1.append([s2.index('b')])

(4) s2.pop(s1.pop(2))

(5) s2.insert(s1[1], 'd')

9. 编写程序完成以下题目。

(1) 例 4.7 中，若用语句 score.sort()进行排序，如何修改代码？

(2) 例 4.7 中，若通过 sorted()函数实现列表的排序，尝试自己写出完整代码。

(3) 例 4.9 中，若用 pop()方法删除 B2，尝试写出完整代码。

第5章 函数

学习目标

- 能根据功能定义函数并调用。
- 能理解匿名函数 lambda 的使用方法。
- 会根据需求使用全局变量和局部变量。
- 能理解递归的含义。

本章主要内容

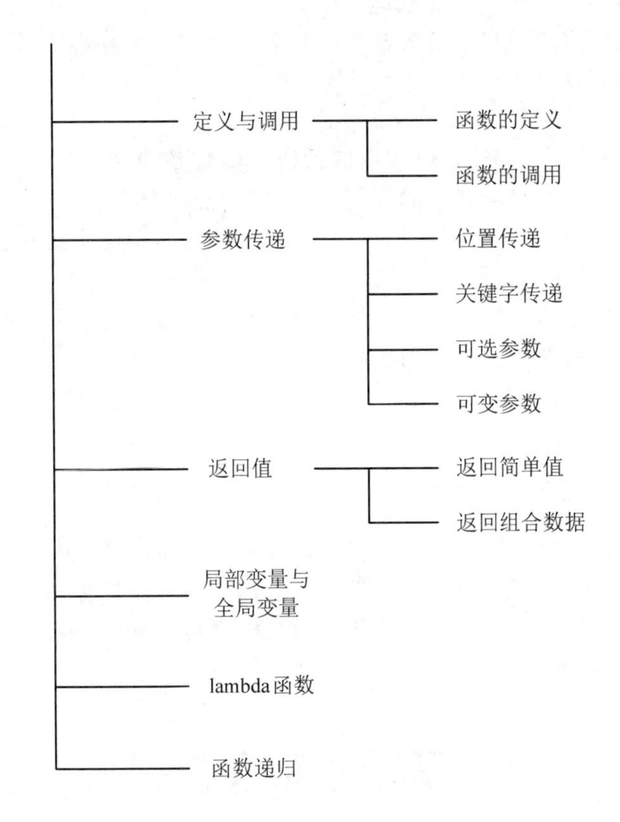

各例题知识要点

例 5.1　定义求阶乘的函数(函数定义)

例 5.2　定义求阶乘的函数,并调用该函数计算 10 的阶乘(函数定义与调用)

例 5.3　定义一个无参数的问候函数(无参函数)

例 5.4　定义包含参数的问候函数,调用该函数输出问候语(位置传递)

例 5.5　定义函数问候列表中每一位用户(传递列表参数)

例 5.6　定义函数为列表中每项添加统一前缀(传递列表参数)

例 5.7　定义描述宠物的函数(关键字传递)

例 5.8　定义参数包含默认值的求和函数(可选参数)

例 5.9　定义参数不定长的函数(可变参数)

例 5.10　用 return 返回多个值(函数返回值)

例 5.11　用 return 返回一个列表(函数返回列表)

例 5.12　用 return 返回一个字典(函数返回字典)

例 5.13　函数内外包含同名变量(局部变量与全局变量)

例 5.14　保留字 global 修饰变量(函数内使用全局变量)

例 5.15　局部变量为组合类型(局部变量为组合类型)

例 5.16　函数内部创建局部列表变量(局部列表重新创建)

例 5.17　lambda 函数(匿名函数)

例 5.18　用递归方法定义求阶乘函数(递归)

例 5.19　用递归方法实现求斐波那契数列第 10 个数(递归)

例 5.20　用递归方法实现二分查找函数(递归)

函数是一段具有特定功能的、可重用的代码。函数是功能的抽象,一般来说,每个函数表达特定的功能。函数是带名字的代码块,用于完成具体的工作。需要使用函数的功能时,可调用该函数。在程序中多次执行同一项任务时,不需要反复编写完成该任务的代码,而只需调用执行该任务的函数即可。

使用函数的主要目的有两个:①降低编程难度;②代码复用。通过使用函数,程序的编写、阅读、测试和修复将变得更加容易。

例如,数学中的组合是从 n 个元素中不重复地选取 m 个元素的一个组合,组合数的计算如式(5-1)所示。

$$C_n^m = \frac{A_n^m}{m!} = \frac{n!}{m!(n-m)!} \tag{5-1}$$

从公式可以看出,计算组合数,需要多次计算阶乘。如果要变成实现计算组合数的功能,可以把求阶乘的代码抽象出来,即定义为一个函数实现求阶乘的功能,然后在计算组合数的过程中多次调用求阶乘的函数。使用函数既降低了编程难度,同时可以多次复用相似代码,提高了代码效率。

5.1　函数的定义与调用

5.1.1　函数的定义

函数需要先定义后调用,函数的定义形式如下。

```
def  <函数名>(<0个或多个参数>):
        <函数体>
        return  <返回值>
```

在函数的定义中,函数名是函数的标识。函数名后面是用圆括号"()"括起来的形式参数列表,参数列表可以包含0个或多个形式参数。形式参数用来接收外部传递给函数的数据,如果函数的运行不需要提供参数,则可以不要形式参数,此时圆括号中是空的。但是,不管圆括号内的参数是否为空,圆括号本身都不能省略。函数体是实现函数功能所需的若干条语句。

如果函数需要向外界返回结果,可以使用 return 语句。return 后面可以列出0个或多个数据。return 后面没有数据时,return 的作用是返回到主调语句,且不带回任何数据。当 return 后面有一个数据时,将该数据作为结果带回。当 return 后面有多个数据时,将把多个数据作为一个元组带回。

【例5.1】 定义求阶乘的函数。

【分析】 求阶乘函数要实现求某个数的阶乘,需要一个参数,求得的阶乘值,需要通过 return 返回。

程序代码:

```
def fact(n):
    s = 1
    for i in range(1, n+1):
        s *= i
    return s
```

程序说明:变量 n 是形式参数,计算得到的 n 的阶乘,存放在变量 s 中,通过 return 返回 s 的值。

函数定义时,参数是输入、函数体是处理、return 返回的结果是输出,即遵循 IPO 流程。定义函数时,圆括号中的参数是形式参数,没有具体的值。当函数被调用时,才会把实际参数值传递给形式参数。

需要注意,函数定义后,如果不经过调用,不会被执行。

5.1.2 函数的调用

【例5.2】 定义求阶乘的函数 fact,调用函数 fact,求10的阶乘并输出。

【分析】 先定义一个求阶乘函数 fact(n),然后将10作为实际参数,调用 fact 函数,输出函数返回值。

程序代码:

```
#定义函数 fact
def fact(n):
    s = 1
```

```
    for i in range(1, n+1):
        s *= i
    return s
#调用函数 fact,求 10!
m=fact(10)
print("10!={}".format(m))
```

程序运行结果：

```
10!=3628800
```

程序说明：

(1) 该程序运行从 m=fact(10)开始，由于运行时调用了 fact 函数，则转向定义函数的部分，将 10 传递给 n。

(2) 函数定义中的形参与函数调用中的实参是两个重要概念。函数定义里的变量 n 是形式参数。通过语句 m=fact(10)调用函数，这里的 10 称为实际参数。

整个调用过程中数据的传递情况如图 5-1 所示。在函数调用过程中，实际参数 10 传递给形式参数 n，经过计算得到结果 s=36288000，通过 return 将 s 的值 36288000 返回，赋值给 m 并输出。

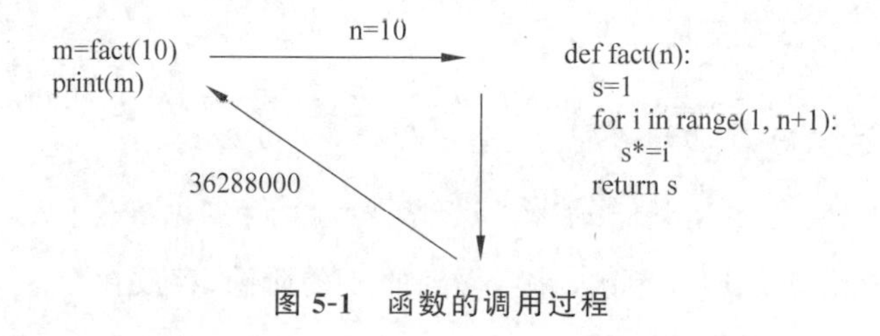

图 5-1　函数的调用过程

为了调用该函数求其他数的阶乘，可以先输入一个数，然后调用 fact()函数求该数的阶乘。即函数定义部分不变，调用的代码修改为：

```
#调用函数 fact,求 n!
n=eval(input())
m=fact(n)
print("{}!={}".format(n,m))
```

如果输入 5，则求得 5 的阶乘并输出。此时要注意，虽然这里使用了 n 作为输入的变量，与函数定义中的形式参数 n 名称相同，但是含义不同，调用时输入的 n 有实际的值，是实际参数。函数内外同名变量的区别会在 5.4 节中介绍。

5.2　函数的参数传递

函数可以有参数，也可以无参数。无参数传递的函数定义形式如下。

```
def <函数名>() :
    <函数体>
    return <返回值>
```

注意：即使没有参数，也必须保留圆括号。

【例 5.3】 定义无参数的问候函数，调用该函数，输出问候语"Hello!"。

```
deffunc():
    print("Hello!")
func()              #调用 func()函数
```

程序运行结果：

```
Hello!
```

这是一个无参数的函数，调用时不需要传入参数值。

5.2.1 位置传递

将例 5.3 稍做修改，就可以让函数 func()不仅显示"Hello!"，还将打招呼的对象名字显示出来。为此，可在函数定义 func()的括号内添加一个参数 username。通过在这里添加 username，就可以让函数接收给 username 指定的值。调用 func()时，可提供名字作为实际参数。

【例 5.4】 定义问候函数，输入姓名和城市名，输出形如"你好，来自 * 的 # 同学!"的问候语。其中，* 表示城市名，# 表示姓名。

程序代码：

```
#定义函数
def func(name,city):
    return "你好,来自"+city+'的'+ name+"同学!"

#调用函数
n=input()
c=input()
print(func(n,c))
```

程序运行结果：

```
张华
北京
你好,来自北京的张华同学!
```

程序说明：

(1) 分两行分别输入“张华”和“北京”，调用 func()函数，返回指定的问候语并输出。

(2) 函数中包括两个参数，参数传递时，按照形式参数定义的顺序，将 n 和 c 分别传递给 name 和 city。这种位置传递是使用较为普遍的方式。

除了传递简单的变量，还可以向函数传递组合数据，例如列表。将列表传递给函数后，函数就能直接访问其内容。

【例 5.5】 假设有一个用户列表，定义函数问候其中每一位用户。

【分析】 将一个名字列表传递给一个名为 user()的函数，这个函数的功能是问候列表中的每个人。

程序代码：

```
def user (names):
#向列表中每位用户都发出问候
    for i in names:
        msg = "Hello, "+i+"!"
        print(msg)

usernames=["Mary","Kitty","Bill"]
user(usernames)
```

程序运行结果：

```
Hello, Mary!
Hello, Kitty!
Hello, Bill!
```

将列表传递给函数后，函数就可以对其进行修改。在函数中对这个列表所做的任何修改都是永久性的，这让你能够高效地处理大量的数据。

【例 5.6】 假设有一个魔术师名字列表，定义 make_great()函数，为魔术师列表中的每个魔术师名字前都加入“the Great”。

程序代码：

```
def make_great(names, new_names):
    for item in names:
        item = "the Great "+item
        new_names.append(item)

names=['Bill','Andy','Joy','Lily','Bin']
new_names=[]
make_great(names, new_names)
for item in new_names:
    print(item)
```

程序运行结果：

```
the Great Bill
the Great Andy
the Great Joy
the Great Lily
the Great Bin
```

5.2.2 关键字传递

关键字实参传递是给函数同时传递形参名和实参值。直接在实参中将名称和值关联起来，因此向函数传递实参时不会混淆。关键字实参让你无须考虑函数调用中的实参顺序，还清楚地指出了函数调用中各个值的用途。

【例 5.7】 定义一个描述宠物的函数 describe_pet，包含宠物类型和名字两个参数，调用该函数，分别输出宠物类型和名字。

程序代码：

```
def describe_pet(animal_type, pet_name):
    print("I have a "+animal_type +".")
    print("My "+ animal_type+"'s name is "+pet_name+".")
describe_pet(pet_name="kitty",animal_type="cat")
```

程序运行结果：

```
I have a cat.
My cat's name is kitty.
```

程序说明：定义函数 describe_pet()时，有两个形式参数，分别是 animal_type 和 pet_name。调用时，通过赋值直接将实际参数与形式参数的名称对应起来，根据每个参数的名称传递，此时，关键字不需要遵守位置的对应关系。

用关键字实参传递时，关键字实际参数的顺序无关紧要。下面两个函数调用是等效的。

```
describe_pet(animal_type="cat", pet_name="kitty")
describe_pet(pet_name="kitty", animal_type="cat")
```

注意：关键字实参传递时务必提供正确的形参名。

5.2.3 可选参数

可选参数是定义函数时就指定默认值的参数。可选参数函数的定义形式如下。

```
def  <函数名>(<非可选参数>, <可选参数>=<默认值>) :
    <函数体>
    return  <返回值>
```

注意：可选参数必须放在非可选参数的后面。

例如，下面例 5.8 的代码中 b 和 c 是可选参数，如果调用时没有提供新值，则 b 和 c 取值为默认值 3 和 5，如果调用时提供了新值，则可选参数取新值。

【例 5.8】 定义求三个数和的函数，包含三个参数，其中两个是可选参数，默认值分别是 3 和 5。

【分析】 可选参数要放在非可选参数之后。

程序代码：

```
def Sum(a,b=3,c=5):
    return a+b+c
print(Sum(8))
print(Sum(8,2))
```

程序运行结果：

```
16
15
```

程序说明：在本例中，函数 Sum 共有三个参数，分别是 a、b、c。其中，b 和 c 是可选参数，在定义时给定了默认值，分别是 3 和 5。通过 print(Sum(8))调用 Sum 函数时，只给了一个参数 8，赋给 a，因此 b 和 c 取默认值。而在通过 print(Sum(8,2))调用时，给了两个参数，则 c 会取默认值 5。

5.2.4 可变参数

如果函数定义时参数数量不确定，则可以将形式参数指定为可变数量参数。

可变参数传递函数形式如下。

```
def  <函数名>(<参数>, *b) :
    <函数体>
    return  <返回值>
```

其中，带星号 * 的参数即为可变参数，可变参数只能出现在参数列表的最后。一个可变参数代表一个元组。有关元组的知识将会在本章后续小节中讲解。

【例 5.9】 定义一个可变参数函数，输出学生的学号、姓名和喜爱的运动项目。

【分析】 每个学生喜爱的运动项目可能有多个，因此，运动项目考虑用可变参数存储。

程序代码：

```
def stu(num,name, * sports):
    print("num:",num,"name:",name,"sports:",sports)
stu("2020001","Wang")
stu("2020002","Li","running")
stu("2020003","Zhao","running","skating")
```

程序运行结果：

```
num: 2020001 name: Wang sports: ()
num: 2020002 name: Li sports: ('running',)
num: 2020003 name: Zhao sports: ('running', 'skating')
```

程序说明：参数 sports 前面加星号，表示 sports 是可变参数。调用 stu 函数时，可以不提供值给 sports 参数；也可以为 sports 指定一个参数值，如'running'；也可以为 sports 提供两个或多个参数值，如'running'和'skating'两个值。

5.3 函数的返回值

函数可以返回 0 个或多个结果，传递返回值用 return 保留字。如果不需要返回值，则可以没有 return 语句。return 可以传递 0 个返回值，也可以传递任意多个返回值。

5.3.1 返回多个值

return 可以传递一个或多个返回值，下面举例说明如何利用 return 传递多个返回值。

【例 5.10】 编写函数，计算 $1 \sim n$ 的总和以及平均值，并返回总和值及平均值。

【分析】 函数有两个返回值，分别是总和值和平均值。使用 return 返回两个值，并用逗号分隔两个值。

程序代码：

```
def func(n,m):
    s=0
    for i in range(1,n+1):
        s+=i
    return s,s/m
s,ave=func(10,10)
print(s, ave)
```

程序运行结果：

```
55 5.5
```

程序说明：

(1) 在定义 func()函数时，首先将两个值分别存放到形式参数 n 和 m 中，然后通过 for 循环求得 1～n 的和，并存放在变量 s 中，最后函数返回 s 的值及 s 除以 m 的商。程序通过一个 return 返回了两个值。

(2) 在调用 func 函数时，实际参数 10，10 分别传递给形式参数 n 和 m。func 函数计算并返回和值 55 及商 5.5。最后，输出带回的总和值及平均值。

5.3.2 返回组合数据

函数可以返回任何类型的值，包括列表和字典等较复杂的数据结构。

【例 5.11】 假设列表中为一个班级所有学生的成绩，用函数返回三个最高分数。

程序代码：

```
def func(arg):
#对成绩列表进行排序,返回前三个成绩
    arg.sort(reverse=True)
    return [arg[0],arg[1],arg[2]]


ls= func([68,86,56,98,57,95,56,45,97,56,45,87,2,87,54,97,56,45,77,65,99,22,
37,48,55,64])
print('前三名成绩分别为{}、{}和{}'.format(ls[0],ls[1],ls[2]))
```

程序运行结果：

```
前三名成绩分别为 99、98 和 97
```

下面举一个返回字典的例子。

【例 5.12】 编写函数，接收姓名中名和姓两部分，返回一个表示人名的字典。

程序代码：

```
#返回一个人名信息的字典
def build_namedic(first_name, last_name):
    name={'first':first_name, 'last': last_name }
    return name
name = build_namedic('Weiwei', 'Wang')
print(name)
```

程序运行结果：

```
{'first': 'Weiwei', 'last': 'Wang'}
```

5.4 局部变量和全局变量

根据变量的作用范围，变量可以分为局部变量和全局变量。

全局变量在整个程序范围内均有效，而局部变量仅在函数内部有效，如图5-2所示。

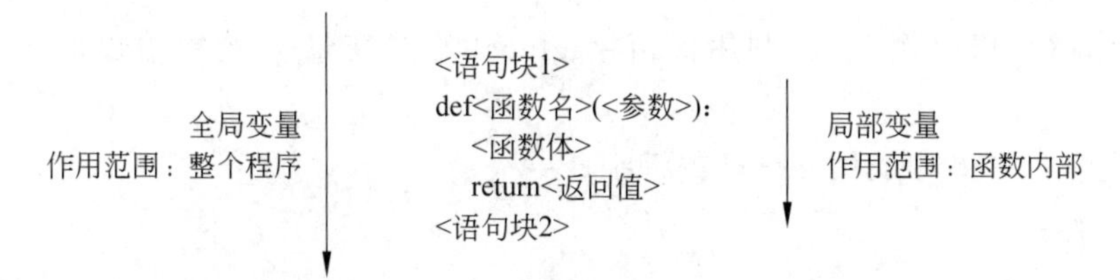

图5-2 局部变量和全局变量的作用范围

【例5.13】 编写求阶乘的函数，调用该函数求10!，函数内外使用同名变量 *s*。

【分析】 求阶乘的函数，存放结果的变量应初始化为1。在函数和函数内有同名变量 *s*，在函数外 *s* 初始化为10，函数内用于返回求得的阶乘值。

程序代码：

```
n, s = 10, 10                #n 和 s 是全局变量
def fact(n) :                #fact()函数中的 n 和 s 是局部变量
    s = 1
    for i in range(1, n+1):
        s *= i
    return s
print(fact(n), s)            #此处的 n 和 s 是全局变量
```

程序运行结果：

3628800 10

程序说明：

(1) 在函数fact内部，参数 *n* 以及用到的变量 *s* 均为fact函数的局部变量。该函数计算得到 *n*! 的值，并将结果通过 *s* 返回。函数运行结束后，fact函数中的局部变量 *n* 和 *s* 将会被释放。

(2) 在函数外，print输出参数中出现的 *n* 和 *s* 是全局变量。全局变量 *n* 为10，全局变量 *s* 的值始终为10，它与函数体内的变量 *s* 名称虽相同，但实际上没有关系。函数体内的变量 *s* 在函数运行结束后被释放，而全局变量 *s* 则在整个程序运行结束后才被释放。

注意：局部变量是函数内部的变量，有可能与全局变量重名，但它们代表不同的存储空间。

本例中，fact()函数外部出现的变量 *n* 和 *s* 都是全局变量，fact()函数内部出现的变

量 n 和 s 是局部变量。这一点类似于现实生活中，两栋楼均存在 1 号房间，虽然两个房间的名称一样，但是两个 1 号房间代表的是不同的实体，也就是说，两个房间只有名字相同没有其他关系。而且，局部变量和全局变量的存在周期不同。全局变量所占用存储空间在程序的整个运行阶段均存在，在程序运行结束后被释放。但是，函数内部的局部变量只有在开始调用函数时才分配存储空间，函数调用结束后，局部变量所占存储空间就会被释放掉。

如果想在函数内部使用全局变量，可以使用 global 保留字。例 5.14 是一个使用 global 保留字的示例。

【例 5.14】 修改例 5.13，利用保留字 global 修饰变量 s，观察输出的结果 s 有何不同。

【分析】 在函数内使用 global 关键字。

程序代码：

```
n, s = 10, 10              #n 和 s 是全局变量
def fact(n) :              #fact()函数中的 n 是局部变量和 s 是全局变量
    global s
    for i in range(1, n+1):
        s *= i
    return s
print(fact(n), s)          #n 和 s 是全局变量
```

程序运行结果：

```
36288000 36288000
```

程序说明：在本例中，函数 fact()内部的变量 s 前面增加了保留字 global，表明 s 为全局变量，此处的 s 与函数 fact()外部的 s 为同一个变量。因此，在退出函数之后，函数 fact()内部对 s 的修改依然保留。

【例 5.15】 局部变量为组合类型示例。

程序代码：

```
ls = ["a", "b"]             #通过使用[ ]真实创建了一个全局变量列表 ls
def func(a):
    ls.append(a)            #此处 ls 是列表类型，未真实创建，则等同于全局变量
    return
func("c")                   #全局变量 ls 被修改
print(ls)                   #输出全局变量 ls
```

程序运行结果：

```
['a', 'b', 'c']
```

程序说明：在本例中，首先创建一个列表 ls，ls 为全局变量。在函数 func()内部没有创建 ls，但是把 ls 当作列表类型使用，追加元素值'a'。这种情况下，函数内部的 ls 就等同于全局变量 ls。调用该函数，即将字符 'c' 增加到 ls 中，输出结果表示列表 ls 在函数 func()的内部从两个元素增加为三个元素。局部变量为组合数据类型且未创建时等同于全局变量。

【例 5.16】 函数内部创建局部列表变量的示例。

程序代码：

```
ls = ["a", "b"]          #通过使用[ ]真实创建了一个全局变量列表 ls,内有两个元素
def func(a) :
    ls=[ ]               #此处 ls 是局部变量,是真实创建的空列表
    ls.append(a)         #局部变量 ls 被修改
    print(ls)
func("c")
print(ls)                #此处输出的 ls 是全局变量,内容仍然为['a', 'b']
```

程序运行结果：

```
['c']
['a', 'b']
```

程序说明：

(1) 本例中，在函数 func 内部创建一个列表 ls，且初始化为空列表。这种情况下，函数内部的 ls 为局部变量。

(2) 从程序的运行结果可以看出，第一次输出的内容是局部变量 ls 的数据['c']，第二次输出的内容是全局变量 ls 的数据['a', 'b']。两个变量虽然名称相同，但是所占存储空间不同，存储内容也不相同。

简单总结局部变量和全局变量的使用规则如下。

(1) 对于基本数据类型，无论是否重名，局部变量和全局变量是不同的。

(2) 如果想要在函数内部使用全局变量，可以使用 global 保留字。

(3) 对于组合数据类型，只要函数内局部变量没有真正创建，则默认就为全局变量。

5.5 lambda 函数

lambda 函数是一种匿名函数。lambda 函数需要使用 lambda 保留字，且直接用函数名返回结果。lambda 函数一般用于定义能够在一行内表示的简单函数。

lambda 函数形式如下。

```
<函数名>= lambda <参数>: <表达式>
```

lambda 函数可以等价替换成 def 定义的函数。冒号：之前可以有 0 个或多个参数。即上面的语句等价于下面的函数定义。

```
def  <函数名>(<参数>) :
    <函数体>
    return  <返回值>
```

【例 5.17】 定义 lambda 函数，计算 x 的 y 次方的值。

程序代码：

```
f = lambda x, y : x ** y
print(f(2, 3))
```

程序运行结果：

```
8
```

程序说明：

(1) 定义函数 f，包括两个参数 x 和 y。函数功能是计算 $x^{**}y$。调用函数并指定参数分别为 2 和 3，函数返回结果是 8。

(2) lambda 函数主要用于一些特定函数或方法的参数，有一些固定使用方式，建议逐步掌握。本例的 lambda 函数可以替换成普通函数，如图 5-3 所示。一般情况，建议使用 def 定义的普通函数。注意谨慎使用 lambda 函数。

```
                                    def f(x,y):
f =lambda x, y : x**y  <------->      s=x**y
                        等价于         return s
```

图 5-3　lambda 函数与等价的普通函数

5.6 函数递归

递归是数学归纳法思维的编程体现。下面将从递归的定义、递归的实现、递归的调用过程、递归应用举例 4 方面进行介绍。

1. 递归的定义

递归即函数定义中调用函数自身的方式。

递归有两个关键特征，即链条和基例。递归过程需要递归链条，同时也需要一个或多个不需要再次递归的基例。

2. 递归的实现

那么，递归如何实现呢？

按照递归的两个关键特征，采用函数和分支语句来实现。

因为递归是函数调用自身的方式，因此，递归本身就应该是函数，必须用函数定义方式来描述。函数内部需要两个关键特征，即基例和链条。递归的实现方法是，判断输入参数是否是基例，如果是则直接给出结果，否则按照链条给出对应的调用自身的代码。

【例 5.18】 定义递归函数，求 $n!$。

【分析】 求阶乘的计算可以写成式(5-2)所示的递推公式，其计算过程可以理解为递归过程。

$$n! = \begin{cases} 1, & n=0 \\ n(n-1)!, & \text{其他} \end{cases} \tag{5-2}$$

当 n 为 0 时，结果为 1，否则返回 $n-1$ 作为参数调用自身，并返回 n 与 $(n-1)!$ 的乘积。

程序代码：

```
def fact(n):
    if n==0:
        return 1
    else:
        return n * fact(n-1)
print(fact(5))
```

程序运行结果：

```
120
```

程序说明：当 n 等于 0 时，阶乘值返回 1，否则通过 n 和 $(n-1)$ 阶乘的乘积得到，因此需要调用函数求 $(n-1)$ 的阶乘。

有关递归的实现，需要注意以下几点。

- 递归本身是一个函数，需要使用函数定义的方式描述。
- 递归的实现需要函数与分支语句。
- 函数内部，采用分支语句对输入参数进行判断。
- 递归函数必须设置一个出口(基例)，即不能无限次递归。

3. 递归的调用过程

下面通过调用求阶乘的递归函数，说明递归函数的执行过程。

例如求 5 的阶乘，即用 5 作为实际参数调用函数 fact()，调用过程以及参数值的传递情况如图 5-4 所示。

从 fact(5)开始调用 fact 函数，直到 $n=0$ 时，到达基例后开始返回，逐级返回上级调用位置，并带回计算结果。

4. 递归应用举例

【例 5.19】 利用递归方法，求斐波那契数列第 10 项。

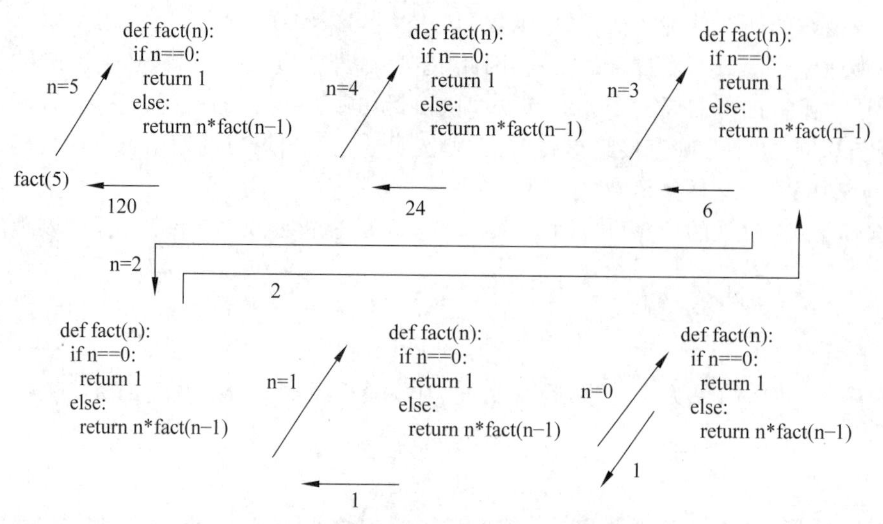

图 5-4　递归函数中数据的传递过程

【分析】 斐波那契数列(Fibonacci sequence),又称黄金分割数列,因数学家列昂纳多·斐波那契(Leonardo Fibonacci)以兔子繁殖为例子而引入,故又称为"兔子数列",指的是这样一个数列:1,1,2,3,5,8,13,21,34,…。数列各项计算方法如式(5-3)所示。

$$F(n)=\begin{cases}1, & n=1\\ 1, & n=2\\ F(n-1)+F(n-2), & \text{其他}\end{cases} \tag{5-3}$$

斐波那契数列的基例为:当 $n=1$ 或 $n=2$ 时,$F(n)$的值为 1。其他情况下,使用递归链条,调用自身,得到 $F(n-1)$与 $F(n-2)$的和,作为 $F(n)$的值。

程序代码:

```
def fib(n):
    if n==1 or n==2:
        return 1
    else:
        return fib(n-1)+fib(n-2)
print(fib(10))
```

程序运行结果:

```
55
```

【例 5.20】 利用递归方法,实现二分查找,查找 99 在表 lst 中的位置。

【分析】 二分查找也称折半查找,它是一种效率较高的查找方法。首先,假设表中元素是按升序排列,将表中间位置记录的关键字与查找关键字比较,如果两者相等,则查找成功;否则利用中间位置记录将表分成前、后两个子表,如果中间位置记录的关键字大于查找关键字,则进一步查找前一子表,否则进一步查找后一子表。重复以上过程,直到找到满足条件的记录，使查找成功，或直到子表不存在为止，此时查找不成功。

程序代码：

```
def  binary_search(n,left,right):
    if left <= right :
        middle = (left+right) // 2
        if  n  <lst[middle] :
            right = middle -1
        elif n >lst[middle]:
            left = middle +1
        else :
            return middle
        return binary_search(n,left,right)      #不加 return 返回永远是 None
    else :
        return -1                                #没有找到

lst = [11, 22, 33, 44, 55, 66, 77, 88, 99, 123, 234, 345, 456, 567, 678, 789]
position=binary_search(99,0,len(lst)-1)
print("所在位置为: ",position+1)
```

程序运行结果：

```
所在位置为: 9
```

思考：下面函数的功能是什么？

```
def quick_sort(list_a):
    if len(list_a) > 0:
        first = list_a[0]
        left = quick_sort([l for l in list_a[1:] if l < first])
        right = quick_sort([l for l in list_a[1:] if l > first])
        return left+[first]+right
    else:
        return list_a

print(quick_sort([3, 4, 6, 73, 2, 1, 23, 5]))
```

5.7 Python 内置函数

Python 解释器提供了内置函数，这些函数不需要引用库就可直接使用，可以通过 dir(__builtins__)命令查看所有的内置函数和内置常量名，其中，大写字母开头的为内置常量名。

```
>>> dir(__builtins__)
['ArithmeticError', 'AssertionError', 'AttributeError', 'BaseException',
 'BlockingIOError', 'BrokenPipeError', 'BufferError', 'BytesWarning',
 'ChildProcessError', 'ConnectionAbortedError', 'ConnectionError',
 'ConnectionRefusedError', 'ConnectionResetError', 'DeprecationWarning',
 'EOFError', 'Ellipsis', 'EnvironmentError', 'Exception', 'False',
 'FileExistsError', 'FileNotFoundError', 'FloatingPointError', 'FutureWarning',
 'GeneratorExit', 'IOError', 'ImportError', 'ImportWarning', 'IndentationError',
 'IndexError', 'InterruptedError', 'IsADirectoryError', 'KeyError',
 'KeyboardInterrupt', 'LookupError', 'MemoryError', 'ModuleNotFoundError',
 'NameError', 'None', 'NotADirectoryError', 'NotImplemented',
 'NotImplementedError', 'OSError', 'OverflowError', 'PendingDeprecationWarning',
 'PermissionError', 'ProcessLookupError', 'RecursionError', 'ReferenceError',
 'ResourceWarning', 'RuntimeError', 'RuntimeWarning', 'StopAsyncIteration',
 'StopIteration', 'SyntaxError', 'SyntaxWarning', 'SystemError', 'SystemExit',
 'TabError', 'TimeoutError', 'True', 'TypeError', 'UnboundLocalError',
 'UnicodeDecodeError', 'UnicodeEncodeError', 'UnicodeError', 'UnicodeTranslateError',
 'UnicodeWarning', 'UserWarning', 'ValueError', 'Warning', 'WindowsError',
 'ZeroDivisionError', '_', '__build_class__', '__debug__', '__doc__', '__import__',
 '__loader__', '__name__', '__package__', '__spec__', 'abs', 'all', 'any', 'ascii',
 'bin', 'bool', 'breakpoint', 'bytearray', 'bytes', 'callable', 'chr',
 'classmethod', 'compile', 'complex', 'copyright', 'credits', 'delattr', 'dict',
 'dir', 'divmod', 'enumerate', 'eval', 'exec', 'exit', 'filter', 'float',
 'format', 'frozenset', 'getattr', 'globals', 'hasattr', 'hash', 'help', 'hex',
 'id', 'input', 'int', 'isinstance', 'issubclass', 'iter', 'len', 'license',
 'list', 'locals', 'map', 'max', 'memoryview', 'min', 'next', 'object', 'oct',
 'open', 'ord', 'pow', 'print', 'property', 'quit', 'range', 'repr', 'reversed',
 'round', 'set', 'setattr', 'slice', 'sorted', 'staticmethod', 'str', 'sum',
 'super', 'tuple', 'type', 'vars', 'zip']
```

Python 3.9 提供了如下 69 个内置函数。

abs()	delattr()	hash()	memoryview()	set()
all()	dict()	help()	min()	setattr()
any()	dir()	hex()	next()	slice()
ascii()	divmod()	id()	object()	sorted()
bin()	enumerate()	input()	oct()	staticmethod()
bool()	eval()	int()	open()	str()
breakpoint()	exec()	isinstance()	ord()	sum()
bytearray()	filter()	issubclass()	pow()	super()
bytes()	float()	iter()	print()	tuple()
callable()	format()	len()	property()	type()
chr()	frozenset()	list()	range()	vars()
classmethod()	getattr()	locals()	repr()	zip()

compile()　　globals()　　map()　　reversed()　　__import__()
complex()　　hasattr()　　max()　　round()

有的函数已用到过,还有的在后续会介绍,部分函数说明如下。

id()函数对每个数据返回唯一编号,数据不同编号不同。Python 将数据存储在内存中的地址作为其唯一编号。可以通过比较两个变量的编号是否相同判断数据是否一致。

type()函数返回每个数据对应的类型。使用示例如下。

```
>>> n=12
>>> m=12
>>> id(n)
140711626925232
>>> id(m)
140711626925232
>>> m=14
>>> id(m)
140711626925296
>>> type(m)
<class 'int'>
>>> ls=[1,2,3]
>>> type(ls)
<class 'list'>
```

zip()函数可以组合多个可遍历对象,生成一个 zip 生成器,语法格式为:

```
zip(iter, iter2[…])
```

iter1, iter2 等都是可遍历对象。采用惰性求值的方式,可以按需生成一系列元组数据,第 i 元组数据依次为每个可遍历对象的第 i 个元素组成的元组,直到所有可遍历对象中最短的元组最后一个元素组成的元组为止,注意 zip 生成器不能直接输出组合后的数据,可以通过 list 转为列表输出。例如:

```
>>> ls1=[1,2,3]
>>> ls2=[4,5,6]
>>> lt=zip(ls1,ls2)
>>> print(list(lt))
[(1, 4), (2, 5), (3, 6)]
```

enumerate()函数可以使用一个可遍历对象,生成一个 enumerate 生成器,语法格式为:

```
enumerate(iter[,start])
```

其中,iter 为可遍历对象,start 表示序号的起始值。采用惰性求值的方式,可以按需生成由两个元组组成的元组数据，第一个元素是以 start 为起始的一个整数(默认 start 值为 0)，第二个元素则是 iter 可遍历对象的数据元素，也就是说，生成一个新的可遍历序列，给原来 iter 的每个值对应添加了一个序号数据，例如：

```
>>> ls=['apple','peach','pear','banana']
>>> e=enumerate(ls)
>>> print(list(e))
[(0, 'apple'), (1, 'peach'), (2, 'pear'), (3, 'banana')]
>>> e=enumerate(ls,1)
>>> print(list(e))
[(1, 'apple'), (2, 'peach'), (3, 'pear'), (4, 'banana')]
```

可以看到，列表 ls 中的每个元素均被添加了一个序号，形成了一个元组。

更多内置函数的使用方法，可以查阅 Python 使用手册，也可以访问 https://docs.python.org/3/阅读并下载。

5.8 本章小结

本章学习了函数的定义与调用方法，还学习了实参和形参以及 Python 中传递参数的不同方式。

函数是一段具有特定功能的、可重用的代码。函数是功能的抽象，一般来说，每个函数表达特定的功能。函数是带名字的代码块，用于完成具体的工作。要执行函数定义的特定任务，可调用该函数。

5.9 上机实验

【实验 5.1】 判断密码强度。要求判断输入的密码字符串的强度等级，输出其对应的等级，等级共 3 个，分别是 low、middle、high。

1. 实验目的。

(1) 巩固函数的定义与调用方法。

(2) 理解分而治之思想，实现功能的模块化。

2. 实验步骤。

(1) 编写函数 hasdigit()，判断给定的字符串中是否有数字字符。

(2) 编写函数 hasletter()，判断给定的字符串中是否有英文字母。

(3) 编写函数 judge()，调用 hasdigit()和 hasletter()函数。按照以下规则返回等级。

① 长度小于 6，返回 low。

② 长度大于 6，只包含数字或只包含字母，返回 middle。

③ 长度大于 6,既包含数字又包含字母,返回 high。

(4) 编写函数 main(),接收用户输入,调用 judge()函数,输出密码等级。

(5) 按照以下输入输出示例,测试程序。

输入:123,期望输出:密码强度等级为:low。

输入:abciouy,期望输出:密码强度等级为:middle。

输入:568997655,期望输出:密码强度等级为:middle。

输入:jhyu397665,期望输出:密码强度等级为:high。

3. 提示。

(1) hasdigit()和 hasletter()函数可以返回 True 或 False,也可以返回指定的标志变量。

(2) 注意确定函数的参数和返回值。

4. 扩展。

按照以下判断规则,修改程序,可以新增其他函数。

(1) 长度小于 6,只包含数字或只包含字母,返回 low。

(2) 长度大于 6,既包含数字也包含字母,返回 middle。

(3) 长度大于 6,必须包含数字、字母、其他字符三类,返回 high。

【实验 5.2】 本实验完成一个学生信息管理系统,学生的信息包括学号、姓名、电话,可以进行添加学生、删除学生、修改学生、查找学生以及获取所有学生通信信息五个操作。

1. 实验目的。

(1) 巩固函数的定义与调用方法。

(2) 提高整体思考问题的能力。

2. 实验步骤。

(1) 定义五个函数,每个函数实现一个功能。

(2) 在主函数中用户可以选择对信息管理系统进行不同操作,通过调用函数完成对应的操作。

3. 提示。

(1) 每个功能定义一个函数。

(2) 用户通过输入一个数字,选择对应的操作(调用对应的函数)。

4. 扩展。

为每个同学添加成绩信息,并添加排序功能函数。

习　　题

1.【单选】下列不是使用函数的优点的是(　　)。

A. 减少代码重复　　B. 使程序更加模块化

C. 使程序便于阅读　　D. 为了展现智力优势

2.【单选】下面程序输出结果是(　　)。

```
def f(a,b):
    a=4
    return a+b
def main():
    a=5
    b=6
    print(f(a,b),a+b)
main()
```

A. 10 11　　B. 11 11　　C. 10 10　　D. 11 10

3.【单选】关于 return 语句,以下说法正确的是(　　)。

A. 函数必须有一个 return 语句　　B. return 只能返回一个值

C. 函数中最多只有一个 return 语句　　D. 函数可以没有 return 语句

4.【判断】函数在调用前不需要定义,拿来即用就好。(　　)

5.【判断】下面 Python 程序中定义 f1()时还没有定义 f2(),这种函数调用是否正确?(　　)

```
def f1():
    f2()
def f2():
    print("函数 f2()")
f1()
```

6.【判断】下面程序是否可以打印出下面图形?(　　)

```
*
**
***
****
*****
```

```
def digui(n):
    if n == 0:
        print ('')
        return
    digui(n-1)
    print ('*'*n)
digui(5)
```

7. 输入大于-1的整数 m,求满足如下条件的最大的 n。

$$\left(1-\frac{1}{1}\right)+\left(2-\frac{1}{2}\right)+\left(3-\frac{1}{3}\right)+\cdots+\left(n-\frac{1}{n}\right)\leqslant m$$

要求用函数实现,用键盘输入大于-1的整数m,定义并调用函数max_n,求满足条件的最大的n,并输出(注意:输出不保留小数)。如输入的数小于或等于-1,则输出:输入错误。

8. 已知鸡和兔的总数量为n,总腿数为m。当输入n和m后,计算并输出鸡和兔的数目,如果无解,则输出"该问题无解"。请编写func(n,m)函数实现计算功能,并调用该函数。

9. 编写程序f2(x),将x中前10个元素升序排列,后10个元素降序排列,并输出结果。

10. 判断用户传入的对象长度是否大于5,如果大于5则输出True,否则输出False。定义函数func(arg),首先判断对象是否为字符串、列表、元组中的一种,然后判断其长度是否大于5。

第6章 文件和数据处理

学习目标

- 能描述文件操作的基本流程。
- 能运用常用的文件读写方法读写文本文件。
- 能读写CSV、JSON格式的文件。
- 能描述JSON格式与序列化。
- 能运用os模块的常用函数操作文件目录。

本章主要内容

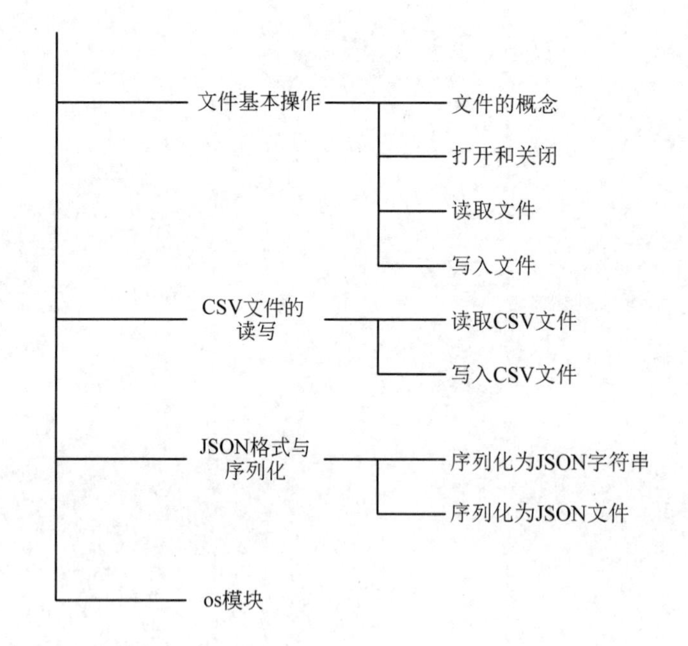

各例题知识要点

例6.1　打开文本文件(打开文件,with)

例6.2　按二进制模式打开文本文件(打开模式)

例6.3　利用read()函数读取文件并输出相应内容(read()函数)

例6.4　利用readline()函数读取文件的前两行内容并输出(readline()函数)

例6.5　利用readlines()函数读取文件并输出(readlines()函数)

例 6.6　顺序读取文件的前两个字符,查看文件指针位置(tell()函数)
例 6.7　输出该文件中每行的第 1 个字符(seek()函数)
例 6.8　利用 write()函数写入文本文件(覆盖模式写文件)
例 6.9　利用 writelines()函数向文件末尾追加新的内容(追加模式写文件)
例 6.10　输入源文件和目标文件的路径及文件名,实现文件复制功能(读写文件)
例 6.11　输出 CSV 格式文件的前 *n* 行内容(读 CSV 文件)
例 6.12　读取 CSV 个文件并进行排序和汇总(CSV 文件处理)
例 6.13　利用 CSV 模块读取文件(使用 CSV 模块读文件)
例 6.14　按 CSV 格式写入文件(写 CSV 文件)
例 6.15　利用 CSV 模块中相关函数写入文件(使用 CSV 模块写文件)
例 6.16　将数据序列化到文件(序列化为文件)
例 6.17　使用 os 模块常用函数进行文件目录操作(os 模块)

6.1　文件基本操作

6.1.1　文件的概念

文件是数据存储的一种形式,是存储在辅助存储器上的数据序列,是数据的抽象和集合。根据文件中存储数据的方式和结构,可以将文件分为顺序存取文件和随机存取文件。按照展现方式,可以分为文本文件和二进制文件。虽然形式上的展现方式不同,但本质上,所有文件都是以二进制形式存储。

文本文件以纯文本方式存储,由单一特定编码组成,被看成是存储的长字符串,例如,.txt 文件、.py 文件等。二进制文件直接由比特 0 和 1 组成,没有统一字符编码,例如,.png 文件、.avi 文件等。

例如,要存储内容为“人工智能正改变未来”的文本,按照文本形式存储,就是“人工智能正改变未来”,与看到的文本内容相同。按照二进制形式,则为这样一串字符“b'\xC8\xCB\xB9\xA4\xD6\xC7\xC4\xDC\xD5\xFD\xB8\xC4\xB1\xE4\xCE\xB4\xC0\xB4'”,即一串编码,\x 是转义字符,表示其后面是十六进制。

6.1.2　文件的打开与关闭

不管是哪一类文件,在 Python 中对文件的操作一般都分为三个步骤:打开—操作—关闭。通过打开文件,文件从存储状态变为占用状态,进行读或写操作后,关闭文件,文件从占用状态转为存储状态。

文件打开通过 open()函数,创建一个 file 对象,相关的方法才可以调用它进行读写。打开方法的语法格式如下。

```
file_object = open(file_name , access_mode, encoding=None)
```

参数说明：

- file_name：是一个包含访问文件名称的字符串值。
- access_mode：指定了打开文件的模式(包括只读、写入、追加等)。具体如表 6-1 所示。这个参数是非强制的，默认文件访问模式为只读(r)。
- encoding：是可选参数，用于指明打开文本文件时，采用何种字符编码处理数据。encoding 省略时，表示使用操作系统默认编码类型(中文 Windows 10 默认为 GBK 编码，Mac 和 Linux 等一般默认编码为 ASCII 码)。当使用二进制模式打开文件时，encoding 参数不可使用。

表 6-1　文件的打开模式

打开模式	含　义
"r"	只读模式，打开文本文件时采用，默认值
"w"	覆盖写模式，如果文件已存在则覆盖原文件，否则创建新文件
"x"	创建写模式，如果文件已存在则返回异常 FileExistsError，否则创建新文件
"a"	追加写模式，如果文件已存在则在文件末尾追加新内容，否则创建新文件
"b"	二进制模式访问文件，需要与 r、w、x、a 一起使用
"t"	文本模式访问文件，需要与 r、w、x、a 一起使用，是默认值经常省略
"+"	与 r、w、x、a 一起使用，在原功能基础上增加读写功能

b 为二进制模式，t 为文本文件模式，与 r、w、x、a 连用。默认为文本文件模式读写。打开后赋值的变量 file_object，称为文件句柄或文件描述符。

例如，打开普通无格式文本文件 test601.txt，此处文件名前包含完整的文件路径，如果文件在当前文件夹下，则可以只用文件名作参数。

```
fd=open("d:/mypy/myfiles/test601.txt","r")          #按文本文件模式打开文件
```

对于文件绝对路径中目录间的分隔写法，Python 中可以使用以下四种写法。

(1) 可以使用双反斜线“\\”，因为单个反斜线“\”有转义作用，例如：

```
fd=open("d:\\mypy\\myfiles\\test601.txt ","r")
```

(2) 使用单反斜线“\”，但是要在前面加上"r"表明不转义。例如：

```
fd=open(r"d:\mypy\myfiles\test601.txt ","r")
```

(3) 使用正斜线“/”，例如：

```
fd=open("d:/mypy/myfiles/test601.txt","r")          #按文本文件模式打开文件
```

(4) 使用双正斜线“//”,例如:

```
fd=open("d://mypy//myfiles//test601.txt","r")        #按文本文件模式打开文件
```

由于有的文件使用了默认的 GBK 编码,打开时会报类似如下错误信息。

```
Traceback (most recent call last):
  File "<pyshell#20>", line 1, in <module>
    for line in fd:
UnicodeDecodeError: 'gbk' codec can't decode byte 0xbd in position 14: illegal
multibyte sequence
```

如果出现上述情况,可以指定文件的编码格式。例如,指定以 UTF-8 编码方式打开文件 test602.txt。

```
fd=open("d://mypy//myfiles//test602.txt","r",encoding="UTF-8")
```

UTF-8(8-bit Unicode Transformation Format)是一种针对 Unicode 的可变字符编码,是当前应用最广泛的编码方式,又称万国码,包含全世界所有国家需要用到的字符,具备节省空间、包容性广、灵活性强等特点。Python 3.x 推荐使用 UTF-8 编码,读写文本文件时,建议指定使用 UTF-8 编码。想要查询某个文本文件编码格式,可以记事本方式打开,通过另存为看到文件的编码格式,如图 6-1 所示。

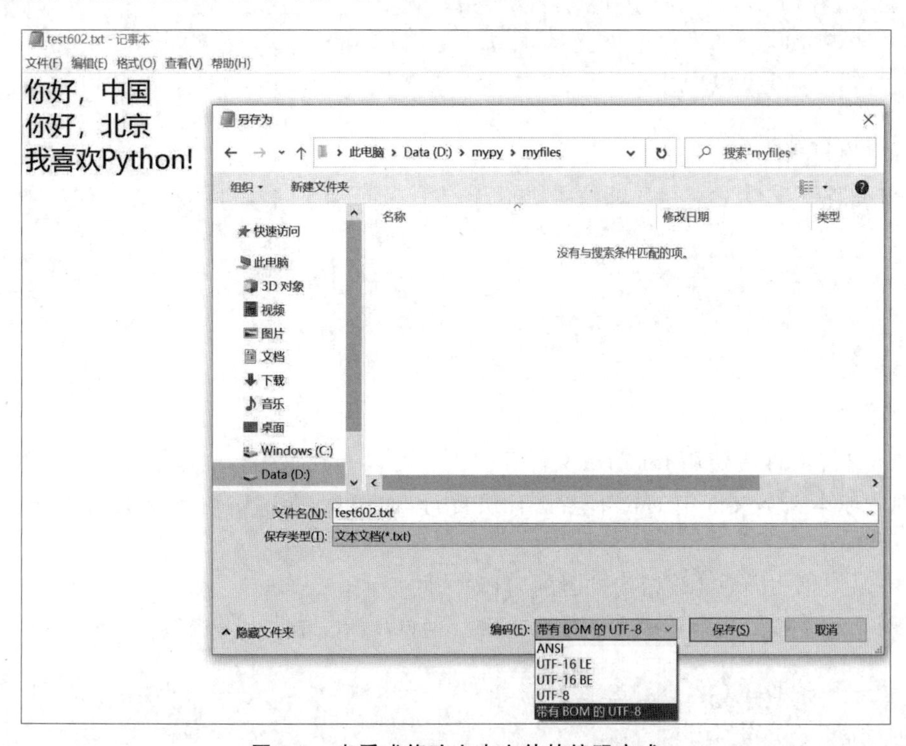

图 6-1 查看或修改文本文件的编码方式

文件操作后要及时关闭，以释放系统缓存等资源，尤其是在以写入方式打开时一定要及时正确地关闭文件，否则会造成数据尚在缓存中并未真正写入文件而丢失。此外，每个操作系统可同时打开的文件数是有限制的，及时关闭文件是使用文件的良好习惯。

关闭文件的语法格式如下。

```
fileObject.close()
```

例如，关闭上述打开的 test602.txt 文件，语句如下。

```
fd.close()
```

执行关闭操作时，会刷新缓冲区里任何还没写入的信息，并关闭该文件。

为了避免在打开文件、操作文件之后忘记关闭文件，或者程序在执行关闭操作前遇到错误导致文件不能正常关闭。Python 提供了一种称作“上下文管理”的功能。上下文管理器用于设置某个对象的使用范围，一旦离开这个范围，将会有特殊的操作被执行。上下文管理器由 Python 关键字 with 和 as 联合启动。用 with 语句打开文件，在对文件内容操作之后自动关闭该文件，将文件打开操作通过 with…as 的方式置于上下文管理器中，不再用语句 fd.close()关闭文件，一旦代码离开隶属 with…as 的缩进代码范围，文件 fd 的关闭操作会自动执行。建议在进行文件操作时，使用这种方法以避免文件关闭错误。

【例 6.1】 采用 with 语句打开文件 test602.txt，并输出文件中的内容。

```
with open("test602.txt","r",encoding="UTF-8") as fd:
    for line in fd:                 #按行遍历文件
        print(line)
```

程序运行结果：

```
你好，中国

你好，北京

我喜欢 Python!
```

程序说明：

(1) 打开文件后使用 for 遍历文件并输出。可以看到每一行之后都输出了一个空行，这是因为原本文本文件中的行末尾就有换行符，而使用 print()输出又会自动输出一个换行。

(2) 由于使用了 with 结构，文件会自动关闭。

【例 6.2】 按二进制模式打开文本文件 test602.txt，并输出其内容。

```
fd2=open("test602.txt","rb")        #按二进制模式打开
for line in fd2:                    #按行遍历文件
    print(line)
```

程序运行结果：

```
b'\xe4\xbd\xa0\xe5\xa5\xbd\xef\xbc\x8c\xe4\xb8\xad\xe5\x9b\xbd\r\n'
b'\xe4\xbd\xa0\xe5\xa5\xbd\xef\xbc\x8c\xe5\x8c\x97\xe4\xba\xac\r\n'
b'\xe6\x88\x91\xe5\x96\x9c\xe6\xac\xa2Python!'
```

程序说明：

（1）二进制方式打开，输出的是一个十六进制显示的字节串。

（2）前两行输出结果中的最后一个字符“\n”：这是换行符。在 Windows 系统中“换行”实际上由“\r”和“\n”两个字符来构成，具体来说，“\r”是回车符，其 ASCII 码值为 0x0d，功能是将当前位置移到本行开头，“\n”是换行符，ASCII 码值为 0x0a，功能是将当前位置移到下一行，分为两个字符的原因是传统打字机手工送纸时需要回车和换行两个动作。而在 Linux 系统、Mac 系统中“换行”只用 1 个“\n”字符来表示即可。

6.1.3 读取文件

Python 提供了多个读文件操作方法，包括 read()、readline()和 readlines()，具体操作方法如表 6-2 所示。

表 6-2 文件读取函数

函　　数	含　　义
fd.read(size)	无参数或参数为−1 时，读取全部文件内容； 如果参数 size 为大于或等于 0 的整数，则读取 size 长度的字符串或字节流
fd.readline(size)	无参数或参数为−1 时，读取并返回文件对象中的一行数据，包括行末尾的'\n'； 如果参数 size 为大于或等于 0 的整数，则读取当前行前 size 长度的字符串或字节流
fd.readlines(hint)	无参数时，读取文件全部数据，返回一个列表，列表的每个元素是文件对象中的一行数据，包括行末尾的'\n'； 如果参数 hint 为大于或等于 0 的整数，则读取 hint 行

read(size)方法被传递的参数 size 是要从已打开文件中读取的字节数。该方法从文件的开头开始读入，如果没有参数，则会读出文件的全部内容。

readline(size)方法如果无参数，每次读入一行，如果传递参数 size，则读入一行中的前 size 个。

readlines(hint)方法会将读入的内容以列表形式返回，每行为一个列表元素。如果传递参数 hint，则读入前 hint 行，否则读入全部行。

1. read()方法

【例 6.3】 利用 read()函数读取文件 test602.txt，并输出文件内容。

```
with open("test602.txt","r",encoding="UTF-8") as fd:
    print(fd.read())            #读取整个文件的内容并输出
```

程序运行结果：

```
你好,中国
你好,北京
我喜欢 Python!
```

程序说明：不带参数的 read()函数一次性读取了文件的全部内容，此方法虽然简单，但在读取大文件时性能会受到影响。

2. readline()方法

【例 6.4】 利用 readline()函数读取文件 test603.txt 中的前两行。

```
with open("test603.txt","r",encoding="UTF-8") as fd:
    line1 = fd.readline()          #读取文件第 1 行并赋给变量 line1
    print(line1)
    line2 = fd.readline()          #读取文件第 2 行并赋给变量 line2
    print(line2)
```

程序运行结果：

```
春眠不觉晓

处处闻啼鸟
```

程序说明：

(1) readline()函数从文件中读取一行字符。

(2) 如果要利用 readline()函数输出完整的文件，一般需要与循环语句配合完成。

3. readlines()方法

【例 6.5】 利用 readlines()函数一次读取文件 test603.txt 的所有行。

```
with open("test603.txt","r",encoding="UTF-8") as fd:
    lines = fd.readlines()          #读取文件所有行并以列表的形式返回
    print(lines)
```

程序运行结果：

```
['春眠不觉晓\n', '处处闻啼鸟\n', '夜来风雨声\n', '花落知多少\n']
```

程序说明：

(1) readlines()函数一次读取了文件所有的行,其读取的结果以列表的形式返回,文件中的每一行作为列表的一个元素。

(2) 从输出结果中可以看出,文件每行(列表的每个元素)以"\n"结尾。

4. seek()和 tell()方法

在文件的读写过程中有一个重要的概念:文件的读写指针(简称文件指针)。把文件看作字节流(按二进制模式打开)或字符流(按文本文件模式打开),每一个字节(或字符)在文件中都有自己的位置,可以理解为该字节(或字符)的地址。

打开文件时,文件指针默认位于文件的开始位置,也就是第 1 个字节(或字符)的位置,该位置值为 0。每读取(或写入)1 个字节(或字符),文件指针随之后移 1 个位置,注意如果是按照按二进制模式打开,文件指针移动 1 个字节的位置,如果是按文本文件模式打开,则文件指针移动 1 个字符的位置。

操作文件指针的方法,格式如下。

```
seek(offset,whence)
```

(1) offset 代表文件指针的偏移量,单位是字节。

(2) whence 代表参照物,有以下 3 个取值。

- 0:文件开始。
- 1:当前位置。
- 2:文件末尾。

查看当前文件指针的位置,使用 tell()方法,格式如下。

```
fd.tell()
```

该方法没有参数,fd 为文件描述符,使用该方法可以返回文件指针的位置,例如返回 0,则表示当前的文件指针在文件开始位置。

文件指针相关的函数请参照表 6-3。

表 6-3 文件指针相关函数

函　　数	含　　义
fd.tell()	返回文件指针的当前位置值,0 表示文件的开始位置
fd.seek(offset,[whence=0])	改变文件指针的位置,offset 为偏移量即移动多少个字节; whence 为起始位置,0 代表文件开始处(默认值),1 代表文件指针当前位置,2 代表文件末尾。 特别说明:当 whence 值为 1 或 2 时,对于文本文件 offset 的值只能是 0,否则系统报错

【例 6.6】 顺序读取 test603.txt 文件的前两个字符,查看文件指针位置。

```
with open("test603.txt","r",encoding="UTF-8") as fd:  #按文本文件模式打开
```

```
    print(fd.tell())                    #在读取文件之前查看文件指针的值
    print(fd.read(1))                   #读取文件中的 1 个字符
    print(fd.tell())                    #再次查看文件指针的值
    print(fd.read(1))                   #再次读取文件中的 1 个字符
    print(fd.tell())                    #第 3 次查看文件指针的值
```

程序运行结果：

```
0
春
3
眠
6
```

程序说明：

(1) 不带参数的 read()函数功能是读取整个文件，而如果带参数，则读取从当前文件指针位置开始的 size 个字符，本例 size＝1。

(2) tell()可以返回当前文件指针的值，从三次执行 tell()的返回值来看，可以得出每个汉字字符占 3B。

【例 6.7】 test603.txt 文件中存放的是五言诗《春晓》的内容，下面输出该文件中每行的第 1 个字符。

```
with open("test603.txt","r",encoding="UTF-8") as fd:  #按二进制模式打开
    fd.seek(0,0)                        #定位文件指针到文件头
    print(fd.read(1))                   #利用 read(1)函数读出 1 个字符
    fd.seek(17,0)                       #定位文件指针到第 2 行开头的位置
    print(fd.read(1))                   #利用 read(1)函数读出第 2 行第 1 个字符
    fd.seek(34)                         #定位文件指针到第 3 行开头的位置
    print(fd.read(1))                   #利用 read(1)函数读出第 3 行第 1 个字符
    fd.seek(51)                         #定位文件指针到第 4 行开头的位置
    print(fd.read(1))                   #利用 read(1)函数读出第 4 行第 1 个字符
```

程序运行结果：

```
春
处
夜
花
```

程序说明：

(1) 按照文本文件模式打开文件，read(1)函数读取的是 1 个汉字字符(在 UTF-8 编码中 1 个汉字占有 3B)。

(2) 本例中后两个 seek()函数的第 2 个参数被省略，如果该参数省略，则以文件开始

处作为起始位置。

(3) 思考 seek(17,0)中的 17 是怎样得到的？此处 17 为 seek()函数的 offset 值，即偏移量，要注意偏移量是以字节为单位的，文件中每行 5 个汉字，再加上回车和换行的 2B，就可以算出其偏移量了。

6.1.4 写入文件

进行文件写入操作，使用 open()函数打开文件时，要将打开模式参数设置为“w”“x”“a”等，或使用“+”增加写权限。Python 文件对象提供了 write()和 writelines()两个写入数据的方法，如表 6-4 所示。

表 6-4 文件写入操作常用函数

函　数	功　能
fd.write(string)	往文件中写入 1 个字符串或字节流
fd.writelines(lines)	将 1 个列表写入文件，要求所有元素均为字符串

1. write()方法

【例 6.8】 利用 write()函数在“w”模式下写入文本文件。

```
with open("test604.txt","w",encoding="UTF-8") as fd:
    fd.write("床前明月光\n")
    fd.write("疑是地上霜\n")
```

程序运行后会创建文件 test604.txt，打开该文件，内容如图 6-2 所示。

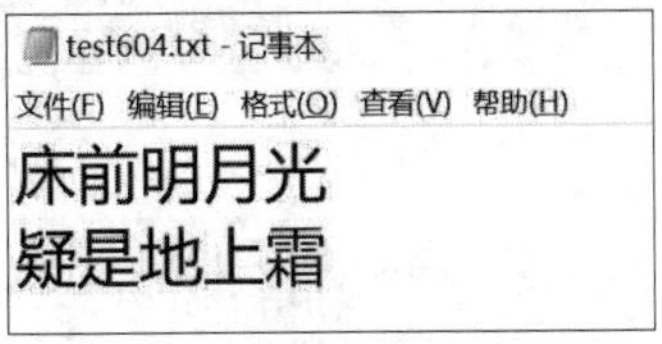

程序说明：通过查看当前文件夹，手动打开新创建的文件，检验程序是否成功运行，也可以使用读取文件的方法，读取刚创建的文件，使用 print()函数输出文件内容来确认。

图 6-2 运行后创建的文件

2. writelines()方法

【例 6.9】 利用 writelines()函数在“a+”模式下向文本文件 test604.txt 末尾追加新的内容。

```
with open("test604.txt","a+",encoding="UTF-8") as fd:
    fd.seek(0,1)                        #定位文件指针当前位置
    lines = ["举头望明月\n","低头思故乡\n"]
    fd.writelines(lines)                #将列表中的每个元素写入文件
    fd.seek(0,0)                        #定位文件指针到文件的开始处
    print(fd.read())
```

程序运行结果：

```
床前明月光
疑是地上霜
举头望明月
低头思故乡
```

程序说明：

（1）使用追加写入“a”模式打开文件，所以 writelines()函数将 lines 列表写入文件时是从文件末尾处开始写入的。

（2）当 writelines()函数写入文件完毕后，文件指针已经到了文件的末尾，此时如果直接读取文件内容，则无内容可以读出。因此要先利用 fd.seek(0,0)将文件指针定位到文件开头，再利用 fd.read()函数进行读取操作。

（3）“a”是“追加写入”，带上“+”后会在“追加写入”功能的基础上增加“读”的功能，没有“+”号时不能同时读取文件。特别提醒，要想同时使用读、写函数，在打开文件时必须带上“+”号。

（4）在使用 writelines()函数将列表写入文件时，如果希望列表中每个元素成为文件中单独的一行，就需要在每个元素末尾手工添加“\n”字符，以表示一行的结束。

【例 6.10】 根据提示，分别输入源文件和目标文件的文件名(包括完整路径)，实现文件复制功能。

```
srcfile = input("请输入源文件名：")
dstfile = input("请输入目标文件名：")
fd1 = open(srcfile,"r",encoding="UTF-8") #按文本文件只读模式打开文件
fd2 = open(dstfile,"w",encoding="UTF-8") #按文本文件覆盖写模式打开文件
fd2.write(fd1.read())                    #利用 read()、write()实现文件复制功能
```

程序运行结果(输入)：

```
请输入源文件名：c://mypy//myfiles//test604.txt
请输入目标文件名：c://mytmp//mytest604.txt
```

程序说明：

（1）本例中采用“r”模式打开源文件，“w”模式打开目标文件，这种情况下针对同一个文件不能同时“读写”，如果要想实现同时读写的功能可以加上“+”，即“r+”“w+”。

（2）源文件和目标文件采用相同的编码，UTF-8 编码。

6.2 CSV 文件的读写

CSV(Comma-Separated Values)文件，是以纯文本形式存储表格数据。记录之间以逗号或换行符分隔。每行中各字段之间通常采用逗号分隔。因其格式简单、清晰，大多数

数据库或 Excel 表格文件都支持 CSV，所以 CSV 格式文件经常被用于数据文件的输入/输出格式，也可用于不同系统间交换数据时的中间格式文件。

6.2.1 读取 CSV 格式文件

CSV 格式文件是文本文档，因此对文本进行读写的方法都适用于 CSV 格式文件的数据处理。读取 CSV 格式文件一般可以分为两种方法。

第一种是把 CSV 格式文件当作普遍文本文件，不需要额外的模块和限制，CSV 格式的文件，其数据基本上都是由行和列构成的二维数据，可以使用列表嵌套的方法对其进行处理。

第二种是引入 CSV 模块，调用该模块中的函数对文件进行操作。

1. 使用文本文件读写方法读取 CSV 文件

【例 6.11】 输出 CSV 格式文件 test605.csv 的前 n 行内容，其中，n 是键盘输入的正整数。

【分析】 本例中 test605.csv 是用 Windows 10 中 WPS 软件导出的 CSV 格式文件，前文提到过中文版 Windows 的默认编码是 cp936 也就是 GBK 编码，所以打开该文件时指定 encoding="GBK"。

```
n = input("请输入要读取几行内容：")                        #输入要读取的行数
with open("test605.csv","r",encoding="GBK") as fd:     #采用 GBK 编码
    for i in range(int(n)):                            #循环输出文件前 n 行内容
        print(fd.readline().strip())
```

程序运行结果：

```
请输入要读取几行内容：6
序号,教师姓名,主讲课程, 学分,学时,学期,班数,总学时
1,刘海粟,中外教育史,3,48,春,3,144
2,刘海粟,人文社会科学基础 ,3,48,秋,3,144
3,王雪莲,教育政策法规,2,32,春,4,128
4,王雪莲,课程与教学论,2,32,秋,4,128
5,赵平均,大学计算机基础,2,32,秋,7,224
```

程序说明：

(1) 输入 6，则读取了 test605.csv 文件的前 6 行内容，从输出结果直接观察到 CSV 格式文件的特点。

(2) 本例使用 GBK 编码，使用记事本查看时编码为 ANSI。由于用途更广的是 UTF-8 编码，因此也可以将 CSV 文件另存为 UTF-8 编码，程序中也使用 UTF-8 编码方式，保持一致。

(3) 为了输出时不会输出多余的空行，通过字符串的 strip()方法，剔除每行文本两侧

的回车换行符。

【例 6.12】 test605.csv 文件中存放了某系教师某学年中主讲课程的情况，包括每门课程的名称、学分、学时、班数及总学时等情况，如上例输出结果所示。现要求如下。

（1）计算每位教师全年工作量，并按工作量从高到低输出教师姓名及其总工作量。

（2）输出该学年的开课门数、每门课程的名称及主讲教师姓名。

【分析】

（1）使用字典来存储和处理每位教师的课时量。

（2）通过列表排序进行工作量从高到低的输出。

```
with open("test605.csv","r",encoding="GBK") as fd:  #打开文件
    teach_ls = [ line.strip().split(',') for line in fd ]
                                        #利用列表推导式读取存入列表
teach_dict = {}                         #初始化"教师姓名：课时"字典
for item in teach_ls[1:]:               #从索引为 1 开始，将教师姓名和总课时存入字典
    teach_dict[item[1]] = str(int(teach_dict.get(item[1],0))+int(item[-1]))
#利用字典的 get()函数完成课时累加
teach_paixu = list(teach_dict.items())  #将字典转换为列表
teach_paixu.sort(key=lambda x:int(x[1]),reverse=True)
                                        #按列表索引为 1 的字段排序
for teach in teach_paixu:
    print("{}老师的总工作量为：{}课时".format(teach[0],teach[1]))
course_dict = {}                        #初始化"课程：教师姓名"字典
for item in teach_ls[1:]:               #将课程及对应的主讲教师存入字典
    if item[2] not in course_dict:
        course_dict[item[2]] = item[1]
    else:
        course_dict[item[2]] = course_dict[item[2]]+'、'+item[1]#用"、"隔开
print("本学年共开设{}门课程。".format(len(course_dict.keys())))#开设的总课程数
for course,teacher in course_dict.items():
    print("《{}》课程主讲教师为：{}".format(course,teacher))
```

程序运行结果：

```
赵平均老师的总工作量为：512 课时
赵海明老师的总工作量为：336 课时
刘海粟老师的总工作量为：288 课时
王雪莲老师的总工作量为：256 课时
东方林老师的总工作量为：224 课时
杜毅老师的总工作量为：224 课时
刘瑾梅老师的总工作量为：192 课时
钱枫老师的总工作量为：160 课时
王君耀老师的总工作量为：160 课时
```

```
刘明康老师的总工作量为：160 课时
本学年共开设 19门课程。
《中外教育史》课程主讲教师为：刘海粟
《人文社会科学基础》课程主讲教师为：刘海粟
《教育政策法规》课程主讲教师为：王雪莲
《课程与教学论》课程主讲教师为：王雪莲
《大学计算机基础》课程主讲教师为：赵平均、赵海明
《Access 数据库应用》课程主讲教师为：赵平均
《多媒体技术及应用》课程主讲教师为：赵海明
《教学媒体理论与应用》课程主讲教师为：钱枫
《人工智能》课程主讲教师为：钱枫
《数据结构与算法》课程主讲教师为：刘瑾梅
《Python 程序设计》课程主讲教师为：刘瑾梅
《软件工程》课程主讲教师为：东方林
《创意编程实践》课程主讲教师为：东方林
《现代教育技术》课程主讲教师为：杜毅
《信息化教学设计》课程主讲教师为：杜毅
《地球与空间科学》课程主讲教师为：王君耀
《环境科学概论》课程主讲教师为：王君耀
《科学技术史》课程主讲教师为：刘明康
《STEAM 与创客教育》课程主讲教师为：刘明康
```

程序说明：

(1) 采用列表推导式 CSV 文件内容，按行读取，存入列表中。此处的列表 teach_ls 是一个嵌套列表，每次处理时，首先将每行文本利用 strip()函数去掉该行首尾的空白字符，再用 split(‘,’)函数，以逗号为分隔符将该行的每个字段分开。

第二行列表推导式的代码，与以下代码等价。

```
teach_ls =[]
for line in fd:
    ls=line.strip().split(',')      #每行以逗号分隔生成的列表
    teach_ls.append(ls)             #ls 作为列表元素，添加到 teach_ls 列表
```

可以看到，ls 作为每行处理后的列表，又作为列表元素加到了列表 teach_ls 中，因此 teach_ls 是嵌套列表，teach_ls 的部分内容(前 3 个元素)为：

```
[['序号', '教师姓名', '主讲课程', '学分', '学时', '学期', '班数', '总学时'], ['1',
  '刘海粟', '中外教育史', '3', '48', '春', '3', '144'], ['2', '刘海粟', '人文社会科
  学基础 ', '3', '48', '秋', '3', '144']]
```

(2) 初始化“教师姓名：课时”字典 teach_dict 变量，用于存储所有教师的姓名及课时。

(3) 第 4 行中 teach_ls[1:]功能是跳过第 0 个元素，从第 1 个元素开始至结尾，因为

第 0 个元素存放的是 CSV 文件的字段名，而不是具体教师数据，所以要跳过该元素。

(4) 第 5 行利用字典的 get()方法完成教师课时累加，语句 teach_dict.get(item[1], 0)中，item[1]是教师姓名字段，将其作为字典的 key，如果该 key 不存在则用默认值 0 作为返回值，否则直接返回其 value 值。item[-1]是总课时字段，也就是需要累加的值，但是其存储为字符串类型，所以需要用 int()函数进行类型转换后累加，最后再利用 str()函数转换回字符串。

(5) 第 6 行代码将“教师：课时”字典 teach_dict 转换为列表，为列表排序做准备。

(6) 第 7 行代码利用列表的 sort()函数来排序，而且可以指定排序的关键字，此处利用了 lambda 函数实现按照每个“元素”(该元素本身为元组)中的第 1 个字段排序，否则默认按第 0 个字段排序；另外，根据题意采用了 reverse 参数进行逆向排序。此处 sort()函数与 lambda 函数相结合进而实现了按指定字段排序的方法，需要加深理解与掌握。

(7) 第 8、9 行根据题意按教学工作量(总课时)从高到低输出每位教师的姓名、课时数。

(8)第 10 行初始化“课程：教师姓名”字典 course_dict。

(9)第 11～15 行再次利用字典来实现统计，此处统计的内容换成课程名称及对应的主讲教师姓名，同一门课程有多位教师的情况下，教师之间用“、”分隔。

(10)第 16、17 行根据题意输出开课门数及每门课程主讲教师姓名。

2. 调用 csv 模块读取 CSV 文件

针对 CSV 格式文件，Python 提供了特定的 CSV 模块来处理。

csv 模块中的读函数 reader()格式如下。

```
csv.reader(fd)
```

其中，fd 为文件描述符，返回 CSV 文件对象，以行为单位迭代。

【例 6.13】 利用 CSV 模块读取文件 test605.csv。

【分析】 使用 CSV 模块，首先要导入 CSV 库，通过 reader()函数读取文件内容，利用循环遍历输出文件每行的内容。

```
import csv                      #引入 csv 模块
with open("test605.csv","r",encoding="GBK",newline='') as fd:
                                #采用 GBK 编码打开文件
    fd_csv = csv.reader(fd)     #利用 csv.reader()函数将文件内容存为列表
    for row in fd_csv:          #循环输出文件每行内容
        print(row)
```

运行结果：

```
['序号', '教师姓名', '主讲课程', ' 学分', '学时', '学期', '班数', '总学时']
['1', '刘海粟', '中外教育史', '3', '48', '春', '3', '144']
```

```
['2', '刘海粟', '人文社会科学基础 ', '3', '48', '秋', '3', '144']
['3', '王雪莲', '教育政策法规', '2', '32', '春', '4', '128']
['4', '王雪莲', '课程与教学论', '2', '32', '秋', '4', '128']
['5', '赵平均', '大学计算机基础', '2', '32', '秋', '7', '224']
['6', '赵平均', 'Access 数据库应用', '3', '48', '春', '6', '288']
['7', '赵海明', '大学计算机基础', '2', '32', '秋', '6', '192']
['8', '赵海明', '多媒体技术及应用', '3', '48', '春', '3', '144']
['9', '钱枫', '教学媒体理论与应用', '2', '32', '春', '3', '96']
['10', '钱枫', '人工智能', '2', '32', '秋', '2', '64']
['11', '刘瑾梅', '数据结构与算法', '3', '48', '秋', '2', '96']
['12', '刘瑾梅', 'Python 程序设计', '3', '48', '春', '2', '96']
['13', '东方林', '软件工程', '3', '48', '秋', '2', '96']
['14', '东方林', '创意编程实践', '2', '32', '春', '4', '128']
['15', '杜毅', '现代教育技术', '2', '32', '秋', '3', '96']
['16', '杜毅', '信息化教学设计', '2', '32', '春', '4', '128']
['17', '王君耀', '地球与空间科学', '3', '48', '秋', '2', '96']
['18', '王君耀', '环境科学概论', '2', '32', '春', '2', '64']
['19', '刘明康', '科学技术史', '2', '32', '秋', '2', '64']
['20', '刘明康', 'STEAM 与创客教育', '3', '48', '春', '2', '96']
```

程序说明：

(1) 使用 csv 模块进行文件读写，打开文件时应该指定 newline='',如果没有指定，则嵌入引号中的换行符将无法正确解析，并且在写入时，使用\r\n 换行的平台会有多余的\r 写入。由于 csv 模块会执行自己的换行符处理，因此指定 newline=''是安全的。

(2) csv 模块中的 reader()函数用来处理打开文件对象，形成一个可迭代的对象 fd_csv，实际上就是一个嵌套列表。

(3) 循环输出列表 fd_csv 中的每一个元素，即文件中的每一行，可以看出每个元素也是一个列表。

6.2.2 写入 CSV 格式文件

1. 按照文本文件写入 CSV

【例 6.14】 写入 CSV 格式文件，其内容是唐宋八大家的姓名、朝代、代表作，要求如下。

(1) 不采用 CSV 模块。

(2) 表头(第 1 行)内容为：姓名，朝代，代表作。

(3) 每位“大家”信息独占一行，字段之间用逗号隔开。

(4) 采用 UTF-8 编码。

(5) 文件名及路径由键盘输入。

【分析】

(1) 使用写文本文件的操作方法,构建列表,将写入的内容按行存放到列表中。

(2) 通过 writelines()方法写入文件。

(3) 通过读取文件查看输出结果的方式,验证写入文件的正确性。

```
csvfile = input("请输入要创建的文件名,注意要以.csv结尾: ") #键盘输入文件名及路径
with open(csvfile,"w+",encoding="UTF-8") as fd:          #采用UTF-8编码
    title = "姓名,朝代,代表作\n"                          #CSV文件格式设置表头
    hanyu = "韩愈,唐,《师说》\n"                          #信息用逗号隔开"\n"结尾
    liuzongyuan = "柳宗元,唐,《黔之驴》\n"
    ouyangxiu = "欧阳修,宋,《醉翁亭记》\n"
    suxun = "苏洵,宋,《六国论》\n"
    sushi = "苏轼,宋,《赤壁赋》\n"
    suzhe = "苏辙,宋,《春秋集解》\n"
    wanganshi = "王安石,宋,《伤仲永》\n"
    zenggong = "曾巩,宋,《元丰类稿》\n"
    #构造列表
     content  = [title, hanyu, liuzongyuan, ouyangxiu, suxun, sushi, suzhe,
wanganshi,zenggong]
    fd.writelines(content)                               #写入列表至文件
    fd.seek(0,0)                                         #定位到文件头
    print(fd.read())                                     #输出文件内容
```

程序运行结果:

```
请输入要创建的文件名,注意要以.csv结尾: c://mypy//myfiles//test606w.csv
姓名,朝代,代表作
韩愈,唐,《师说》
柳宗元,唐,《黔之驴》
欧阳修,宋,《醉翁亭记》
苏洵,宋,《六国论》
苏轼,宋,《赤壁赋》
苏辙,宋,《春秋集解》
王安石,宋,《伤仲永》
曾巩,宋,《元丰类稿》
```

程序说明:

(1) 采用 UTF-8 编码,"w+"覆盖写模式打开文件,由于要读取文件,所以需要同时具备读功能。

(2) 定义表头字符串,即文件中的第一行。各字段间用逗号分隔,注意使用英文状态下的半角逗号,以"\n"作为结尾。

(3) 定义唐宋八大家的个人信息,每行的各字段间用逗号分隔,且用"\n"作为结尾。

(4) 构建名为"content"的列表,把要写入的各行信息作为列表元素,为一次性写入文

件做准备。

(5) 利用 writelines()将列表一次性写入文件,相当于一次写入了多行。

(6) 将文件指针定位到文件头,通过 read()一次性读取全部内容,观察输出结果,查看文件内容是否有误。从输出结果看,符合预期。

2. 使用 csv 模块写入 CSV 文件

使用 csv 模块实现文件的写入,需要使用写函数 writer(),返回 writer 对象,格式如下。

```
csv.writer(fd)
```

需要配合使用 writerow()和 writerows()两个函数完成写入操作。

writerow()写入一行,格式如下。

```
csvwriter.writerow(row)
```

将 row 写入文件,用于单行的写入,如果多行要与循环配合使用。

writerows()写入多行,格式如下。

```
csvwriter.writerows(rows)
```

rows 可以存放嵌套列表,同时将多行写入文件。

【例 6.15】 调用 csv 模块中的相关函数写入文件,其内容是唐宋八大家姓名、生卒年、最高官职,要求如下。

(1) 利用 csv 模块中函数实现写入文件。

(2) 表头(第 1 行)内容为:姓名,生卒年,最高官职。

(3) 每位“大家”信息独占一行,字段之间用逗号隔开。

(4) 采用 UTF-8 编码。

(5) 文件名及路径由键盘输入。

【分析】

(1) 调用 csv 模块,使用 writer()函数。

(2) 构建表头数据列表,通过 writerow()函数写入文件。

(3) 构建唐宋八大家每人的信息列表,并将其组成嵌套的列表,通过 writerows()函数同时写入多行。

(4) 通过读取文件并输出,查看文件的正确性。

```
import csv                                                    #引入 csv 模块
csvfile=input("请输入要创建的文件名,注意要以.csv 结尾:")        #输入要创建的文件名
with open(csvfile,"w+",encoding="UTF-8",newline="") as fd:   #采用 UTF-8 编码,
newline=""去掉多余的回车符'\r'
    header=["姓名","生卒年","最高官职"]        #设置 CSV 格式文件的表头字段
```

```
#第 5~12 行将每位“大家”的信息组织为列表
        hanyu=["韩愈","768-824","京兆尹(正部级)"]
    liuzongyuan=["柳宗元","773-819","柳州刺史(地级)"]
    ouyangxiu=["欧阳修","1007-1072","参知政事(副宰相)"]
    suxun=["苏洵","1009-1066","校书郎(科级)"]
    sushi=["苏轼","1037-1101","翰林学士(正三品、副部级)"]
    suzhe=["苏辙","1039-1112","门下侍郎(副宰相)"]
    wanganshi=["王安石","1021-1086","同中书门下平章事(宰相)"]
    zenggong=["曾巩","1019-1083","中枢舍人(厅级)"]
    content=[hanyu,liuzongyuan,ouyangxiu,suxun,sushi,suzhe,wanganshi,zenggong]
    fd_csv=csv.writer(fd)          #利用 writer()函数处理行序列,为写入做准备
    fd_csv.writerow(header)        #调用 writerow()函数写入表头字段
    fd_csv.writerows(content)      #调用 writerows()函数写入内容列表
    fd.seek(0,0)                   #定位到文件头
    print(fd.read())               #输出刚写入的文件内容
```

程序运行结果:

```
请输入要创建的文件名,注意要以.csv 结尾:c:/mypy/myfiles/test607.csv
姓名,生卒年,最高官职
韩愈,768-824,京兆尹(正部级)
柳宗元,773-819,柳州刺史(地级)
欧阳修,1007-1072,参知政事(副宰相)
苏洵,1009-1066,校书郎(科级)
苏轼,1037-1101,翰林学士(正三品、副部级)
苏辙,1039-1112,门下侍郎(副宰相)
王安石,1021-1086,同中书门下平章事(宰相)
曾巩,1019-1083,中枢舍人(厅级)
```

程序说明:

(1) open()函数中指定 newline="",以确保不会写入多余的“\r”字符。

(2) writerow()函数写入表头字段(写入 1 行),其参数为列表或元组。

(3) writerows()函数写入多行内容,其参数为列表且每一个元素是符合 CSV 格式的一行内容。

6.3 JSON 格式与序列化

在跨系统、跨网络交换数据时,通常需要把数据转换为字符串或字节串,而且需要规定统一的数据格式,以便让接收端能正确解析并理解这些数据的含义。因此,统一的数据交换格式成为重要的需求目标之一。JSON(JavaScript Object Notation)正是在这种背景下应运而生。JSON 采用完全独立于语言的文本格式,采用了流行编程语言(C、C++、

Java、JavaScript、Perl、Python 等)的编写规范,既易于人的阅读与编写,也易于计算机系统的解析与生成,这就使得 JSON 成为理想的数据交换格式,进而使得 JSON 格式成为序列化的目标之一。

序列化(serialization)是将对象(如 Python 变量或常量)转换为可通过网络传输或可以存储到本地磁盘的数据格式(如 XML、JSON 或特定格式的字节串)的过程;反之,则称为反序列化。序列化的目的是方便数据存储与交换、屏蔽不同系统间的差异,比如在 Windows 系统上创建的对象,经过序列化后通过网络传输到一台 Linux 机器上,可以在这台 Linux 机器上准确地重新“组装”,而无须考虑数据在不同系统上如何表示,也无须考虑字节顺序或者其他细节。

序列化后的目标决定其最终的格式。可以将序列化目标分为两类:一类是特定格式的字符串(如 JSON 格式字符串或其他特定格式字符串),另一类是特定格式的文件(如 JSON 格式文件、XML 格式文件或其他特定格式文件等)。

6.3.1 JSON 格式字符串的序列化

通过序列化可以将 Python 数据类型对象转换为 JSON 格式字符串或文件,为数据存储与交换提供了极大的便利,从而省掉了额外的处理过程,使得用户只需关心数据本身而无须关心格式的转换问题。

JSON 模块中序列化与反序列化的过程分别叫作:encoding 和 decoding,该模块中提供了相应函数来实现序列化与反序列化功能,如表 6-5 所示。

表 6-5 JSON 模块常用函数

函数	功能
json.dumps(obj)	obj 为 Python 内置数据类型(变量或常量),将 obj 转换为 JSON 格式字符串(即将对象序列化为字符串)
json.loads(jsonstring)	jsonstring 为 JSON 格式字符串,将 jsonstring 格式字符串转换为 Python 对象(即字符串反序列化为对象)
json.dump(obj,fd[,…])	obj 为 python 内置数据类型(变量或常量),fd 为文件描述符,将 Python 对象转换成 JSON 字符串并存储到文件中(即将对象序列化为文件)
json.load(fd[,…])	fd 为文件描述符,读取指定文件中的 JSON 字符串并转换成 Python 对象(即将文件反序列化为对象)

JSON 字符串的序列化使用 dumps()函数,格式如下。

```
json.dumps(obj)
```

参数 obj 为 Python 数据类型,结果返回 JSON 格式字符串。

反序列化使用 loads()函数,格式如下。

```
json.loads(jsonstring)
```

参数 jsonstring 为 JSON 格式字符串，结果返回 Python 对象。

将 Python 对象(内置数据类型)转换成 JSON 格式字符串(序列化操作)。示例如下。

```
>>> import json                    #引入 JSON 模块
>>> json.dumps("hello Python")  #将字符串常量转换为 JSON 格式字符串
'"hello Python"'                   #在双引号外还有一对单引号
>>> s = json.dumps('hello')       #将字符串常量转换为 JSON 格式字符串后赋给变量 s
>>> print(s)
"hello"
>>> type(s)                        #s 的类型为字符串
<class 'str'>
>>> json.dumps(123.76)             #将浮点数转换为 JSON 格式字符串
'123.76'
>>> json.dumps([1,2,3])            #将列表转换为 JSON 格式字符串
'[1, 2, 3]'                        #注意最外层有单引号
>>> d = json.dumps({'A':'90-100','B':'80-89','C':'70-79','D':'60-69','E':'0
-59'})                             #将字典转换为 JSON 格式字符串
>>> type(d)                        #序列化后的结果都是 JSON 格式字符串
<class 'str'>
>>> print(d)       #用 print()函数输出字符串时,字符串的最外层的引号不输出
{"A": "90-100", "B": "80-89", "C": "70-79", "D": "60-69", "E": "0-59"}
>>> dic1 = {'第 1 名':'状元','第 2 名':'榜眼','第 3 名':'探花'}  #含有汉字的字典
>>> json.dumps(dic1)                 #汉字直接序列化后变为 unicode 编码输出
'{"\\u7b2c1\\u540d": "\\u72b6\\u5143", "\\u7b2c2\\u540d": "\\u699c\\u773c", "\\
u7b2c3\\u540d": \\u63a2\\u82b1"}'
>>> json.dumps(dic1,ensure_ascii=False)   #设置 ensure_ascii=False,可输出
                                          #非 ASCII 字符
'{"第 1 名": "状元", "第 2 名": "榜眼", "第 3 名": "探花"}'
```

众多的 Python 数据类型可以序列化为 JSON 格式字符串，注意序列化后都是字符串。ensure_ascii 参数的默认值为 True 时，输出中的所有非 ASCII 字符(如汉字)都会被转义成'\uXXXX'组成的序列，得到的结果是一个完全由 ASCII 字符组成的字符串。将其设置为 False，则可以输出非 ASCII 字符，保证正常显示中文。

将 JSON 格式字符串转换成 Python 对象(反序列化操作)。示例如下。

```
>>> import json                                          #引入 JSON 模块
>>>dic = {"诗仙":"李白","诗圣":"杜甫","诗魔":"白居易"}  #定义字典变量 dic
>>> json.dumps(dic,ensure_ascii=False)                 #将字典变量序列化为 JSON 字符串
'{"诗仙": "李白", "诗圣": "杜甫", "诗魔": "白居易"}' #最外层的单引号代表为字符串
>>> dic_json_str = json.dumps(dic,ensure_ascii=False)
#将字典变量序列化为 JSON 字符串赋给 dic_json_str
>>> dic_new = json.loads(dic_json_str)       #将 JSON 格式字符串变量 dic_json_str
                                             #反序列化
```

```
>>> print(dic_new)
{'诗仙': '李白', '诗圣': '杜甫', '诗魔': '白居易'}
>>> dic == dic_new                        #比较原变量与反序列化后的变量是否相同
True                                      #比较结果相同
>>> ls = [{"李白":"静夜思"},{"杜甫":"春夜喜雨"},{"白居易":"长恨歌"}]
                                          #定义列表 ls
>>> json.dumps(ls,ensure_ascii=False)          #将列表变量序列化为 JSON 字符串
'[{"李白": "静夜思"}, {"杜甫": "春夜喜雨"}, {"白居易": "长恨歌"}]'
                                          #注意最外层的单引号代表为字符串
>>> ls_new = json.loads(ls_json_str)  #将列表变量序列化为 JSON 字符串赋给 ls_new
>>> print(ls_new)
[{'李白': '静夜思'}, {'杜甫': '春夜喜雨'}, {'白居易': '长恨歌'}]
>>> ls == ls_new                          #比较原变量与反序列化后的变量是否相同
True                                      #比较结果相同
>>> t = (1,2,3)                           #定义元组变量
>>> t_json_str = json.dumps(t)            #将元组序列化并赋给变量 t_json_str
>>> t_json_str                            #查看变量 t_json_str 的内容,注意结果为单引
                                          #号引起来的列表
'[1, 2, 3]'
>>> t_new = json.loads(t_json_str)        #将变量 t_json_str 反序列化后赋给变量 t_new
>>> t_new                                 #查看变量 t_new 的内容,注意结果为列表
[1, 2, 3]
>>> t == t_new                            #比较原变量与反序列化后的变量是否相同
False                                     #不同!
```

注意：元组变量序列化后变为引号引起来的列表,经过反序列化后与原变量不同。

6.3.2 JSON 文件的序列化

序列化为 JSON 格式文件,即将对象序列化后存储到文件中。实际上就是把 JSON 格式的字符串写入到文件中。为了简化操作,JSON 模块提供了 dump()函数来实现序列化到文件。load()函数实现从 JSON 格式文件反序列化到 Python 对象。

JSON 文件的序列化使用 dump()函数,格式如下。

```
json.dump(obj,fd[,…])
```

参数 obj 为 Python 数据类型,fd 为文件描述符,表示将 obj 序列化后存入文件。

JSON 文件反序列化使用 load()函数,格式如下。

```
json.load(fd)
```

参数 fd 为文件描述符,结果返回反序列化后的 Python 对象。

【例 6.16】 将数据{'诗仙': '李白', '诗圣': '杜甫', '诗魔': '白居易'}序列化到文件。

【分析】

(1) 导入 json 模块,使用 dump()函数进行 JSON 文件序列化。

(2) 通过 load 从 JSON 文件进行反序列化操作,输出内容,检验正确性。

```
import json
dic = {"诗仙":"李白","诗圣":"杜甫","诗魔":"白居易"}
with open("test608w.json","w+") as fd:
    json.dump(dic,fd)             #序列化到文件,fd 为文件描述符
    fd.seek(0,0)                  #重新定位到文件头
    dic_new = json.load(fd)       #反序列化到对象 dic_new
    print(dic_new)                #输出反序列化后变量的内容
```

程序运行结果:

```
{'诗仙': '李白', '诗圣': '杜甫', '诗魔': '白居易'}
```

程序说明:

(1) json.dump()函数与 json.dumps()函数相比,函数名少了 1 个“s”,参数多了 1 个文件描述符,功能上增加了将序列化后的字符串写入到描述符所指示的文件中。

(2) json.load()函数与 json.loads()函数相比,同样少了 1 个“s”,参数从字符串改为文件描述符,将序列化字符串从文件读出并反序列化为 Python 对象。

6.4 os 模块

Python 中的 os 模块提供了操作文件目录的基本方法,为方便访问文件系统提供了必要的支持。下面对 os 模块中与文件目录相关的常用函数进行介绍,参见表 6-6。

表 6-6 os 模块常用函数

函数	功能
os.mkdir('directory')	按照指定的名称创建一个目录,该目录应该不存在,否则报错
os.makedirs('dir1/dir2')	按照指定的名称创建多级目录,最内层的目录 dir2 应该不存在,否则报错
os.rename('oldname','newname')	可以将文件或目录改名
os.rmdir('directory')	删除空目录,'directory'应该是空目录
os.getcwd()	返回当前工作目录
os.listdir(['directory'])	列出指定目录下的文件目录清单,如果不指定目录,则列出当前工作目录下的文件目录清单
os.path.exists('path')	判断指定路径是否存在

续表

函　　数	功　　能
os.path.isdir('path')	判断指定路径是否是一个目录
os.path.isfile('path')	判断指定路径是否是一个文件
os.path.basename('path')	返回指定路径中的文件名
os.path.dirname('path')	返回指定路径中的目录名
os.path.split('path')	分隔指定路径中的目录名与文件名，即返回一个由两个元素组成的元组，其元素是指定路径中的目录名和文件名

【例 6.17】 使用 os 模块常用函数进行文件目录操作。

```
import os
if not os.path.exists("c:\\mytemp3"):                          #判断指定的路径是否存在
    os.mkdir("c:\\mytemp3")                                    #创建单个目录
os.makedirs("c:\\mytemp3\\d1\\d2")                             #创建多级目录
os.rename("c:\\mytemp3\\d1\\d2","c:\\mytemp3\\d1\\d11") #目录改名
print(os.getcwd())                                             #返回当前工作目录
os.chdir("c:\\mytemp3\\d1")                                    #改变当前工作目录
print(os.listdir())                         #以列表形式返回当前工作目录下的文件目录清单
print(os.environ.get('PATH'))               #返回系统中的环境变量 PATH 的值
print(os.path.basename("c:\\mytemp3\\file11.txt"))  #返回文件名 file11.txt
print(os.path.dirname("c:\\mytemp3\\file11.txt"))   #返回目录名 c://mytemp3
print(os.path.split("c:\\mytemp3\\file11.txt"))     #以元组形式返回
```

程序运行结果：

```
C:\mypy\ch8
['d11']
C:\Program Files (x86)\Intel\iCLS Client\;C:\Program Files\Intel\iCLS
Client\;C:\WINDOWS\system32;C:\WINDOWS;C:\WINDOWS\System32\Wbem;C:\WINDOWS\
System3 2\WindowsPowerShell\v1.0\;C:\Program Files (x86)\Intel\Intel(R)
Management Engine Components\DAL;C:\Program Files\Intel\Intel(R) Management
Engine Components\DAL;C:\Program Files (x86)\Intel\Intel(R) Management Engine
Components\IPT;C:\Program Files\Intel\Intel(R) Management Engine Components\
IPT;C:\Program Files\Intel\WiFi\bin\;C:\Program Files\Common Files\Intel\
WirelessCommon\;C:\WINDOWS\System32\OpenSSH\;C:\Users\maste\AppData\Local\
Microsof t\WindowsApps;;C:\Program Files\JetBrains\PyCharm Community Edition
2021.2.3\bin;
file11.txt
c://mytemp3
('c://mytemp3', 'file11.txt')
```

程序说明：上面程序第 1 次执行时可以正确执行，但第 2 次及以后执行时会报错，请

根据提示信息对本程序进行修改,使得可以多次执行且不报错。可以利用 os.path.exists()、os.path.isdir()来进行必要的判断。

os 模块除了上面描述的功能外还有运行 shell 命令的函数 os.system(),如果在 Windows 系统中可以尝试执行 os.system(cmd),其中 cmd 是要运行的命令。

6.5 本章小结

本章讲述了 Python 语言如何操作文本文件的基本方法,对数据持久化、序列化问题进行简要讨论。对于文件的读写操作,需要深刻理解以下三点。

(1) 文件的打开模式:r、w、a、x、+、b 等功能。

(2) 文件位置指针相关函数 fseek()、ftell()的功能。

(3) 字符编码对文件的影响,能正确使用 encoding 参数值 UTF-8、GBK 等。

CSV 格式文件格式简单、特点突出、操作方便,在处理文件时有两种方法:第一种是完全当作普通文本文件来看待,自己处理逗号分隔问题,通常先将其转换为列表,然后再进行后续操作。第二种是可以利用 csv 模块中提供的函数来完成文件的读写。

序列化是为了屏蔽不同系统间的差异、方便数据存储与交换的目的而产生的。序列化的本质是将对象转换为特定格式的字符串,如果把该序列化字符串存储到文件中,就称之为序列化文件。JSON 格式文件是序列化的重要目标之一。

os 模块提供了许多与文件目录相关的函数,可以更加方便地操作文件系统。

6.6 上机实验

【实验 6.1】 普通文件实验:矩阵 ***A*** 是 2 行 3 列,矩阵 ***B*** 是 3 行 2 列,计算 ***A*** * ***B*** 得到矩阵 ***C***。要求如下。

(1) 键盘输入矩阵 ***A***、***B*** 中元素值,各元素值之间用空格隔开,每行元素用换行符结束;将矩阵 ***A***、***B*** 分别存入文件 shi-01-A.txt、shi-02-B.txt 中,同样是各元素间空格隔开,每行元素用换行符结束。(要求矩阵中各元素值均为整数。)

(2) 计算 ***A*** * ***B*** 得到矩阵 ***C***,并将矩阵 ***C*** 写入文件 shi-01-C.txt,其中各元素间空格隔开,每行元素用换行符结束。

(3) 从文件 shi-01-C.txt 中将矩阵 ***C*** 读出,并显示在屏幕上。

1. 实验目的。

(1) 巩固文本文件的读取与写入方法。

(2) 加深对文件的格式理解。

2. 实验步骤。

(1) 键盘输入矩阵 ***A*** 中元素值,存入文件 shi-01-A.txt 中。

(2) 键盘输入矩阵 ***B*** 中元素值,存入文件 shi-01-B.txt 中。

(3) 计算 $\boldsymbol{A} * \boldsymbol{B}$ 得到矩阵 $\boldsymbol{C}$，并将矩阵 $\boldsymbol{C}$ 写入文件 shi-01-C.txt 中。

(4) 从文件 shi-01-C.txt 中将矩阵 $\boldsymbol{C}$ 读出，并显示在屏幕上。

3. 提示。

(1) 处理元素间分隔符可用 split()函数。

(2) 注意输入数据时要进行类型转换。

4. 扩展。

(1) 矩阵的行列数由键盘输入。

(2) 判断两个矩阵是否满足相乘条件。

【实验 6.2】 CSV 格式文件实验。文件 shi-02-yuangong.csv 中存放的是员工号和应发工资金额，现要求根据如下的个税计算公式，计算每位员工的纳税金额、实发工资，并将员工号、应发工资、纳税金额、实发工资写入文件 shi-02-gongzi.csv 中。

个税计算公式：

(1) 应纳税所得额＝应发工资金额－起征点(5000 元)

(2) 纳税金额＝应纳税所得额×税率 －速算扣除数

税率及速算扣除数如表 6-7 所示。

表 6-7 税率及速算扣除数

应纳税所得额	税率	速算扣除数/元
不超过 3000 元的	3%	0
超过 3000 元至 12 000 元的部分	10%	210
超过 12 000 元至 25 000 元的部分	20%	1410
超过 25 000 元至 35 000 元的部分	25%	2660
超过 35 000 元至 55 000 元的部分	30%	4410
超过 55 000 元至 80 000 元的部分	35%	7160
超过 80 000 元的部分	45%	15 160

1. 实验目的。

(1) 巩固 CSV 文件的读取方法。

(2) 巩固 CSV 文件的写入方法。

(3) 提高面向实际应用问题的处理能力。

2. 实验步骤。

(1) 读取文件 shi-02-yuangong.csv 中的员工号和应发工资金额到变量中。

(2) 正确写出表示纳税金额的计算公式。

(3) 将计算好的员工号、应发工资、纳税金额、实发工资写入文件 shi-02-gongzi.csv 中。

3. 提示。

(1) 既可以引入 CSV 模块来操作文件中的内容，也可以采用 split()函数来处理元素间分隔符问题。

（2）发放金额应保留两位小数。

4. 扩展。

“五险一金”不纳税应考虑其减免问题。

【实验 6.3】 JSON 格式文件实验。将文件 score.json 内容反序列化为列表对象，并根据键盘输入的正整数 N 的值输出该列表的前 N 个元素。其中，score.json 采用 UTF-8 编码，其内容如下。

```
[
    {
        "姓名": "赵雨",
        "学号": "2021112830507",
        "程序设计基础": "20",
        "操作系统": "20",
        "软件工程": "20",
        "Python": "16",
        "计算机网络": "20",
        "总分": "96"
    },
    {
        "姓名": "刘兴",
        "学号": "2021112830510",
        "程序设计基础": "20",
        "操作系统": "10",
        "软件工程": "10",
        "Python": "0",
        "计算机网络": "15",
        "总分": "55"
    },
... #省略部分数据
    {
        "姓名": "李林",
        "学号": "2021112830327",
        "程序设计基础": "20",
        "操作系统": "20",
        "软件工程": "20",
        "Python": "6",
        "计算机网络": "20",
        "总分": "86"
    }
]
```

程序运行结果(输入):

```
10
```

程序运行结果(输出):

```
['姓名', '学号', '程序设计基础', '操作系统', '软件工程', 'Python', '计算机网络', '总分']
['赵雨', '2021112830507', '20', '20', '20', '16', '20', '96']
['刘兴', '2021112830510', '20', '10', '10', '0', '15', '55']
['方小强', '2021112830512', '20', '20', '20', '18', '20', '98']
['武大飞', '2021112830516', '20', '20', '20', '20', '20', '100']
['李新鑫', '2021112830521', '20', '20', '20', '14', '20', '94']
['张含', '2021112830527', '20', '20', '20', '16', '20', '96']
['翟佳佳', '2021112830623', '20', '20', '20', '14', '20', '94']
['王晓晓', '2021112830624', '10', '20', '10', '14', '20', '74']
['杨海平', '2021112830627', '20', '20', '10', '14', '10', '74']
```

1. 实验目的。

(1) 巩固序列化为 JSON 格式文件的方法。

(2) 巩固反序列化 JSON 格式文件的方法。

(3) 巩固操作文件时列表、字典的使用方法。

2. 实验步骤。

(1) 将文件 score.json 按恰当模式打开。

(2) 将文件内容反序列化到 Python 列表变量中,观察该变量的特点,为后续操作做好准备。

(3) 以步骤(2) 中列表变量内容为依据、以符合输出格式的要求为目标,用一个新变量来保存调整后且符合格式要求的内容。

(4) 按照输入格式的要求键盘输入正整数 N,如果 N 大于列表变量的元素个数则完全输出列表每一个元素,否则输出前 N 个元素。

3. 提示。

(1) 文件 score.json 中的第 1 行是"[",最后一行是"]",符合列表的形式。

(2) 每位同学的信息是典型的"键值对"格式,符合字典的形式。

4. 扩展。

(1) 按总分由高到低排序输出每位同学的成绩,每位同学信息独占一行,并将排序后长度信息序列化到新文件 scoreall.json 中。

(2) 按学号由低到高排序输出每位同学的成绩,每位同学信息独占一行,并将排序后长度信息序列化到新文件 scoreno.json 中。

(3) 提示:排序时会用到 sorted()函数、lambda 函数。

习　题

1.【判断】UTF-8 编码与 GBK 编码都是对汉字的编码，二者互相可以通用。

2.【判断】CSV 格式文件可以用 load()函数反序列化。

3.【判断】序列化 JSON 格式时参数 ensure_asccii=False 可以正常显示汉字。

4. 请将李白的诗《望庐山瀑布》写入文件，编码要求采用 UTF-8。

5. 编程题：统计文件 zuoye-05-hamlet.txt 中每个英文字母出现的次数，不区分大小写，统计结果按次数从高到低排序，如果次数相同则按字母表的顺序显示。

6. 编程题：针对文件 zuoye-06-stock.csv 中的股票数据信息进行分析，完成如下功能。

(1) 如输入为"最高价"，再输入一个正整数 n，则输出最高价由高到低的前 n 天的日期和当天最高价，行内各数据间用空格分隔。

(2) 如输入为"开盘价"，再输入一个正整数 m，则输出开盘价由低到高的前 m 天的日期和当天开盘价，行内各数据间用空格分隔。

(3) 如输入为"成交金额"，再输入一个正整数 k，则输出成交金额最高的 k 天的成交金额。

第 7 章 图形界面设计

学习目标

- 能使用布局管理器进行图形界面布局设计。
- 能使用 tkinter 常用控件进行图形界面开发。
- 能使用标准对话框进行交互功能设计与开发。

本章主要内容

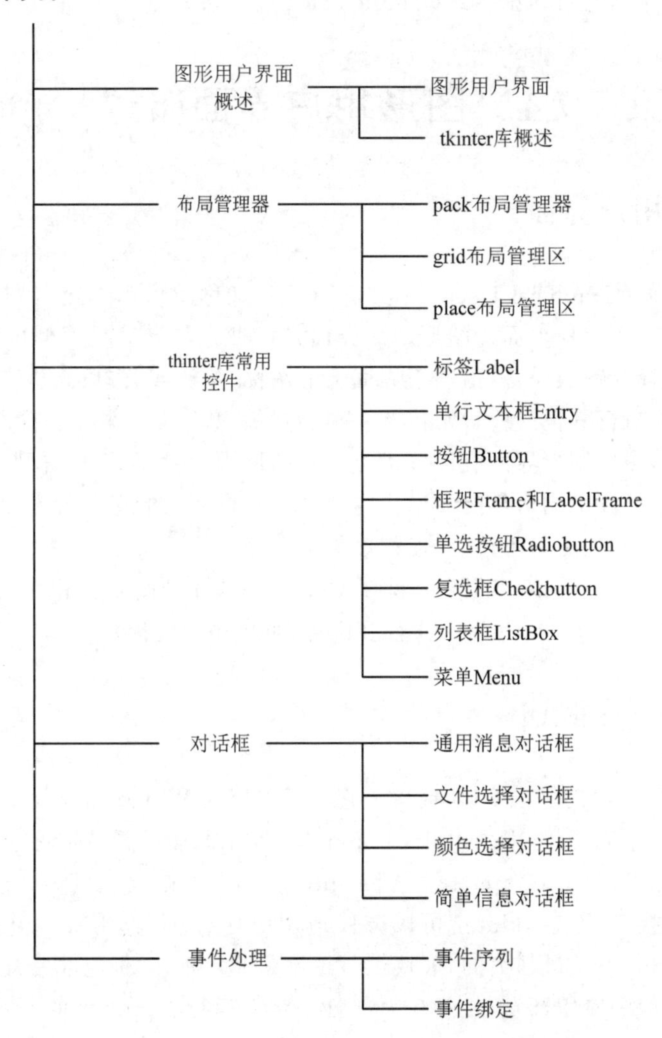

各例题知识要点

例 7.1　创建图形用户窗口(Tk 函数)
例 7.2　布局管理器示例(pack 方法)
例 7.3　布局管理器示例(grid 方法)
例 7.4　布局管理器示例(place 方法)
例 7.5　计算三角形面积(Label 控件、Entry 控件、Button 控件)
例 7.6　单选按钮与复选框示例(Radiobutton 控件、Checkbutton 控件)
例 7.7　列表框示例(Listbox 控件)
例 7.8　菜单示例(Menu 控件)
例 7.9　消息对话框示例(messagebox 子模块)
例 7.10　文件选择对话框示例(filedialog 子模块)
例 7.11　颜色选择对话框示例(colorchooser 子模块)
例 7.12　简单信息对话框示例(simpledialog 子模块)

7.1　图形用户界面概述

7.1.1　图形用户界面

图形用户界面(Graphical User Interface,GUI,又称图形用户接口)是指采用图形方式显示的计算机操作用户界面。图形用户界面是一种人与计算机通信的界面显示格式,允许用户使用鼠标等输入设备,借助于界面上的图标、按钮或菜单选项,以选择命令、调用文件、启动程序或执行其他一些日常任务。与通过键盘输入文本或字符命令来完成任务的字符界面相比,图形用户界面有许多优点。在图形用户界面,用户看到和操作的都是图形对象,应用的是计算机图形学的技术。与早期计算机使用的命令行界面相比,图形界面对于用户来说在视觉上更易于接受,使程序更加友好。

目前常用的 GUI 开发库有很多。除了 Python 内置的 tkinter 库外,还有很多功能强大的第三方库,如 PyQT、wxPython、PyGTK 等,可供用户选择。

7.1.2　tkinter 库概述

tkinter 是 Python 的标准 GUI 接口。它不仅可以在 Windows 系统下运行,也可以在大多数的 UNIX 平台下使用。由于 tkinter 库使用非常广泛,所以本节将重点讲述 tkinter 模块的使用方法。tkinter 模块(Tk interface,Tk 接口)是 Python 默认的图形用户界面工具包的接口,通过 tkinter 可以方便地调用 Tk 进行图形界面开发。Tk 与其他第三方开发库相比,不是最强大的,模块工具也不是非常丰富,但它非常简单,所提供的功能也能够覆盖一般的应用开发,且能在大部分平台上运行。tkinter 的不足之处是缺少合适的可视化界面设计工具，需要通过代码来完成窗口设计和控件布局。

1. tkinter 模块及主要控件

tkinter 库由_tkinter、tkinter、tkinter.constants、tkinter.ttk、tkinter.font 等模块组成。其中，_tkinter 是二进制扩展模块，提供访问 Tk 的低级接口，应用级程序员通常不会直接使用；tkinter 是应用程序主要使用的模块，导入 tkinter 时会自动导入 tkinter.constants。

tkinter 中提供了较为丰富的控件，例如标签、按钮、文本框和菜单等。主要控件如表 7-1 所示，能满足基本的 GUI 程序的需求。由于 tkinter 模块已经在 Python 中内置，所以在使用之前，只需将其导入即可。

表 7-1　tkinter 主要控件简介

控　　件	名　　称	功　　能
Label	标签	用来显示文字或图片
Entry	单行文本框	单行文字域，用来获取键盘输入
Button	按钮	类似标签，但提供额外功能，如鼠标按下、释放及键盘操作事件
Frame	框架	可包含其他控件的容器控件
Radiobutton	单选按钮	一组按钮，其中只有一个可被选择
Checkbutton	复选框	一组方框，可以选择其中的任意一个或多个
Listbox	列表框	一个选项列表，用户可以从中选择
Menu	菜单	单击后弹出一个选项列表，用户可以从中选择
Message	消息框	类似于标签，但可以显示多行文本
Scale	进度条	线性“滑块”控件，可设定起始值和结束值，显示当前位置的精确值
Scrollbar	滚动条	对其支持的控件（文本域、画布、列表框、文本框）提供滚动功能
Text	多行文本框	多行文字区域，可用来获取或显示用户输入的文字
Menubutton	菜单按钮	用来包含菜单的控件（有下拉式、层叠式）
Canvas	画布	提供绘图功能（直线、椭圆、多边形、矩形），可以包含图形或位图

导入 tkinter 模块的两种常用方式如下。

(1) import tkinter 或 import tkinter as 别名。

导入 tkinter 但没引入任何控件，在使用时需要使用 tkinter 库名或别名，如需要引入控件，则表示为“tkinter.控件名”或“别名.控件名”。

(2) from tkinter import * 。

将 tkinter 中的所有控件一次性引入，使用时不需要写库名或别名。

tkinter 常用控件的共同属性有：dimension（尺寸）、color（颜色）、font（字体）、anchor（锚）、relief（控件样式）、bitmap（显示位图）、cursor（光标样式），每种控件有其各自特有的属性，如表 7-2 所示。

表 7-2　tkinter 控件共同属性

属　　性	描　　述	属　　性	描　　述
dimension	控件大小	relief	控件样式
color	控件颜色	bitmap	位图
font	控件字体	cursor	光标
anchor	锚点		

tkinter 控件通过特定的几何状态管理方法来组织管理整个控件区域，tkinter 通用的几何管理类包括包装、网格、大小和位置。

pack()：采用块的方式组织控件。

grid()：采用表格结构组织控件。

place()：根据控件的绝对或相对位置参数进行布局。

Tk 使用了一种包管理器来管理所有的控件，当创建完控件之后，需要调用 pack()方法、grid()方法或者 place()方法来控制控件在父容器中的显示方式，若不调用布局方法，控件将不会显示。

2. tkinter 库创建图形用户界面的步骤

tkinter 库创建图形用户界面时，首先要有底层的根窗口对象，在其基础上创建一个个小窗口对象。每一个窗口都是一个容器，可将所需的控件置于其中。每种 GUI 开发库都拥有大量的控件，一个 GUI 程序就是由各种不同功能的控件组成的，而根窗口对象则包含所有控件。控件本身也可以作为一个容器，它可以包含其他控件，如框架控件。这种包含其他控件的控件称为父控件，反之，包含在其他控件中的控件称为子控件。

在 GUI 程序中可以进行各种操作，如鼠标移动、按下或释放鼠标键、按下键盘按键、单击按钮等，这些操作称为事件。GUI 程序启动时就会监控这些事件，当某个事件发生时，就进行对应的事件处理并返回相应的结果。

图形用户界面(GUI)的创建步骤如下。

(1) 导入 tkinter 模块。

(2) 创建主窗口对象，如果未创建主窗口对象，tkinter 将以默认的顶层窗口作为主窗口。

(3) 在主窗口中添加标签、按钮、输入文本框等可视化控件并设置其属性。

(4) 调用控件的 pack()/grid()/place()方法，通过布局管理器，调整对象的位置和大小。

(5) 通过绑定事件处理程序，响应用户操作(例如单击按钮)。

(6) 启动事件循环，GUI 窗口启动，等待响应用户操作。

创建 GUI 窗口代码模板：

```
from tkinter import *或  import tkinter
窗口名=Tk()
```

```
#此处添加控件代码
...
窗口名.mainloop()
```

3. 创建主窗口

主窗口也称顶层窗口或根窗口。主窗口也是一个普通窗口，包括一个标题栏和窗口管理器。在 tkinter 开发的应用程序中，只需要创建一个主窗口即可，且此窗口的创建必须是在其他窗口创建之前。创建窗口后，可以通过设置窗口属性或调用窗口方法改变窗口外观，窗口对象常用的属性和方法如表 7-3 所示。

表 7-3　窗口对象常用的属性和方法

属性或方法	含　义
background 属性	设置窗口的背景颜色，可简写为 bg
height 属性/width 属性	设置窗口的高度/设置窗口的宽度
title()	设置窗口标题
configure()	简写为 config，用于修改窗口属性
resizable()	设置窗口是否可以调整，默认为 True
maxsize()/minsize()	设置窗口的最大尺寸/设置窗口的最小尺寸
state()	窗体的状态有三种：normal(正常显示)，iconic(最小化)，zoomed(最大化)
mainloop()	进入窗口的主事件循环
destroy()	关闭窗口
update()	刷新窗口
geometry()	设置窗体的大小和位置，其格式为：width×height$\pm m \pm n$(以像素为单位，中间的符号是小写字母×，第一个＋是距离屏幕左边的距离(x 坐标)，第二个＋是距离屏幕上方的距离(y 坐标)，也可使用－号，效果相反)，当无参数时则获取窗口大小和位置
attributes()	-toolwindow：设置为工具窗口(没有最大最小按钮)。 -topmost：使窗口保持处于顶层。 -alpha：设置窗口透明度，0～1，0 表示完全透明，1 表示不透明。 -fullscreen：设置全屏。例如：root.attributes("-toolwindow", True)、root.attributes("-topmost", True)、root.attributes('-alpha',0.5)等
winfo_width()/winfo_height()	获得窗口的宽度和高度，在获取前需用 update()方法刷新窗口，否则只会获取到窗口初始大小

【例 7.1】　创建图形用户窗口。创建一个 300×200 的窗口，如图 7-1 所示。窗口标题为“主窗口”，背景颜色为“灰色”，透明度为 0.8，最大尺寸为 600×400，运行后该窗口宽不可变，高可变。

【分析】　本例涉及窗口的创建及窗口属性的设置。首先导入 tkinter 库(import

图 7-1　窗口设置效果

tkinter 或 from tkinter import * ），然后通过 Tk()创建 tkinter 窗口对象，接着调用 title、config、attributes、geometry 等方法，设置标题、背景颜色、透明度、尺寸等窗口属性，最后启动事件循环。

程序代码：

```
from tkinter import *                           #导入 tkinter 库
win = Tk()                                      #创建 tkinter 对象
win.title("主窗口")                             #设置窗口标题
win.config(bg="grey")                           #设置窗口的背景颜色
win.attributes("-alpha",0.8)                    #设置窗口的透明度
win.maxsize(600,400)                            #设置窗口的最大尺寸
win.geometry("300x200")                         #设置窗口大小，中间是字母 x
win.resizable(width=False, height=True)         #设置窗口宽不可变，高可变
win.mainloop()                                  #进入主事件循环
```

程序说明：

(1) configure()方法（简写为 config）用于修改窗口属性，设置格式为：

```
对象名.config(属性名 1=属性值 1, 属性名 2=属性值 2)
```

(2) geometry()方法用于设置窗口的大小和位置，设置格式为：

```
窗口名. geometry(newGeometry)
```

newGeometry 是一个字符串，其格式为 widthxheight$\pm m\pm n$，width 和 height 是窗口的宽度和高度（以像素为单位），中间的符号是小写字母 x，$\pm m\pm n$ 用于指定窗口在屏幕上的位置，第一个"+"是距离屏幕左边的距离（x 坐标），第二个"+"是距离屏幕上方的距离（y 坐标），"−"正好相反，是窗口距离右边和下方的距离。

(3) resizable()方法设置窗口是否可以调整，默认为 True。

(4) mainloop()方法允许程序循环执行，并进入等待和处理事件（如鼠标单击、移动等），直到关闭窗口，否则程序一直处于循环中。mainloop()方法同时会监控每个控件，当

控件发生变化或触发事件时，立即更新窗口。

7.2 布局管理器

布局指的是子控件在父控件中的位置安排。实现控件布局的方法被称为布局管理器或几何管理器。tkinter 几何布局管理器提供了 pack()、grid()和 place()三种方法实现布局。

由于容器中控件的布局是复杂的，需要考虑控件自身的大小，还要考虑其他控件的相对位置，因此要根据实际需要选择合适的布局管理器排列控件。

Frame 控件作为中间层的容器控件，可以分组管理控件，将复杂的布局简单化。

7.2.1 pack 布局管理器

pack 布局管理器采用块的方式组织控件。当控件对象使用 pack 方法时，系统会根据控件创建时生成的顺序，以最小占用空间的方式自上而下地排列控件，并且保持控件本身的最小尺寸。pack 布局管理器适用于少量控件的布局，当界面复杂度增加时，要实现布局效果，则需要分组来实现。

pack 方法的一般调用格式如下。

```
控件对象.pack([选项 1=值 1 [,选项 2=值 2[,…]]])
```

pack 方法的常用选项及参数如表 7-4 所示。

表 7-4 pack 方法的常用选项及参数

选项	含义	取值说明
fill	设置控件是否向水平或垂直方向填充剩余空间	*X* 为水平方向填充、*Y* 为垂直方向填充、BOTH 为水平和垂直方向填充；默认为 NONE(不填充)
expand	设置控件如何使用额外的"空白"空间	取值为 YES(或 1)，子控件随着父控件的大小变化而变化；取值为 NO(或 0)，子控件大小不能扩展
side	设置控件在窗口中的对齐方式	LEFT(左)、RIGHT(右)、TOP(上)、BOTTOM(下)
ipadx/ipady	设置子控件内部在 x/y 方向与之并列的控件之间的间隔	可设置数值(非负整数，默认单位为像素)
padx/pady	设置子控件外部在 x/y 方向与之并列的控件之间的间隔	可设置数值(非负整数，默认单位为像素)
anchor	设置控件的锚点	设置控件的锚点，锚点可用的方位有 N，E，S，W，NW，NE，SW，SE，CENTER(默认值为 CENTER)
after /before	设置控件与其他控件的前后位置	将控件置于其他控件之后/之前

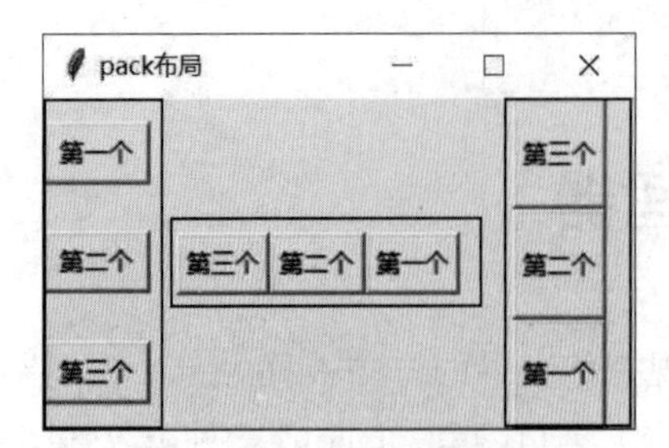

图 7-2　pack 方法布局示例效果

【例 7.2】 pack 布局管理器示例。创建标题为"pack 布局"的窗口，在窗口内添加 3 个框架，每个框架中添加 3 个按钮，控件布局使用 pack 布局管理器实现。效果如图 7-2 所示。

【分析】 本例用 pack 布局管理器对窗口内控件进行布局。首先通过 tkinter.Tk()创建窗口对象并设置窗口属性，然后在窗口内添加 3 个框架控件，每个框架中再添加 3 个按钮控件，同时用 pack 方法对窗口内的控件布局，最后启动事件循环。

程序代码：

```
from tkinter import *
win=Tk()
win.title("pack 布局")
#创建第一个框架 frm1,该框架放在窗口左边排列
frm1 = Frame(win)
frm1.pack(side=LEFT, fill=BOTH, expand=YES)
#向 frm1 中添加 3 个按钮,设置按钮从顶部开始排列,且按钮只能在垂直(X)方向填充
Button(frm1, text='第一个').pack(side=TOP, fill=X, expand=YES)
Button(frm1, text='第二个').pack(side=TOP, fill=X, expand=YES)
Button(frm1, text='第三个').pack(side=TOP, fill=X, expand=YES)
#创建第二个框架 frm2
frm2 = Frame(win),该框架放在窗口左边排列,在 frm1 之后
frm2.pack(side=LEFT, padx=10, expand=YES)
#向 frm2 中添加 3 个按钮,设置按钮从右边开始排列
Button(frm2, text='第一个').pack(side=RIGHT, fill=Y, expand=YES)
Button(frm2, text='第二个').pack(side=RIGHT, fill=Y, expand=YES)
Button(frm2, text='第三个').pack(side=RIGHT, fill=Y, expand=YES)
#创建第三个框架 frm3,该框架放在窗口右边排列,在 frm2 之后
frm3 = Frame(win)
frm3.pack(side=RIGHT, padx=10, fill=BOTH, expand=YES)
#向 frm3 中添加 3 个按钮,设置按钮从底部开始排列,且按钮只能在垂直(Y)方向填充
Button(frm3, text='第一个').pack(side=BOTTOM, fill=Y, expand=YES)
Button(frm3, text='第二个').pack(side=BOTTOM, fill=Y, expand=YES)
Button(frm3, text='第三个').pack(side=BOTTOM, fill=Y, expand=YES)
win.mainloop()
```

程序说明：上面程序创建了 3 个 Frame 框架，其中第一个 Frame 框架内包含 3 个从顶部(TOP)开始排列的按钮，这 3 个按钮会从上到下依次排列，且 3 个按钮在水平(*X*)方向上填充；第二个 Frame 框架内包含 3 个从右边(RIGHT)开始排列的按钮，这 3 个按钮从右向左依次排列；第三个 Frame 框架内包含 3 个从底部(BOTTOM)开始排列的按钮，

这 3 个按钮从下到上依次排列，且 3 个按钮在垂直(Y)方向上填充。

注意：使用 pack 布局复杂界面时，首先要做的事情是将程序界面进行分解，分解成水平排列和垂直排列的布局结构。

7.2.2 grid 布局管理器

grid 布局管理器采用网格结构组织控件。它是 tkinter 布局管理器中最灵活多变的布局方法。由于大多数程序界面是矩形的，可以将界面划分为由行和列组成的网格，每个网格按照虚拟二维表格的形式设置行号和列号，然后将控件放置于网格之中。

在同一容器中，只能使用 pack()方法或 grid()方法中的一种布局方式。

grid 方法的一般调用格式如下。

```
控件对象.grid([row=值 1 [,column=值 2[,sticky=值 3[,…]]]])
```

grid 方法的常用选项及参数如表 7-5 所示。

表 7-5　grid 方法的常用选项及参数

选　　项	含　　义	取值说明
row/column	控件的起始行/列	编号从 0 开始
rowspan/columnspan	从控件所在的行起始实际占据的行数	默认为 1 行
sticky	控制控件在 grid 网格中的位置	控件在 grid 分配的网格中的方位，默认值为 CENTER。可取值有 N，E，S，W，NW，NE，SW，SE，CENTER
ipadx，ipady	控件区域内部的像素数，用来设置控件本身的大小	可设置数值(非负整数，默认单位为像素)
padx，pady	控件所占据空间像素数，用来设置控件所在网格的大小	可设置数值(非负整数，默认单位为像素)

【例 7.3】 grid 布局管理器示例。创建标题为"grid 布局"的窗口，在窗口内添加 10 个按钮控件，1 个多行文本控件，控件布局使用 pack 布局管理器实现，效果如图 7-3(a)所示。程序运行时，单击按钮，在多行文本框中显示该按钮对应的 grid 网格参数信息，效果如图 7-3(b)所示。

【分析】 本例用 grid 布局管理器对窗口内控件进行布局。由于 grid 采用网格结构组织控件，因此对窗口内的控件需要先按照位置划分行列网格，如图 7-4(a)所示，并确定每个控件的行列号，如图 7-4(b)所示，然后用 grid 方法设置每个按钮控件在窗口中的对应位置，最后定义每个按钮的 command 绑定事件(自定义函数)。

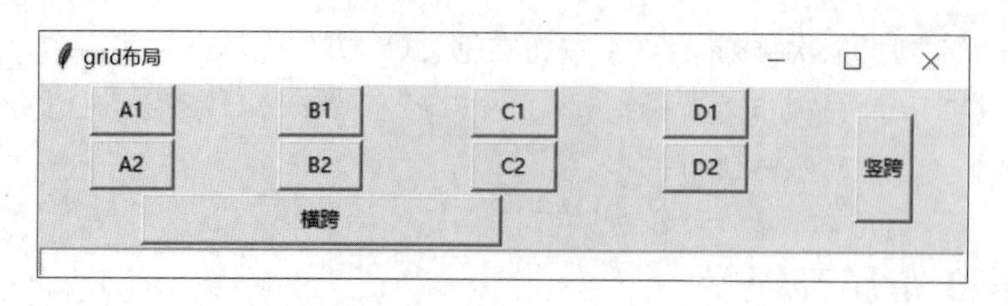

(a)

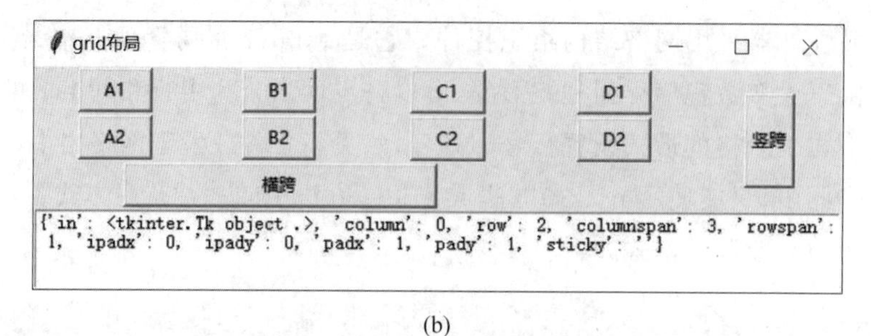

(b)

图 7-3　grid 方法布局示例效果

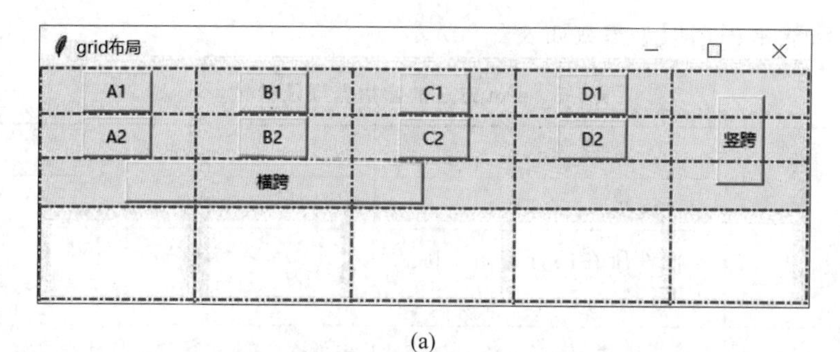

(a)

<table>
<tr><td>0行0列</td><td>0行1列</td><td>0行2列</td><td>0行3列</td><td rowspan="3">起始于
0行4列
竖跨3行</td></tr>
<tr><td>1行0列</td><td>1行1列</td><td>1行2列</td><td>1行3列</td></tr>
<tr><td colspan="3">起始于2行0列，横跨3列</td><td></td></tr>
<tr><td colspan="5">起始于2行0列，横跨5列</td></tr>
</table>

(b)

图 7-4　控件与网格的位置关系

程序代码：

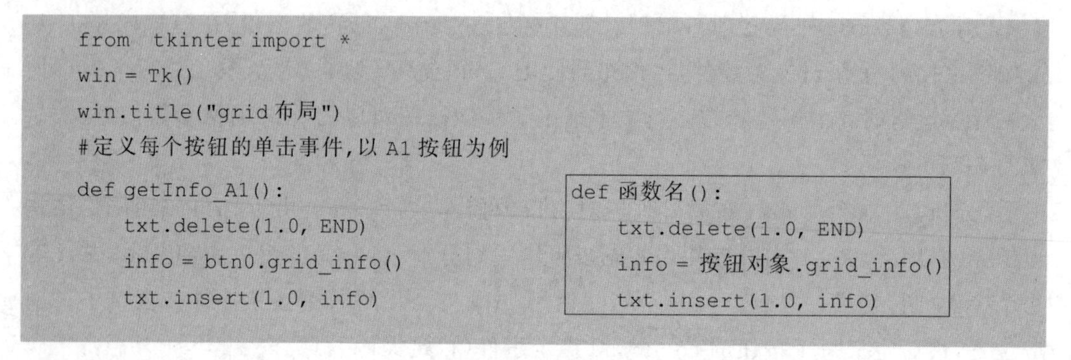

```
from  tkinter import *
win = Tk()
win.title("grid 布局")
#定义每个按钮的单击事件,以 A1 按钮为例
def getInfo_A1():
    txt.delete(1.0, END)
    info = btn0.grid_info()
    txt.insert(1.0, info)
```

```
def 函数名():
    txt.delete(1.0, END)
    info = 按钮对象.grid_info()
    txt.insert(1.0, info)
```

```
#创建 10 个按钮,设置每个按钮的网格位置
btn0 = Button(win, text="A1",width=6,command=getInfo_A1)
btn1 = Button(win, text="B1",width=6,command=getInfo_B1)
btn2 = Button(win, text="C1",width=6,command=getInfo_C1)
btn3 = Button(win, text="D1",width=6,command=getInfo_D1)
btn4 = Button(win, text="A2",width=6,command=getInfo_A2)
btn5 = Button(win, text="B2",width=6,command=getInfo_B2)
btn6 = Button(win, text="C2",width=6,command=getInfo_C2)
btn7 = Button(win, text="D2",width=6,command=getInfo_D2)
btn8 = Button(win, text="横跨", width=30, command=com_b8)
btn9 = Button(win, text="竖跨", heigh=3,command=com_b9)
btn0.grid(row=0, column=0, padx=1, pady=1)
btn1.grid(row=0, column=1, padx=1, pady=1)
btn2.grid(row=0, column=2, padx=1, pady=1)
btn3.grid(row=0, column=3, padx=1, pady=1)
btn4.grid(row=1, column=0, padx=1, pady=1)
btn5.grid(row=1, column=1, padx=1, pady=1)
btn6.grid(row=1, column=2, padx=1, pady=1)
btn7.grid(row=1, column=3, padx=1, pady=1)
btn8.grid(row=2, column=0, padx=1, pady=1, columnspan=3)
btn9.grid(row=0, column=4, padx=1, pady=1, rowspan=3)
#创建多行文本框,设置其网格位置
txt = Text(win,width=80, height=5)
txt.grid(row=3, column=0, padx=1, pady=1, columnspan=5)
win.mainloop()
```

程序说明：

(1) grid 方法在设置跨行或跨列控件对象的位置时，row 和 column 指控件所在的起始行或列。

(2) txt.delete(1.0, END)语句用来清空多行文本框。参数 1.0 表示第 1 行第 0 个字符，end 表示结束字符，即从第 1 行第 0 个字符开始(包含该字符)，删除文本框中的全部内容。

(3) 按钮对象.grid_info()语句用来以字典的形式，返回当前按钮对象的 grid 选项信息。

(4) txt.insert(1.0, info)语句用来向文本框中添加文本信息，添加的起始位置为 1.0 (第 1 行第 0 个字符)，添加的内容为 info 对象。

(5) 用以下代码可以定义每个按钮的单击事件，在按钮参数 command 中指定该按钮单击时执行的函数，如 command=getInfo_A1。

```
def 函数名():
    txt.delete(1.0, END)
    info = 按钮对象.grid_info()
    txt.insert(1.0, info)
```

7.2.3 place 布局管理器

place 布局管理器根据控件的绝对或相对位置参数进行布局。place()布局的优点是它能比 pack 和 grid 布局更精确地控制控件在容器中的位置,缺点是改变窗口大小时,控件位置不能随着窗口的改变而灵活改变。place()方法与 grid()方法可以混合使用。

place 方法的一般调用格式如下。

```
控件对象.place(坐标 [,其他参数…])
```

place 方法的常用选项及参数如表 7-6 所示。

表 7-6 place 方法的常用选项及参数

选 项	含 义	取值说明
x,y	控件在水平和垂直方向上起始布局的绝对位置	整数,默认值为 0,单位为像素
relx,rely	控件在水平和垂直方向上起始布局的相对位置	0～1 中的浮点数,0.0 表示左边缘(或上边缘),1.0 表示右边缘(或下边缘)
relwidth,relheight	控件相对于父容器的宽度和高度	取值为 0.0～1.0
anchor	锚选项	同 pack 方法参数
bordermode	如果设置为 INSIDE,不包括边框;如果是 OUTSIDE,包括边框	INSIDE,OUTSIDE(默认值 INSIDE)

【例 7.4】 place 布局管理器示例。创建标题为"place 布局"的窗口,在窗口内添加 11 个按钮控件,控件布局使用 place 布局管理器实现,效果如图 7-5 所示。

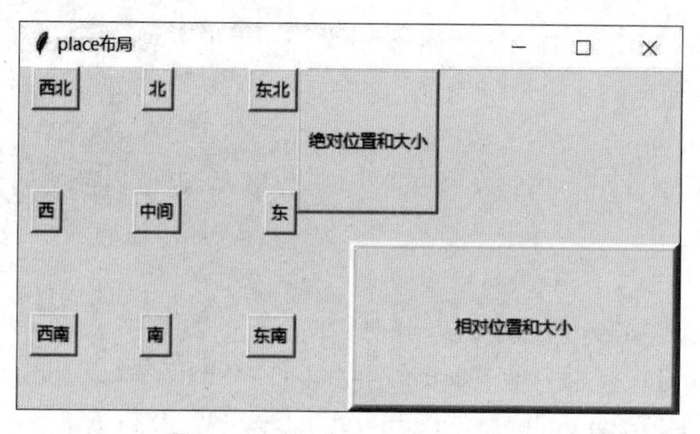

图 7-5 place 方法布局示例效果

【分析】 本例用 place 布局管理器对窗口内控件进行布局。place 按照控件的绝对或相对位置参数进行布局,因此需要先对窗口内控件的大小和控件之间的位置关系进行规划,然后在添加控件时,用 place 方法定义每个按钮控件在窗口中的大小和位置。

程序代码：

```
from tkinter import *
win = Tk()
win.geometry("200x200")
win.title("place 布局")
#创建按钮控件及位置
Button(win, text="绝对位置和大小").place(x=200, y=0, width=100, heigh=100)
Button(win, text="相对位置和大小",bd=5).place(relx=0.5, rely=0.5, relwidth=
0.5,relheigh=0.5)
Button(win, text="西北").place(x=0, y=0, anchor="nw")
Button(win, text="北").place(x=100, y=0, anchor="n")
Button(win, text="东北").place(x=200, y=0, anchor="ne")
Button(win, text="西").place(x=0, y=100, anchor="w")
Button(win, text="中间").place(x=100, y=100, anchor="center")
Button(win, text="东").place(x=200, y=100, anchor="e")
Button(win, text="西南").place(x=0, y=200, anchor="sw")
Button(win, text="南").place(x=100, y=200, anchor="s")
Button(win, text="东南").place(x=200, y=200, anchor="se")
win.mainloop()
```

程序说明：

(1) place 方法中的绝对坐标，例如 $x=100$，$y=200$ 表示控件在父容器坐标系的(100,200)起始点(左上角)处。

(2) place 方法中的相对坐标，例如 relx=0.5，rely=0.5 表示控件在父容器水平方向 1/2 和垂直方向 1/2 的点处。

(3) place 方法中的 width 和 heigh 参数指定控件的绝对大小。

(4) place 方法中的 relwidth 和 relheigh 参数指定控件相对父容器的大小。

7.3　tkinter 库常用控件

7.3.1　标签 Label

Label 标签控件可以用来显示文本或图片。Label 控件通过 text 属性设置文本内容，image 属性指定显示图片。创建 Label 控件的一般格式如下。

```
[变量]=Label(master, parameter=value,…)
```

说明：master 为 Label 控件的父容器；parameter 为标签控件的参数；value 为参数对应的值，各参数之间用逗号分隔。Label 控件常用参数及功能如表 7-7 所示。

表 7-7 Label 控件常用参数及功能

参　　数	描　　述
text	显示文本,可以包含换行符(\n)
image	显示自定义的图像
height/width	控件的高度(所占行数)/控件的宽度(所占字符个数)
fg/bg/ bd	前景字体颜色/背景颜色/控件外围 3D 边界的宽度,默认为 2 像素
wraplength	指定换行的位置,用于多行文本

text 属性用于 Label 控件在程序运行时显示初始文本,如果需要在程序执行后修改文本,可以通过控件的 configure()方法来修改属性 text 的值实现。也可以定义一个 tkinter 的内部类型变量 StringVar(),使用 StringVar 类的 set()方法直接写入 Label 控件要显示的文本。

Label 标签控件在设置字体格式时,如果有多个参数值,参数项在括号内用逗号隔开,如 font=("楷体",12, "bold italic")。

使用语句:变量=PhotoImage(file="图像文件")和 Label(窗口对象,image=变量)可以在标签内加载当前工作路径下的图像文件,如果图像存放于工作路径以外的目录,则需要写出图像文件的绝对路径。Label 标签控件只能显示 gif 和 png 格式的图像文件。

注意:控件的 width 参数值是字符数,height 参数值是行数。

7.3.2 单行文本框 Entry

Entry 控件用来创建一个可显示、输入和编辑文本的单行文本框。输入过程中可以对文本进行定位、修改、插入和删除等操作。创建 Entry 控件的一般格式如下。

```
[变量]=Entry (master, parameter=value,…)
```

说明:master 为 Entry 控件的父容器;parameter 为文本框控件的参数;value 为参数对应的值,各参数之间用逗号分隔。Entry 控件常用参数及功能如表 7-8 所示。

表 7-8 Entry 控件的常用参数及功能

参　　数	描　　述
show	将 Entry 框中的文本替换为指定字符,用于输入密码等,如设置 show="*"
state	设置控件状态,默认为 normal,可设置为:disabled 禁用,readonly 只读
textvariable	可变文本,与 StringVar 等配合使用
delete ()	删除文本框中的数据,可以通过数据位置,指定删除的数据
get()	获取文本框中的数据,可以通过数据位置,指定获取的数据
insert()	文本框插入数据,可以指定插入数据的位置

单行文本框 Entry 控件常用操作如下。

1. 指定文本框为密码格式

show 属性用来指定文本框为密码格式，格式如下。

```
Entry(窗口对象, width=24, textvariable=变量,show="*");
```

2. 修改 Entry 文本框内数据

方法一：调用文本框的 delete(起始字符的位置,结束字符的位置+1)方法，代码执行时包含“起始字符”，不包含结束字符。

方法二：调用与 textvariable 属性绑定的变量的 set("指定字符串")方法，格式如下。

```
sv1.set("修改后的数据")          #sv1 为与 textvariable 属性绑定的变量
```

3. 获取 Entry 文本框控件内数据

方法一：直接调用文本框 Entry 控件的 get()方法获取文本框内容，格式如下。

```
文本框控件对象.get()
```

方法二：为文本框 Entry 控件的 textvariable 属性指定一个 tkinter 模块定义的 StringVar 类型变量，当在 Entry 控件内输入信息时，其内容会存储在 tkinter 的 StringVar 类型的变量中，调用变量的 get()方法可获取文本框内容，格式如下。

```
sv2.get()                       #sv2 为与 textvariable 属性绑定的变量
```

4. 删除 Entry 文本框控件内数据

方法一：调用文本框的 delete()方法，格式如下。

```
文本框控件对象.delete(0, len(文本框控件对象.get()))或文本框控件对象.delete(0,
END)
```

方法二：调用与 textvariable 属性绑定的变量的 set()方法，格式如下。

```
sv2.set("")
```

7.3.3 按钮 Button

Button 按钮控件是 tkinter 最常用的控件之一。按钮上可以显示图片或文字信息，也可以将一个 Python 函数或方法绑定到 Button 控件，通过 Button 可以方便地与用户进行交互。创建 Button 控件的一般格式如下。

```
[变量]= Button (master, parameter=value,…)
```

说明：master 为 Entry 控件的父容器；parameter 为按钮控件的参数；value 为参数对应的值，各参数之间用逗号分隔。Button 控件常用参数及功能如表 7-9 所示。

表 7-9 Button 控件常用参数及功能

参数	描述
command	通过函数或方法绑定事件，单击按钮时触发
image	显示在按钮上的图像(不是文本)
activebackground/activeforeground	按钮按下时的背景颜色/按钮按下时的前景颜色
justify	多行文本的对齐方式，可选参数为：LEFT、CENTER、RIGHT
state	设置控件状态，默认为 NORMAL，可设置为：DISABLED 禁用

【例 7.5】 设计并实现计算圆面积的图形窗口。创建标题为"计算圆面积"的窗口，在窗口中添加 2 个标签(初始标签文本为"输入半径"和"输出面积")，2 个单行文本框和 3 个命令("计算""重置"和"关闭")，效果如图 7-6(a)所示。程序运行时，在上方文本框内输入圆半径，单击"计算"按钮，下方的文本框内显示圆面积，结果保留 2 位小数，效果如图 7-6(b)所示；单击"重置"按钮，清空两个文本框，单击"关闭"按钮，关闭当前窗口。

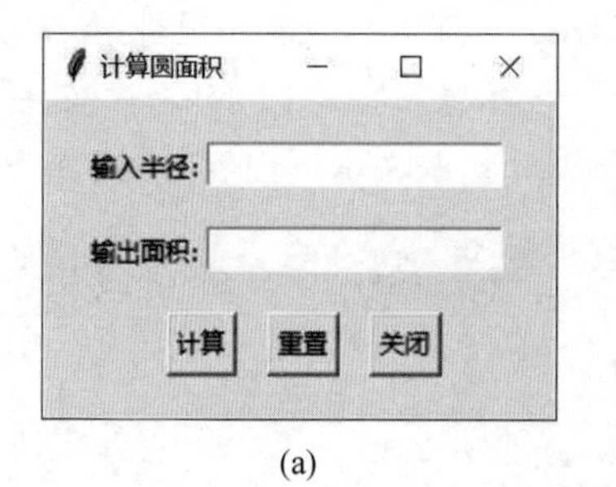

(a)

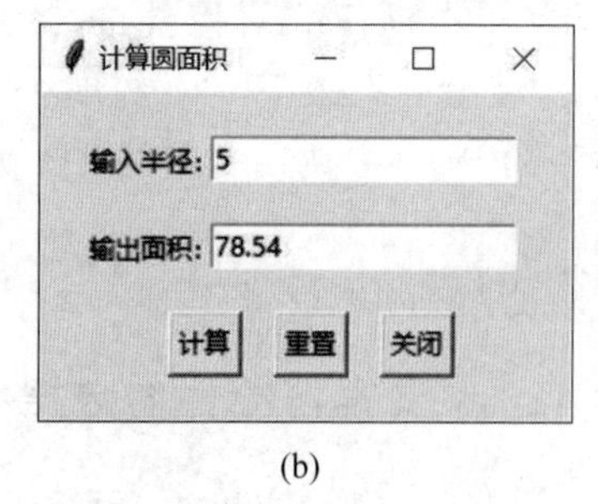

(b)

图 7-6 计算圆面积运行结果

【分析】 本例涉及窗口创建、标签控件 Label、单行文本框控件 Entry、按钮控件 Button 的添加与参数设置，按钮的单击事件定义与绑定。具体操作步骤如下。

(1) 创建窗口对象。

(2) 在窗口中添加 2 个标签、2 个输入框和 3 个按钮控件，设置控件参数值并布局。

(3) 定义"计算"和"重置"按钮的单击事件(自定义函数)。

(4) 通过按钮的 command 参数绑定事件或方法。其中，"关闭"按钮通过调用窗口的 destroy 方法或 quit 函数实现。

程序代码：

```
from tkinter import *
from math import *
```

```
#定义函数,根据输入半径计算圆面积
def cal_click():
    entry2.delete(0, END)
    R=int(entry1.get())
    S= round(pi * R * R, 2)
    entry2.insert(END, S)
#清空半径和面积输入框
def res_click():
    entry1.delete(0, END)
    entry2.delete(0, END)
win = Tk()
win.title('计算圆面积')
win.geometry('250x150')
#载入标签控件
Label(win, text="输入半径: ").place(x=20,y=20)
Label(win, text="输出面积: ").place(x=20,y=60)
#载入文本框控件
entry1=Entry(win)
entry2=Entry(win)
entry1.place(x=80,y=20)
entry2.place(x=80,y=60)
#载入计算、重置和关闭按钮
Button(win, text='计算', command=cal_click).place(x=60,y=100)
Button(win, text='重置', command=res_click).place(x=110,y=100)
Button(win, text='关闭', command=win.destroy).place(x=160,y=100)
win.mainloop()
```

程序说明：

(1) 语句 command＝win.destroy 的作用是关闭当前窗口 win；destroy 在关闭窗口的同时，退出 mainloop 循环并且销毁窗口内所有控件。

(2) quit 也可以关闭窗口，但是 quit 关闭窗口时只是退出 mainloop 循环，不会破坏窗口内控件。

(3) 语句 entry2.delete(0, END)用于清空 entry2 文本框。

(4) 语句 entry2.insert(END, S)用于在 entry2 文本框内以追加方式显示面积。

思考：设计窗口并编写程序，实现摄氏度与华氏度的转换。

窗口包含 1 个标签控件，1 个单行文本框控件和 1 个按钮控件，如图 7-7(a)所示。要求从文本框输入摄氏度值(以 C 或 c 结尾)或华氏度值(以 F 或 f 结尾)，单击“计算”按钮后在标签控件中显示转换后的温度值(华氏度＝1.8×摄氏度＋32)，计算结果保留整数。程序运行结果如图 7-7(b)所示。

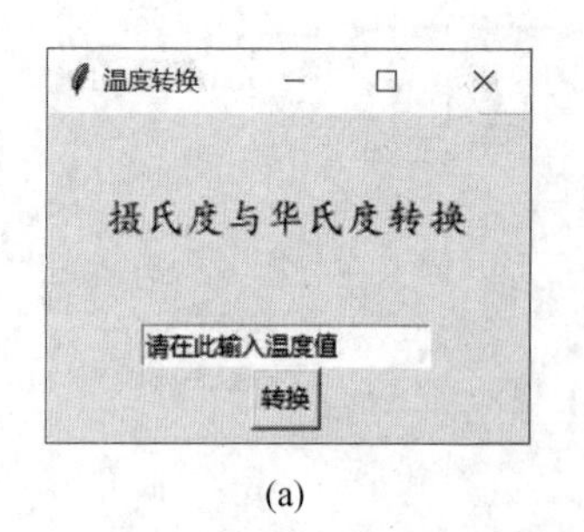

(a)

(b)

图 7-7　温度转换运行结果

7.3.4　框架 Frame 和 LabelFrame

Frame 和 LabelFrame 框架控件是一个矩形区域。相对于其他控件而言，Frame 与 LabelFrame 都是用来存放其他控件的容器，也可以用来更好地分割界面和管理布局。创建 Frame 和 LabelFrame 框架的一般格式如下。

```
[变量]= Frame /LabelFrame (master, parameter=value,…)
```

说明：master 为 Entry 控件的父容器；parameter 为框架控件的参数；value 为参数对应的值，各参数之间用逗号分隔。Frame 和 LabelFrame 控件常用参数及功能如表 7-10 所示。

表 7-10　Frame 和 LabelFrame 控件常用参数及功能

参　数	描　　述
relief	指定边框样式，默认值是“groove”，参数值有“flat”“sunken”“raised”或“ridge”。注意，如果要设置边框样式，必须设置 borderwidth 或 bd 参数值不为 0，才能看到边框
text	指定 LabelFrame 显示的文本，可以包含换行符
fg/font	设置 LabelFrame 的文本颜色/字体

Frame 和 LabelFrame 控件的区别在于，LabelFrame 框架有文字提示（如 text＝"文字"），并且边框的默认样式为 3D 效果 GROOVE，而 Frame 框架在使用时必须利用 rlief 属性指定边框的 3D 效果，否则框架无边框，bd 属性值也无效。

7.3.5　单选按钮 Radiobutton

Radiobutton 单选按钮控件是一组单项选择框。可以在 Radiobutton 上显示多行文本或图像。创建 Radiobutton 控件的一般格式如下。

```
[变量]= Radiobutton (master, parameter=value,…)
```

说明：master 为 Entry 控件的父容器；parameter 为按钮控件的参数；value 为参数对应的值，各参数之间用逗号分隔。Radiobutton 控件常用参数及功能如表 7-11 所示。

表 7-11　Radiobutton 控件常用参数及功能

参　　数	描　　述
text	按钮附近的提示文字
variable	单选按钮索引变量，一组单选按钮使用同一个索引变量
value	单选按钮选中时变量的值
command	单选按钮选中时执行的命令（函数）
state	设置控件状态，默认为 normal，可设置为 disabled 禁用或 active 激活
select()/deselect()	使单选按钮变为选中状态/取消单选按钮选中状态

为了跟踪用户对 Radiobutton 的选择，使用 Radiobutton 控件时，必须将同组的单选按钮通过 variable 属性与一个相同的变量绑定（关联），当选中其中某个按钮时，该控件的 value 属性值会同时被存入关联变量，通过变量值即可获知单选按钮的选中状态。其中关联变量应预先声明，变量的类型为 IntVar 或 StringVar。

7.3.6　复选框 Checkbutton

Checkbutton 复选框控件是一组多项选择框。控件前面有个正方形的小方块，如果选中则有一个对勾，也可以再次单击以取消选中。创建 Checkbutton 控件的一般格式如下。

```
[变量]= Checkbutton (master, parameter=value,…)
```

说明：master 为 Entry 控件的父容器；parameter 为复选框控件的参数；value 为参数对应的值，各参数之间用逗号分隔。Checkbutton 控件常用参数及功能如表 7-12 所示。

表 7-12　Checkbutton 控件常用参数及功能

参　　数	描　　述
text	复选框附近的提示文字
variable	复选按钮索引变量，通过变量的值确定哪些复选按钮被选中。每个复选按钮使用不同的变量，使复选按钮之间相互独立
value	复选框选中时变量的值
onvalue	复选按钮选中（有效）时变量的值
offvalue	复选按钮未选中（无效）时变量的值
command	复选按钮选中时执行的命令（函数）
select()/deselect()	使复选框变为选中状态/取消复选框选中状态

为了跟踪用户对 Checkbutton 复选框的选择，每一个选项都需要与一个变量相关联，且每一个复选按钮关联的变量都是不同的。variable 属性绑定的变量只能是 IntVar 类型的变量，选中时的值为 1，未选中时为 0。为了返回多个选项值，通常不直接触发函数的执行，在所调用的函数中可分别调用每个绑定变量的 get()方法，取得被选中控件的 onvalue 或 offvalue 值。

【例 7.6】 Radiobutton 单选按钮与 Checkbutton 复选框控件示例。创建标题为“单选按钮与复选框”的窗口，在窗口内添加 2 个标题框架、1 个单行文本框和 1 个按钮控件。其中，第一个框架内又包含 3 个单选按钮（女子、男子和混合），第二个框架内包含 3 个复选框（乒乓球、羽毛球和游泳），效果如图 7-8(a)所示。程序运行时，单击“查看”按钮，清空文本框，同时在文本框中显示“您选了＋单选按钮文字＋复选框文字”，效果如图 7-8(b)所示。

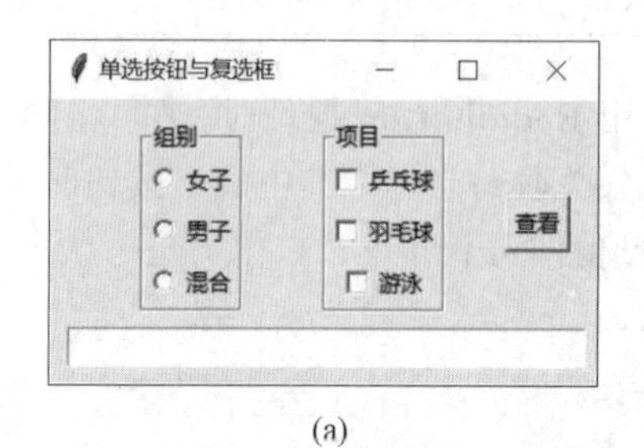

(a)

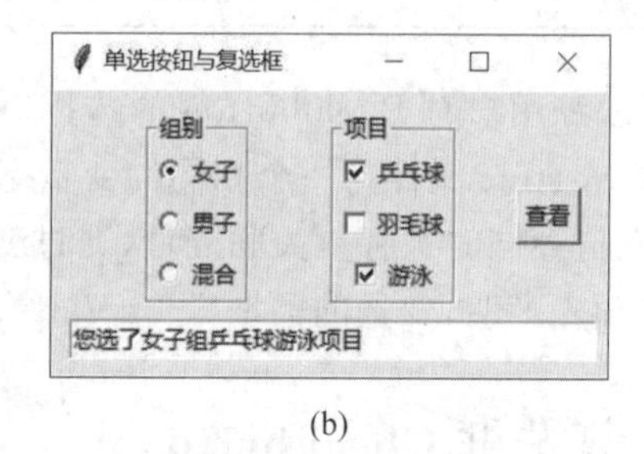

(b)

图 7-8 单选按钮与复选框示例

【分析】 本例涉及窗口的创建、框架控件 LabelFrame、单选按钮控件 Radiobutton、复选框控件 Checkbutton、单行文本框控件 Entry 和按钮控件 Button 的添加与参数设置，按钮的单击事件定义与绑定。具体操作步骤如下。

(1) 创建窗口对象。

(2) 在窗口内添加 2 个标题框架、3 个单选按钮、3 个复选框 1 个单行文本框和 1 个按钮控件，设置控件参数值并布局。

(3) 定义“查看”按钮的单击事件（自定义函数）。

(4) 通过按钮的 command 参数绑定事件。

程序代码：

```
from tkinter import *
#定义函数获取单选按钮与复选框选择信息
def btn_click():
    dic = {1:"女子",2:"男子",3:"混合"}
    s1="女子" if var.get()==1 else ""
    s2="男子" if var.get()==1 else ""
    s3="混合" if var.get()==1 else ""
    s = "您选了"+dic.get(var.get()) +"组"
    txt.delete(0, END)
```

```
        txt.insert(END, s)
        if(CheckVar1.get()==0 and CheckVar2.get()==0 and CheckVar3.get()==0):
            t = ""
        else:
             t1="乒乓球" if CheckVar1.get()==1 else ""
             t2="羽毛球" if CheckVar2.get()==1 else ""
             t3="游泳" if CheckVar3.get()==1 else ""
             t = "{}{}{}项目".format(t1,t2,t3)
        txt.insert(END, t)
win = Tk()
win.title("单选按钮与复选框")
win.geometry('300x150')
#载入框架
frm1 = LabelFrame(win, text="组别")
frm1.place(x=50,y=10)
frm2 = LabelFrame(win, text="项目")
frm2.place(x=150,y=10)
#载入单选按钮组
var = IntVar()
Radiobutton(frm1,text="女子",variable=var,value=1).pack()
Radiobutton(frm1,text="男子",variable=var,value=2).pack()
Radiobutton(frm1,text="混合",variable=var,value=3).pack()
#载入 3 个复选框
CheckVar1 = IntVar()
CheckVar2 = IntVar()
CheckVar3 = IntVar()
ch1 = Checkbutton(frm2,text="乒乓球",variable = CheckVar1).pack()
ch2 = Checkbutton(frm2,text="羽毛球",variable = CheckVar2).pack()
ch3 = Checkbutton(frm2,text="游泳",variable = CheckVar3).pack()
#载入 1 个命令按钮
btn = Button(win,text="查看",command=btn_click)
btn.place(x=250,y=50)
#载入多行文本框
txt=Entry(win,width=40)
txt.place(x=10,y=120)
win.mainloop()
```

程序说明：

(1) 创建单选按钮时，同组控件的 variable 属性必须相同，表明属于同一组。但是，同组内每个控件的 value 属性必须不同，这样当某个按钮被选中时，该控件的 value 属性值就会赋给 variable 绑定的变量。

(2) 在 4 个复选框中，定义了不同的变量 CheckVar1、CheckVar2、CheckVar3、CheckVar4，选择不同的复选框会获得每个变量的 onvalue 或 offvalue 值。若复选框没有被选中，则此变量的值为 offvalue;若复选框被选中,则此变量的值为 onvalue。

(3) 语句 txt.delete(0, END) 用于清空文本框。

(4) 语句 txt.insert(END, s)用于给文本框追加内容。

思考：设计用户界面,编写客户享受不同商品折扣的判断程序。在窗口中添加两个标题框架控件,一个标签控件和一个命令按钮控件。其中,第一个框架“客户类型”中又包含两个单选按钮(新客户和老客户);第二个框架“商品类别”中包含两个单选按钮(服装和书籍),如图 7-9(a)所示;程序运行时,分别选择“客户类型”和“商品类别”,单击“确定”按钮,在标签中显示商品的折扣比例。程序运行结果如图 7-9(b)所示。

折扣标准：新客户服装 8 折,新客户书籍 9 折;老客户服装 6 折,老客户书籍 7 折。

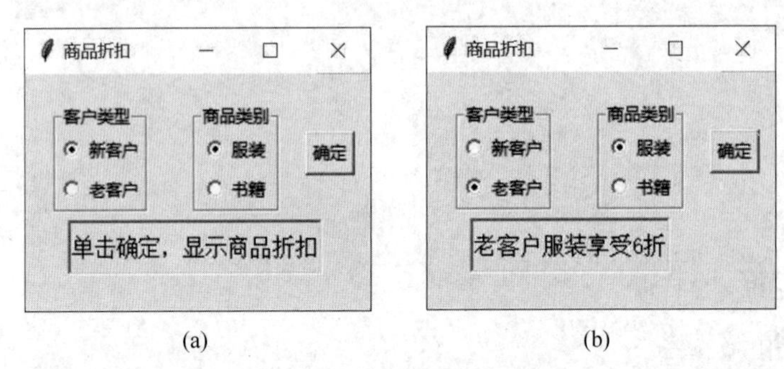

图 7 9　商品折扣运行结果

7.3.7　列表框 ListBox

ListBox 列表框控件通常用来显示一组文本选项。用户可以从中选择一项或多项。创建 ListBox 控件的一般格式如下。

```
[变量]= ListBox (master, parameter=value,…)
```

说明：master 为 Entry 控件的父容器;parameter 为列表框控件的参数;value 为参数对应的值,各参数之间用逗号分隔。Checkbutton 控件常用参数及功能如表 7-13 所示。

列表框中项目的位置用索引值确定,索引号从 0 开始,即出现在第 i 行位置上的数据项的索引号为 $i-1$。

表 7-13　ListBox 控件常用参数及功能

参　　数	描　　述
selectmode 属性	设置列表框的模式,有四种不同的选择模式,默认是 BROWSE。SINGLE(单选),BROWSE(单选,但拖动鼠标或通过方向键可以直接改变选项),MULTIPLE(多选),EXTENDED(多选,但需要同时按住 Shift 键或 Ctrl 键或拖曳鼠标实现)
insert(row, * elements)	在指定行 row (索引号) 插入列表元素或添加新选项到末尾 如：列表对象.insert(END,列表元素)

续表

参　　数	描　　述
delete(row [,endrow])	删除列表元素 如果忽略 endrow 参数,表示删除指定行 row (索引号) 如果有 endrow,则表示删除包含参数 row 到 endrow 范围内的所有选项
get(row [,endrow])	返回一个元组 如果忽略 endrow 参数,返回 row 参数指定的选项的文本 如果有 endrow,则返回 row(索引号) 到 endrow 范围内的所有选项的文本
index(index)	返回与 index 参数对应的选项序号
selectforeground()	指定当某个项目被选中时的文本颜色,默认值由系统指定
select_includes(index)	返回 index 参数指定的选项的选中状态 1 表示选中, 0 表示未选中
select_set(row [,endrow])	设置参数 row 到 endrow 范围内(包含 row 和 endrow)选项为选中状态,如果忽略 endrow 参数,则只设置 row 参数指定选项的选中状态
select_clear(row [,endrow])	取消参数 row 到 endrow 范围内(包含 row 和 endrow)选项的选中状态,如果忽略 endrow 参数,则只取消 row 参数指定选项的选中状态
curselection()	返回一个元组,包含被选中的选项的索引号(从 0 开始) 如果没有选中任何选项,返回一个空元组
xscrollcommand()	为 ListBox 控件添加一条水平滚动条,将此选项与 Scrollbar 控件相关联即可
yscrollcommand()	为 ListBox 控件添加一条垂直滚动条,将此选项与 Scrollbar 控件相关联即可

【例 7.7】 ListBox 列表框控件示例。创建标题为"列表框"的窗口,窗口内包含两个无标题框架控件,第一个框架内有一个 ListBox 列表框控件;第二个框架有一个 Entry 单行文本框控件和 5 个 Button 按钮控件,效果如图 7-10(a)所示。程序运行后,单击"初始化"按钮,列表框显示如图 7-10(b)所示列表项;单击"添加"按钮,将文本框内容添加到列表框中选中位置如图 7-10(c)所示;单击"修改"按钮,选中列表项的值被修改为文本框的值;单击"删除"按钮,删除选中列表项;单击"清空"按钮,删除列表框中的所有项。

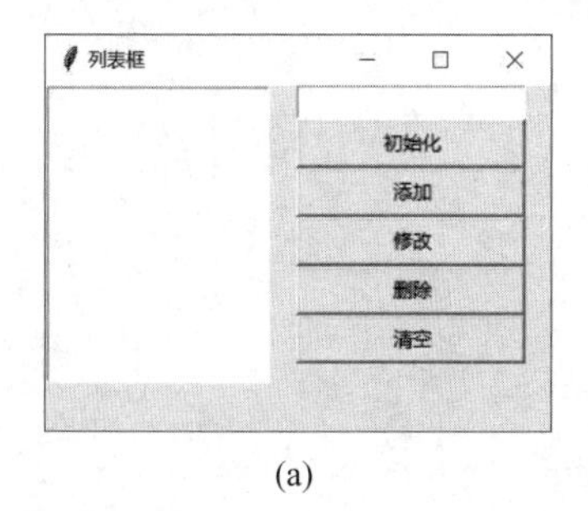

(a)

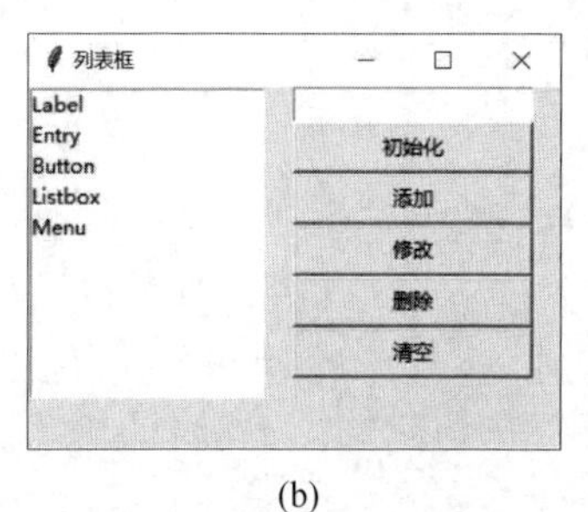

(b)

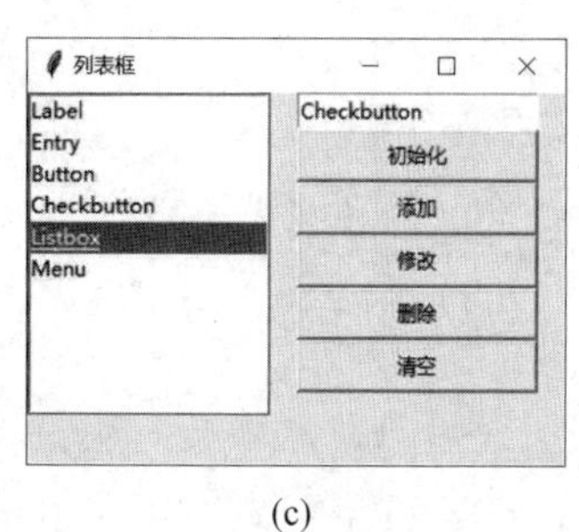

(c)

图 7-10　ListBox 列表框示例

【分析】 本例涉及窗口创建、框架控件 Frame、列表框控件 ListBox 和按钮控件 Button 的添加与参数设置,按钮的单击事件定义与绑定。具体操作步骤如下。

(1) 创建窗口对象。

(2) 在窗口中添加两个无标题框架、一个单行文本框和 5 个按钮控件,设置控件参数值并布局。

(3) 定义"初始化""添加""删除""修改"和"清空"按钮的单击事件(自定义函数)。

(4) 通过按钮的 command 参数绑定事件。

程序代码:

```
from tkinter import *
#初始化列表框
def ini_click():
      lst.delete(0,END)
      list_items = ["Label","Entry","Button","Listbox","Menu"]
      for item in list_items:
          lst.insert(END,item)
#添加列表框项目
def ins_click():
      if entry.get() != "":
          if lst.curselection() == ():
              lst.insert(lst.size(),entry.get())
          else:
              lst.insert(lst.curselection(),entry.get())
#修改列表框项目
def updt_click():
      if entry.get() != "" and lst.curselection() != ():
          selected=lst.curselection()[0]
          lst.delete(selected)
          lst.insert(selected,entry.get())
#删除列表框项目
def delt_click():
      if lst.curselection() != ():
          lst.delete(lst.curselection())
#清空列表框
def clear_click():
      lst.delete(0,END)
win = Tk()
win.title("列表框")
win.geometry("320x240")
#载入框架
frm1 = Frame(win,relief=RAISED)
frm1.place(relx=0.0)
frm2 = Frame(win,relief=GROOVE)
frm2.place(relx=0.5)
```

```
#载入列表框到框架 frm1
lst = Listbox(frm1)
lst.pack()
#载入输入框到框架 frm2
entry = Entry(frm2)
entry.pack()
#载入按钮到框架 frm2
Button(frm2,text="初始化",command=ini_click).pack(fill=X)
Button(frm2,text="添加",command=ins_click).pack(fill=X)
Button(frm2,text="修改",command=updt_click).pack(fill=X)
Button(frm2,text="删除",command=delt_click).pack(fill=X)
Button(frm2,text="清空",command=clear_click).pack(fill=X)
win.mainloop()
```

程序说明：

(1) insert()方法为列表框添加项目。例如，lst.insert(selected，entry.get())：将文本框内容插入到选中列表项的位置；lst.insert(END，item)：以追加方式将 item 添加到列表框末尾。

(2) curselection()以元组形式返回当前选中列表项的索引值。例如，lst.curselection()[0]：返回选中列表项的索引号。

(3) lst.curselection() != ()用来判断当前是否有选中的列表项。

(4) entry.get() != ""用来判断文本框中是否有内容。

(5) delete()方法删除列表中的项目。例如，lst.delete(lst.curselection())：删除当前选中项；lst.delete(0，END)：删除列表框中所有项目。

(6) size()方法返回列表框的选项个数。

思考：创建标题为"列表框应用"的窗口，窗口内包含 1 个标签控件，1 个列表框控件和 3 个按钮控件，如图 7-11(a)所示。程序运行时，单击"添加"按钮，在列表框中添加 10 个 10～99 的随机整数，如图 7-11(b)所示；单击"删除"按钮，删除选中的列表项；单击"判断"按钮，判断选中项的奇偶，如果是奇数标签显示"* 是奇数"，否则显示"* 是偶数"(其中，* 为选中项内容)，如图 7-11(b)所示。

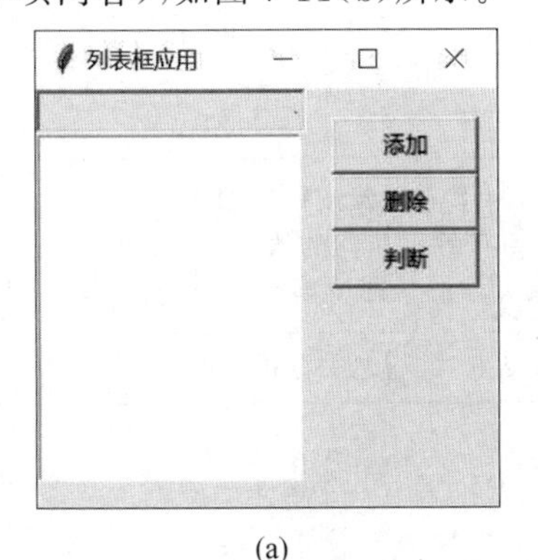

(a)

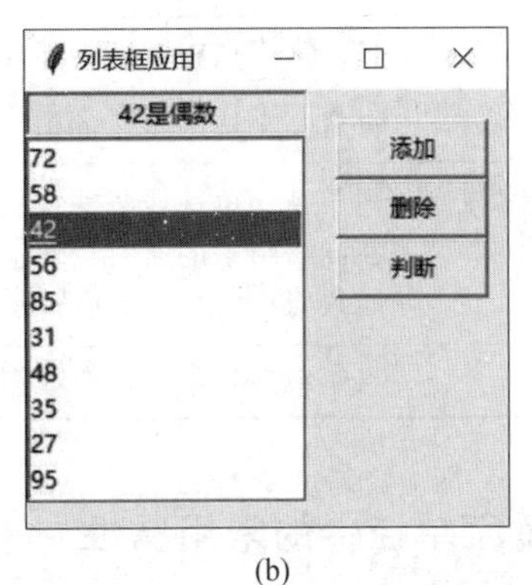

(b)

图 7-11 列表框应用运行结果

7.3.8 菜单 Menu

菜单是应用程序中重要的组成部分。一般由主菜单、快捷菜单和工具栏组成。主菜单包含子菜单和菜单选项。tkinter 中的 Menu 控件用来创建菜单。

1. Menu 菜单控件的方法

add_type(options)或者 add(type, options)。

其中,type 参数指定添加的菜单类型,参数值为:command、cascade、checkbutton、radiobutton 或 separator。

(1) add_cascade(options)/add(cascade, options):将一个指定的菜单与其父菜单关联,创建一个新的级联菜单。

(2) add_command(options)/add(command, options):添加一个普通的命令菜单项。

(3) add_separator(options)/add(separator, options):添加一条分隔线。

(4) add_checkbutton(options)/add(checkbutton, options):创建复选按钮菜单项。

(5) add_radiobutton(options)/ add(radiobutton, options):创建单选按钮菜单项。

(6) add 方法的 options 参数说明如表 7-14 所示。

表 7-14 add 方法的 options 选项常用参数

参数	描述
accelerator	显示该菜单项的快捷键(仅显示),如 accelerator="Ctrl+N"
columnbreak	从该菜单项开始另起一列显示
command	将该选项与一个方法相关联,当用户单击该菜单项时将自动调用此方法
hidemargin	是否显示菜单项旁边的空白
label	指定菜单项显示的文本
menu	该选项仅在 cascade 类型的菜单中使用,用于指定它的下级菜单
offvalue	自定义未选中状态的值,默认为 0
onvalue	自定义未选中状态的值,默认为 1
value	当菜单为单选或复选按钮时,用于标志该按钮的值 在同一组中的所有按钮应该拥有各不相同的值 通过将该值与 variable 选项的值对比,即可判断用户选中了哪个按钮
variable	当菜单项是单选按钮或多选按钮时,与之关联的变量

2. Menu 菜单控件的常用属性

(1) tearoff: 是否分窗。当值为 0 或者 False 时,表示在原窗显示;如果此选项为 1 或

True 时，在菜单项的上面就会显示一个可选择的分隔线，单击分割线后弹出独立窗口，默认为 1。

(2) activebackgound：单击时的背景色。

(3) activeforeground：单击时的前景色。

(4) activeborderwidth：单击时的边框宽。

(5) disabledforeground：当 Menu 处于 disabled 状态时的前景色。

(6) postcommand：指定一个方法，当菜单被打开的时候该方法将自动被调用。

(7) selectcolor：菜单项被选中时的背景色。

(8)title：分窗时的标题，默认是其菜单的名字。

3. 创建 Menu 菜单的步骤

(1) 创建主菜单。

```
主菜单名=Menu(窗口名)
```

(2) 显示主菜单。

```
窗口名.config(menu=主菜单名)
```

(3) 创建主菜单下的子菜单。

```
子菜单名=Menu(主菜单名,tearoff=0/1)
```

(4) 为子菜单添加菜单项。

```
子菜单名.add_command(label='菜单项文字',command=函数名)
```

(5) 将子菜单关联到主菜单。

```
主菜单名.add_cascade(label='子菜单文字', menu=子菜单名)
```

(6) 重复(3)～(5)三个步骤。

Menu 控件也可以创建快捷菜单(又称弹出式菜单)。通常需要右击弹出控件绑定鼠标右击响应事件＜Button－3＞，并指向一个捕获 event 参数的自定义函数，在该自定义函数中，将鼠标的触发位置 event.x_root 和 event.y_root 以 post()方法传给菜单。菜单的分类较多，常见的有下拉菜单和弹出菜单。

【例 7.8】 Menu 菜单控件示例。创建如图 7-12 所示菜单。

【分析】 本例涉及主菜单、子菜单、菜单项的创建以及快捷菜单的触发与绑定。具体操作步骤如下。

(1) 创建并显示主菜单。

(2) 创建主菜单下的 3 个子菜单，并将其关联到主菜单上。

(3) 为“文件”子菜单添加“新建”“打开”“保存”“退出”菜单项和分割线，如图 7-12(a)

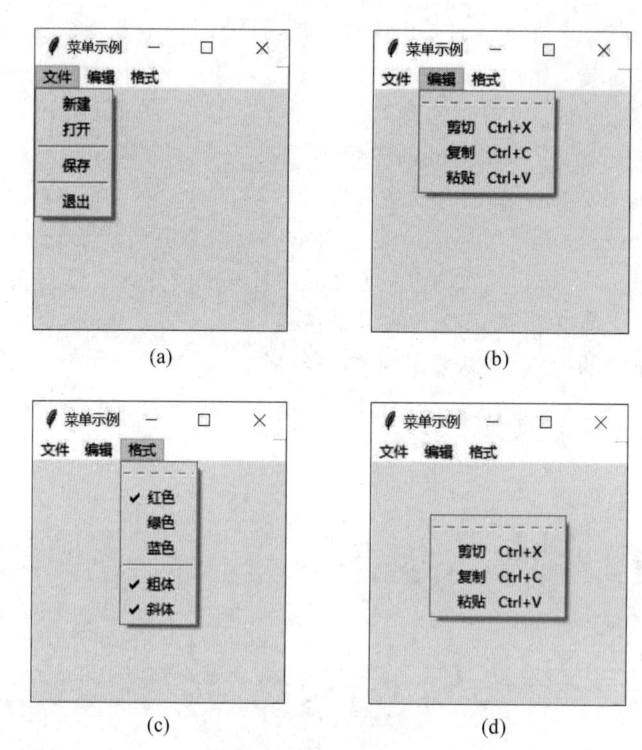

图 7-12 菜单示例

所示。

(4) 为“编辑”子菜单添加“剪切”“复制”“粘贴”菜单项以及快捷键，如图 7-12(b)所示。

(5) 为“格式”子菜单添加单选菜单项“红色”“绿色”和“蓝色”，如图 7-12(c)所示。

(6) 为“格式”子菜单添加复选菜单项“粗体”和“斜体”，如图 7-12(c)所示。

(7) 为“编辑”子菜单定义快捷菜单响应函数，并绑定快捷菜单，如图 7-12(d)所示。

程序代码：

```
from tkinter import *
win = Tk()
win.title('菜单示例')
def funpass():
    pass
#定义快捷菜单响应函数
def popup(event):
    mnu2.post(event.x_root, event.y_root)
#创建主菜单
topmenu = Menu()
win.config(menu=topmenu)
#创建三个子菜单并添加到主菜单
```

```
mnu1 = Menu(topmenu, tearoff=0)
topmenu.add_cascade(label='文件', menu=mnu1)
mnu2 = Menu()
topmenu.add_cascade(label='编辑', menu=mnu2)
mnu3 = Menu()
topmenu.add_cascade(label='格式', menu=mnu3)
#添加菜单项到"文件"子菜单
mnu1.add_command(label='新建', command=funpass)
mnu1.add_command(label='打开', command=funpass)
mnu1.add_separator()                #添加分隔线
mnu1.add_command(label='保存',command=funpass)
mnu1.add_separator()
mnu1.add_command(label='退出',  command=lambda :exit())
#添加菜单项到"编辑"子菜单
mnu2.add_radiobutton(label='剪切',accelerator = "Ctrl+X" , command=funpass)
mnu2.add_radiobutton(label='复制',accelerator = "Ctrl+C" , command=funpass)
mnu2.add_radiobutton(label='粘贴',accelerator = "Ctrl+V" , command=funpass)
#在"格式"子菜单下添加单选菜单项
for i in ["红色", "绿色", "蓝色"]:
    mnu3.add_radiobutton(label=i)
mnu3.add_separator()
#在"格式"子菜单下添加复选菜单项
for i in ["粗体", "斜体"]:
    mnu3.add_checkbutton(label=i)
#绑定快捷菜单对象
win.bind("<Button-3>", popup)
win.mainloop()
```

程序说明：

（1）pass语句在函数中是一条占位语句，作用是为了保证格式完整和语义完整，也可以当作一个标记，表明后来有待完成的代码。

（2）语句Menu(topmenu，tearoff=0)在创建文件菜单项时不显示分窗。

（3）语句add_separator()用于添加一条分隔线。

（4）语句win.bind("<Button－3>"，popup)用于设置弹出快捷菜单对象的绑定事件。

7.4 对 话 框

7.4.1 通用消息对话框

消息窗口(messagebox)用于弹出提示框向用户进行告警，或让用户选择下一步如何操作。消息对话框是独立于窗口的弹出式提示信息。要显示弹出式的消息对话框，首先需要导入 tkinter 的子模块 messagebox。

消息对话框一般格式如下。

```
消息框函数(title=标题文本,message=提示文字,icon=图标类型,type=按钮类型)
```

参数说明：

title：指定对话框的标题文本。

message：指定提示区的文字内容(可使用\n、\t 等参数)。

icon：指定图标，可选的属性值有 error、info、question、warning。

type：指定不同的命令按钮组合，可选的属性值有 abort、retry、ignore(取消、重试、忽略)、ok(确定)、okcancel(确定、取消)、retrycancel(重试、取消)、yesno(是、否)、yesnocancel(是、否、取消)。

Messagebox 模块提供了如表 7-15 所示函数。

表 7-15　通用消息对话框函数说明及示例

函数名	功能	格式	示例
askokcancel()	询问用户操作是否继续，选择“确定”返回 True，选择“取消”则返回 False	askokcancel(title = 'askokcancel', message='是否执行？')	askokcancel × 是否执行? 确定 取消
askquestion()	显示一个问题，选择“是”返回 True，选择“否”则返回 False	askquestion(title = 'askquestion', message='是否保存？')	askquestion × 是否保存? 是(Y) 否(N)
askretrycancel()	询问用户是否要重试操作，选择“重试”返回 True，选择“取消”则返回 False	askretrycancel(title='askretrycancel', message='是否重试？')	askretrycancel × 是否重试? 重试(R) 取消
askyesno()	显示一个问题，选择“是”返回 True，选择“否”则返回 False	askyesno(title='askyesno', message='是否继续？')	askyesno × 是否继续? 是(Y) 否(N)

续表

函数名	功能	格式	示例
showerror()	错误消息对话框	showerror (title = ' showerror ', message='程序运行出错!')	showerror 程序运行出错! 确定
showinfo()	提示消息对话框	showinfo(title='showinfo', message='欢迎进入 Python 世界!')	showinfo 欢迎进入Python 世界! 确定
showwarning()	警告消息对话	showwarning(title='showwarning', message='错误警告!')	showwarning 错误警告! 确定

【例 7.9】 消息对话框示例。创建如图 7-13(a)所示窗口,窗口内包含一个标签和一个按钮控件。程序运行时,单击“弹出对话框”按钮,弹出如图 7-13(b)所示消息对话框,单击“确定”按钮,在标签内显示“已确认”,如图 7-13(c)所示;单击“取消”按钮,在标签内显示“已取消”,如图 7-13(d)所示。

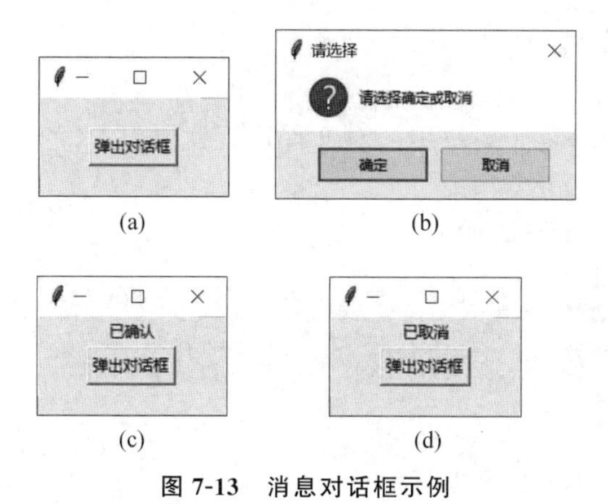

图 7-13 消息对话框示例

【分析】 本例涉及窗口的创建、标签控件内容的修改、按钮控件的单击事件以及通用消息对话框的操作。具体操作步骤如下。

(1) 导入 tkinter 的 messagebox 子模块。

(2) 创建窗口对象。

(3) 在窗口中添加一个标签和一个按钮控件并布局,标签控件用于显示消息对话框后续操作的反馈信息。

(4) 定义按钮的单击事件(自定义函数)并通过 command 绑定该事件。

(5) 在自定义函数中,通过 messagebox 子模块的 askokcancel 函数,打开消息对话框,询问用户操作是否继续。

程序代码:

```
from tkinter import *
import tkinter.messagebox
win = Tk()
def msb():
    answer=tkinter.messagebox.askokcancel("请选择","请选择确定或取消")
    if answer:
        lbl.config(text="已确认")
    else:
        lbl.config(text="已取消")
lbl = Label(win,text="")
lbl.pack()
btn=Button(win,text="弹出对话框",command=msb)
btn.pack()
win.mainloop()
```

程序说明:调用 messagebox 模块的 askokcancel()函数,询问用户操作是否继续,选择"确认"返回 True,选择"取消"则返回 False。

7.4.2 文件选择对话框

tkinter 中的 filedialog 子模块用来对文件进行读取/写入,实现对文件的浏览、打开和保存等操作。

文件选择对话框一般格式如下。

```
文件选择对话框函数(title=标题文本, filetypes=[“类型名”,”后缀”], initialdir=打开/保存文件的默认路径)
```

参数说明:

title:指定对话框的标题文本。

initialdir:指定初始打开/保存文件的路径,默认路径是当前文件夹。

filetypes:指定筛选文件类型的下拉菜单选项,该选项的值是由二元组构成的列表,每个二元组由(类型名,后缀)构成,例如:filetypes=[("PNG", ".png"), ("JPG", ".jpg"), ("GIF", ".gif")]。

defaultextension:指定文件的后缀(默认扩展名),例如:defaultextension=".txt",那么当用户输入一个文件名"test"的时候,文件名会自动添加后缀为"test.txt"。

parent：指定父窗口，如果不指定该选项，那么对话框默认显示在根窗口上。

filedialog 模块提供了如表 7-16 所示函数。

表 7-16　文件选择对话框函数说明

函　数　名	功　　能
asksaveasfilename()	生成保存文件的对话框，返回所选择文件的文件路径
asksaveasfile()	生成保存文件的对话框，返回所选文件的文件输出流，程序可通过该文件输出流向文件写入数据
askopenfilename()	生成打开单个文件的对话框，返回所选择文件的文件路径
askopenfile()	生成打开单个文件的对话框，返回所选文件的文件流，程序可通过该文件流读取文件内容
askopenfilenames()	生成打开多个文件的对话框，返回多个所选择文件的文件路径组成的元组
askopenfiles()	生成打开多个文件的对话框，返回多个所选择文件的文件流组成的列表，程序可通过这些文件流读取文件内容
askdirectory()	生成打开目录的对话框

【例 7.10】　文件选择对话框示例。创建如图 7-14(a)所示窗口，窗口内包含一个标签和一个按钮控件。程序运行时，单击“弹出文件选择对话框”按钮，弹出如图 7-14(b)所示消息对话框，单击“打开”按钮，在标签内显示“您选择的文件是＋所选文件及路径”，如图 7-14(c)所示；单击“取消”按钮，在标签内显示“您没有选择任何文件”，如图 7-14(d)所示。

(a)　(b)

(c)　(d)

图 7-14　文件选择对话框示例

【分析】 本例涉及窗口的创建、标签控件内容的修改、按钮控件的单击事件以及文件选择对话框的操作。具体操作步骤如下。

(1) 导入 tkinter 的 filedialog 子模块。

(2) 创建窗口对象。

(3) 在窗口中添加一个标签和一个按钮控件并布局,标签控件用于显示文件选择对话框后续操作的反馈信息。

(4) 定义按钮的单击事件(自定义函数)并通过 command 绑定该事件。

(5) 在自定义函数中,通过 filedialog 子模块的 askopenfilename()函数,打开文件选择对话框,获得所选择文件的信息。

程序代码:

```
from tkinter import *
import tkinter.filedialog
def fdlg():
    filename=tkinter.filedialog.askopenfilename()
    if filename != "":
        lbl.config(text="您选择的文件是"+filename)
    else:
        lbl.config(text="您没有选择任何文件")
win = Tk()
lbl = Label(win,text="")
lbl.pack()
btn=Button(win,text="弹出文件选择对话框",command=fdlg)
btn.pack()
win.mainloop()
```

程序说明:调用 filedialog 模块的 askopenfilename()函数,可以生成打开单个文件的对话框,返回所选择文件的文件路径。

7.4.3 颜色选择对话框

tkinter 模块中的 colorchooser 子模块提供了用于生成颜色选择对话框的 askcolor()函数,用来打开颜色选择对话框指定颜色,默认是浅灰色。

颜色选择对话框一般格式如下。

```
颜色选择对话框函数(title=对话框标题, color =初始颜色,parent=父窗口)
```

参数说明:

title:指定对话框的标题文本。

color:指定初始颜色。

parent:指定父窗口,如果不指定该选项,那么对话框默认显示在根窗口上。

askcolor()函数返回值说明：如果选择一个颜色，单击“确定”按钮后，返回值是一个二元组，结构为((R, G, B), color)，RGB 的值是 0～255 的整数，color 是颜色的十六进制表示；如果单击“取消”按钮，那么返回值是(None, None)。

【例 7.11】 颜色选择对话框示例。创建如图 7-15(a)所示窗口，窗口内包含两个标签和一个按钮控件。程序运行时，单击“弹出颜色选择对话框”按钮，弹出如图 7-15(c)所示“颜色”对话框，选择颜色后单击“确定”按钮，在标签 1 内显示所选颜色信息，同时标签 2 控件的背景颜色为选择颜色，标签内容为十六进制颜色值，如图 7-15(b)所示。

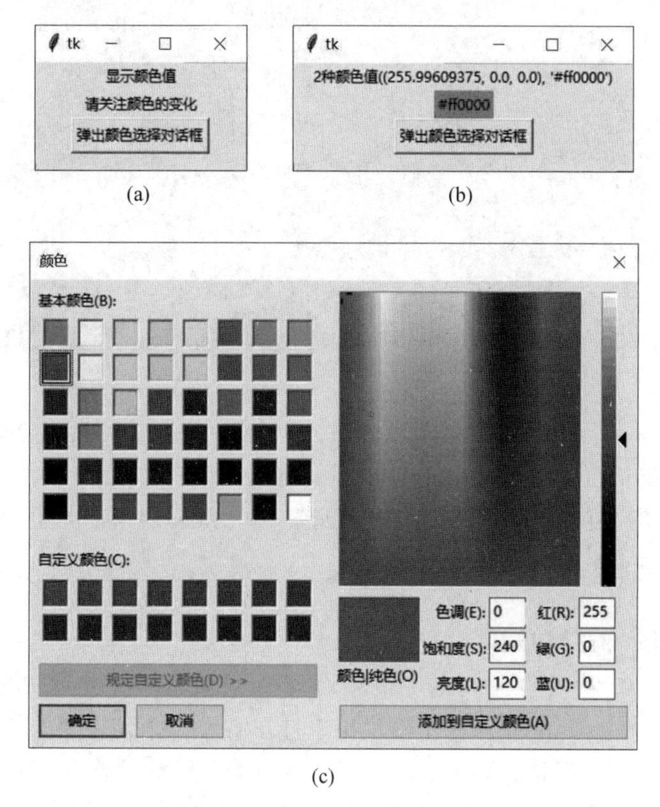

图 7-15　颜色选择对话框示例

【分析】 本例涉及窗口的创建、标签控件内容的修改、按钮控件的单击事件以及颜色选择对话框的操作。具体操作步骤如下。

(1) 导入 tkinter 的 colorchooser 子模块。

(2) 创建窗口对象。

(3) 在窗口中添加 2 个标签和 1 个按钮控件并布局。

(4) 定义按钮的单击事件(自定义函数)并通过 command 绑定该事件。

(5) 在自定义函数中，通过 colorchooser 子模块的 askcolor()函数，打开颜色选择对话框，并获得所选择颜色的信息。在第 1 个标签内显示所选颜色信息；第 2 个标签背景设置为所选颜色，同时在第 2 个标签内显示所选颜色的十六进制颜色信息。

程序代码：

```
from tkinter import *
import tkinter.colorchooser
def cak():
    color=tkinter.colorchooser.askcolor()
    s="2种颜色值{}".format(color)
    lbl1.config(text=s)
    lbl2.config(text=color[1],bg=color[1])
win = Tk()
lbl1 = Label(win,text="显示颜色值")
lbl1.pack()
lbl2 = Label(win,text="请关注颜色的变化")
lbl2.pack()
btn=Button(win,text="弹出颜色选择对话框",command=cak)
btn.pack()
win.mainloop()
```

程序说明：

(1) colorchooser模块的askcolor()函数返回的是一个元组，其格式为((R, G, B), "#rrggbb")，代码为：color=tkinter.colorchooser.askcolor()。

(2) 用序列切片可以获取返回元组中的元素，如color[1]返回元组中的第2个元素，即十六进制颜色值。

7.4.4 简单信息对话框

tkinter模块中的simpledialog子模块用于打开输入字符串、整数以及浮点数对话框。简单信息对话框一般格式如下。

```
简单信息对话框函数(title=对话框标题, prompt =输入提示, initialvalue =初始值, maxvalue =最大值, minvalue =最小值)
```

参数说明：

title：指定对话框的标题文本。

prompt：指定对话框上的输入提示信息。

initialvalue：指定对话框输入框的初始值。

minvalue：指定输入的最小值。

maxvalue：指定输入的最大值。

simpledialog模块提供了如表7-17所示函数。

表 7-17　简单信息对话框函数说明

函　数　名	功　　能
askfloat()	打开输入对话框,输入并返回浮点数
askinteger()	打开输入对话框,输入并返回整数
askstring()	打开输入对话框,输入并返回字符串

【例 7.12】 简单信息对话框使用示例。创建如图 7-16(a)所示窗口,窗口内包含 1 个标签和 1 个按钮控件。程序运行时,单击"弹出简单输入对话框"按钮,弹出如图 7-16(b)所示输入对话框,输入信息后单击 OK 按钮,在标签内显示输入信息,如图 7-16(c)所示。

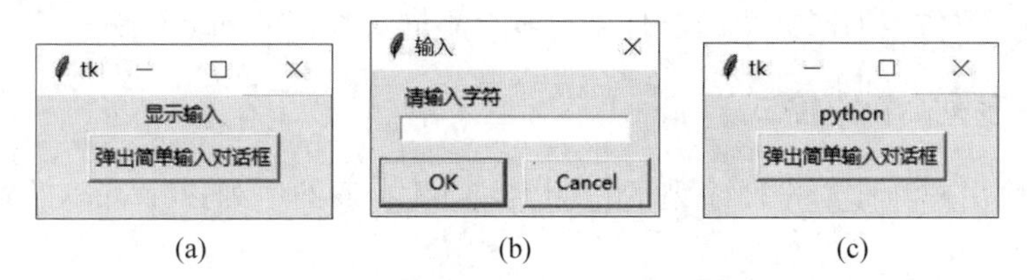

(a)　(b)　(c)

图 7-16　简单信息对话框示例

【分析】 本例涉及窗口的创建、标签控件内容的修改、按钮控件的单击事件以及简单信息对话框的操作。具体操作步骤如下。

(1) 导入 tkinter 的 simpledialog 子模块。

(2) 创建窗口对象。

(3) 在窗口中添加 1 个标签和 1 个按钮控件并布局。

(4) 定义按钮的单击事件(自定义函数)并通过 command 绑定该事件。

(5) 在自定义函数中,通过 simpledialog 子模块的 askstring()函数,打开简单信息对话框,获得输入信息并显示在标签内。

程序代码:

```
from tkinter import *
import tkinter.simpledialog
def sdg():
    s=tkinter.simpledialog.askstring("输入","请输入字符")
    lbl.config(text=s)
win = Tk()
lbl = Label(win,text="显示输入")
lbl.pack()
btn=Button(win,text="弹出简单信息对话框",command=sdg)
btn.pack()
win.mainloop()
```

程序说明:调用 simpledialog 模块的 askstring()函数,可以打开输入对话框,输入并返回字符串。

7.5 事件处理

7.5.1 事件序列

1. 事件

事件(event)是发生在一个对象上,能够被识别的动作。事件有多种来源,一般为用户触发的鼠标、键盘操作或系统事件。在 tkinter 中 event 是一个类,当某个事件发生时,生成一个 event 对象,不同类型的事件生成具有不同属性的 event 对象。

2. 事件序列(事件格式)

tkinter 使用一种称为事件序列的机制定义事件,事件序列以字符串的形式表示,其语法格式如下。

```
<[modifier-]-type[-detail]>
```

(1) 事件序列必须用尖括号括起来。

(2) type 是事件序列中最重要的用于描述事件类型的选项,如按键(Key)、鼠标(Button/Motion/Enter/Leave/Relase)、Configure 等,type 关键字及含义如表 7-18 所示。

表 7-18 type 选项常用关键字及含义

关 键 字	含 义
Button	鼠标单击事件,detail 部分指定具体哪个按键: <Button-1>鼠标左键,<Button-2>鼠标中键,<Button-3>鼠标右键;鼠标的位置 x 和 y 会被 event 对象传给 handler
ButtonRelease	鼠标释放事件,在大多数情况下,比 Button 更好用,因为如果当用户不小心按下鼠标,用户可以将鼠标移出控件再释放鼠标,从而避免不小心触发事件
Active	当控件状态从"未激活"变为"激活"时触发该事件
Deactivate	当控件状态从"激活"变为"未激活"时触发该事件
Configure	控件大小改变事件,新的控件大小会打包到 event 发往 handler 中的 width 和 height 属性中
Motion	鼠标移动事件,鼠标在控件内移动的整个过程均触发该事件
Leave	鼠标移出控件事件
FocusIn	获得焦点事件
FocusOut	失去焦点事件
KeyPress	键盘按下事件,detail 可指定具体的按键,例如,<KeyPress-H>表示当大写字母 H 被按下时触发该事件,KeyPress 也可以简写成 Key

续表

关 键 字	含 义
KeyRelease	键盘释放事件，当释放键盘按键的时候触发该事件
Return	当按下回车键时触发

（3）modifier 选项是可选项，用于描述组合键，如 Ctrl、Alt、Shift 组合键和 Double 事件，modifier 关键字及含义如表 7-19 所示。

表 7-19 modifier 选项常用关键字及含义

按键类型	含 义
Alt	当按下 Alt 按键时触发
Any	表示任何类型的按键被按下时触发
Control	当按下 Ctrl 按键时触发
Double	当后续两个事件被连续执行时触发，例如，<Double-Button-1>表示当用户双击鼠标左键时触发事件
Lock	当打开大写字母锁定键（CapsLock）时触发
Shift	当按下 Shift 按键时触发
Triple	与 Double 类似，当后续三个事件被连续执行时触发

（4）detail 选项是可选项，用于描述具体的按键，如 Button-1 表示单击鼠标左键，Button-2 表示单击鼠标中键，Button-3 表示单击鼠标右键。

3. 事件对象

当 tkinter 调用预先定义的函数时，会将事件对象（作为参数）传递给回调函数，事件对象的属性及含义如表 7-20 所示。

表 7-20 event 事件对象的属性及含义

属 性	含 义
widget	触发事件的控件对象
x，y	当前鼠标的位置（相对于窗口左上角，单位为像素）
x_root，y_root	当前鼠标的位置（相对于屏幕左上角，单位为像素）
char	按键的字符（仅限键盘事件）
keysym	关键符号（仅限键盘事件）
keycode	关键代码（仅限键盘事件）
num	按钮数字（仅限鼠标按钮事件）
width，height	仅用于 Configure 事件，当控件的形状发生变化后的新尺寸
type	事件类型

7.5.2 事件绑定

事件绑定(event binding)是指当一个事件发生时程序能够做出的响应。tkinter 事件绑定有四种方式：控件绑定、窗口绑定、类绑定和应用绑定。

1. 控件绑定

对于每个控件来说，当该控件对象上发生了事件序列对应的事件时，调用事件回调函数。

控件绑定的一般语法格式如下。

```
控件对象名.bind(event, handler)
```

其中，event 为 tkinter 通过事件序列机制已定义的事件，handler 为一个处理函数或方法。例如：btn.bind('<Button-3>',bnt_click)，该语句表示在 btn 按钮上单击鼠标右键时自定义函数 bnt_click 被调用。

2. 窗口绑定

窗口绑定的事件是在窗口或窗口的控件上发生了事件序列对应的事件时，调用事件回调函数。窗口绑定的一般语法格式如下。

```
窗口对象名.bind(event, handler)
btn.bind('< Return>',bnt_click)        #btn 为按钮对象,bnt_click 为自定义函数
win. .bind('<Return>',win_click)       #win 为窗口对象,win_click 为自定义函数
```

以上代码中，按钮获得焦点时按 Enter 键则回调函数 bnt_click()和 win_click()都会被调用。

3. 类绑定

将某个事件处理绑定到某类控件上，所有控件类的控件都会响应该事件。

类绑定的一般语法格式如下。

```
类对象.bind_class(widget,event, handler)
```

其中，widget 为控件类，event 为 tkinter 通过事件序列机制已定义的事件，handler 为一个处理函数或方法。

4. 应用绑定

将某个事件处理绑定到当前应用程序后，该应用程序的所有控件都会响应该事件。应用绑定的一般语法格式如下。

```
任意对象.bind_all(event, handler)
```

7.6 本章小结

本章以 Python 的内置 tkinter 库为例,介绍了图形界面开发的基本方法和步骤。以实例为切入点,学习了常用标签 Label、单行文本框 Entry、按钮 Button、框架 Frame(框架 LabelFrame)、单选按钮 Radiobutton、复选框 Checkbutton、列表框 ListBox 和菜单 Menu 控件,以及各类对话框的功能和操作。同时学习了使用 pack、grid 和 place 布局管理器进行图形界面布局以及事件处理等内容。通过本章的学习,读者能够了解 Python 的 GUI 相关知识,并使用 TK 编写交互式的图形界面。

7.7 上机实验

【实验 7.1】 设计一个包含 Label 控件、Entry 控件和 Button 控件的 GUI 用户登录界面。如图 7-17(a)所示。程序运行时,在两个文本框中分别输入用户名和密码,如果用户名和密码都正确,则弹出消息框如图 7-17(b)所示;如果用户名正确,密码错误,则弹出消息框如图 7-17(c)所示;如果用户名或密码为空,则弹出消息框如图 7-17(d)所示;如果用户名不存在,则弹出消息框如图 7-17(e)所示。

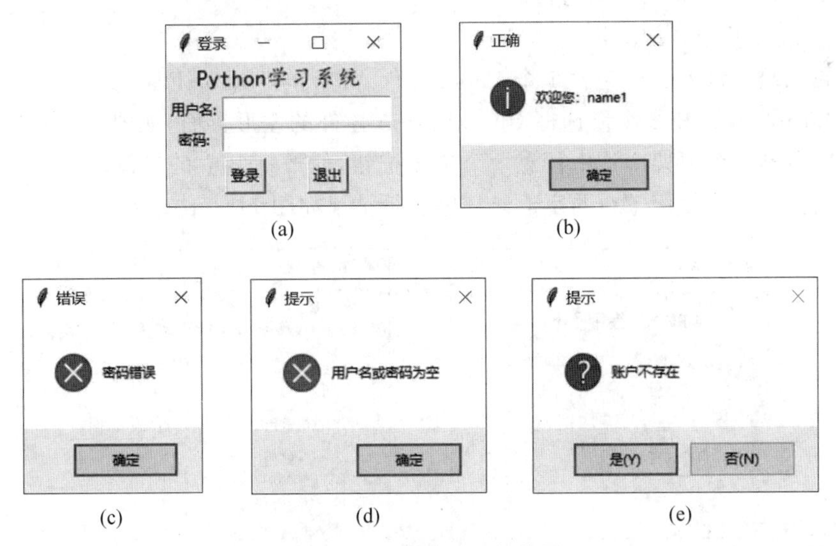

图 7-17 登录窗口运行结果

1. 实验目的。

(1) 理解 tkinter 开发图形用户界面应用程序的方法。

(2) 巩固 Label 控件、Entry 单行文本框控件和 Button 按钮控件的使用方法。

(3) 巩固 tkinter 布局管理器 grid 和 place 方法。

(4) 熟悉 tkinter 事件处理方法。

2. 实验步骤。

(1) 导入 tkinter 库和 messagebox 模块。

(2) 创建窗口对象。

(3) 在窗口中添加 3 个标签、2 个按钮和 2 个单行输入文本框控件并设置其属性。

(4) 调用控件的 grid 网格布局方法，设置 3 个标签和 2 个文本框控件的位置和大小。

(5) 调用控件的 place 布局方法，设置 2 个命令按钮控件的位置和大小。

(6) 定义"登录"按钮和"退出"按钮的 command 绑定事件(即自定义函数)。

(7) 启动事件循环。

3. 提示。

(1) 定义字典用于存放用户名与密码。

(2) 同一窗口中布局时，grid 方法与 place 方法可以同时使用，grid 方法与 pack 方法不能同时使用。

(3) 使用 show＝" * "设置文本框中的密码格式。

(4) 使用消息对话框时，必须先导入 messagebox 模块。

(5) "Python 学习系统"标签控件占用 grid 网格布局中的两个单元格，从 0 行 0 列开始跨两列合并，参数为 row＝0，column＝0，columnspan＝2。

4. 扩展。

(1) 增加密码输入次数限制。

(2) 使用文件存储用户名与密码。

(3) 登录界面中添加图像。

【实验 7.2】 设计一个包含 1 个 Label 控件、2 个框架 LabelFrame 控件、3 个单选按钮 Radiobutton 控件和 2 个复选框 Checkbutton 控件的图形界面，如图 7-18(a)所示。程序运行时，在第 1 个框架中选中任意一个单选按钮，修改标签中的字体颜色；在第 2 个框架中选中复选框，修改标签中的字形。程序运行结果如图 7-18(b)所示。

(a)

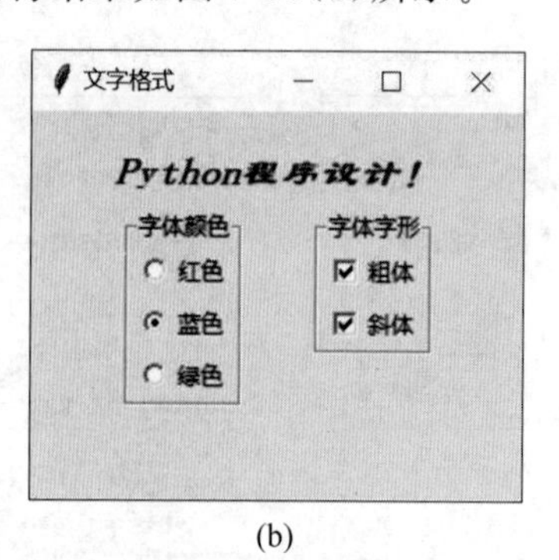

(b)

图 7-18 字体格式设置

1. 实验目的。

(1) 巩固 Label 控件、LabelFrame 框架控件、Radiobutton 单选按钮控件和 Checkbutton 复选框控件的使用方法。

(2) 巩固 tkinter 布局管理器 pack 和 place 方法。

(3) 熟悉 tkinter 事件处理方法。

2. 实验步骤。

(1) 导入 tkinter 模块。

(2) 创建窗口对象。

(3) 在窗口中添加 1 个标签控件和 2 个标题框架控件;在第 1 个框架中添加 3 个单选按钮,在第 2 个框架中添加 2 个复选框控件,并设置所有控件属性。

(4) 调用控件的 place 位置布局方法,设置 1 个标签和 2 个框架控件的位置。

(5) 调用控件的 pack 块布局方法,设置 3 个单选按钮和 2 个复选框在控件中的位置。

(6) 通过绑定事件处理程序,定义单选按钮和复选框的 command 绑定事件。

(7) 启动事件循环。

3. 提示。

(1) 使用 configure()方法或 config()来实现修改标签内文本格式。

(2) 复选框的 variable 属性绑定变量为 IntVar 类型,每个复选框的 value 属性值必须不同,可以为复选框的 onvalue 设置属性值。

(3) 单选按钮的 variable 属性绑定变量为 StringVar 类型,每个单选按钮的 value 属性值必须不同,可以设置属性值为“red”“green”和“blue”。

(4) 用 get()方法获取单选按钮和复选框控件的 value 值。

4. 扩展。

(1) 使用颜色选择对话框选取颜色。

(2) 将标签控件修改为多行文本框控件。

习　　题

1.【单选】以下(　　)不是标准 GUI 库 tkinter 的几何布局管理器。

A. grid　　B. place　　C. frame　　D. pack

2.【单选】以下(　　)是单行文本框控件。

A. Label　　B. Entry　　C. Text　　D. ListBox

3. 创建应用程序主窗口。窗口标题:“欢迎走进 Python 世界!”;窗口置顶;大小:200×200,窗口位置:x=400,y=200;背景颜色:“蓝色”;最小尺寸:100×100。

4. 统计字符个数。在窗口中添加 2 个标签、1 个单行文本框和 1 个按钮控件，如图 7-19(a)所示。程序运行时，在文本框中输入字符，单击“统计”按钮后，统计输入字符中的字母个数和数字个数，同时在标签 2 控件中显示统计后的结果。程序运行结果如图 7-19(b)所示。

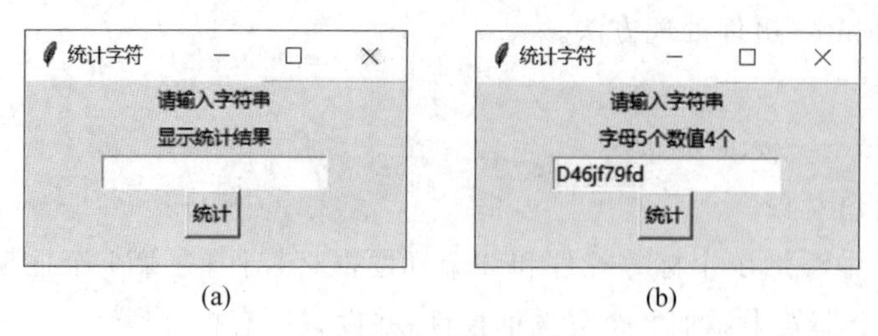

(a) (b)

图 7-19 统计字符个数运行结果

5. 简单计算器设计。在窗口中添加 1 个标签、1 个多行文本框、2 个单行文本框和 2 个按钮控件，如图 7-20(a)所示。程序运行时，在两个单行文本框中输入数字，单击“加”按钮后，对两数进行求和运算，同时在下面的多行文本框中以追加方式显示表达式；单击“减”按钮后，对两数进行求差运算，同时在下面的多行文本框中以追加方式显示表达式。程序运行结果如图 7-20(b)所示。

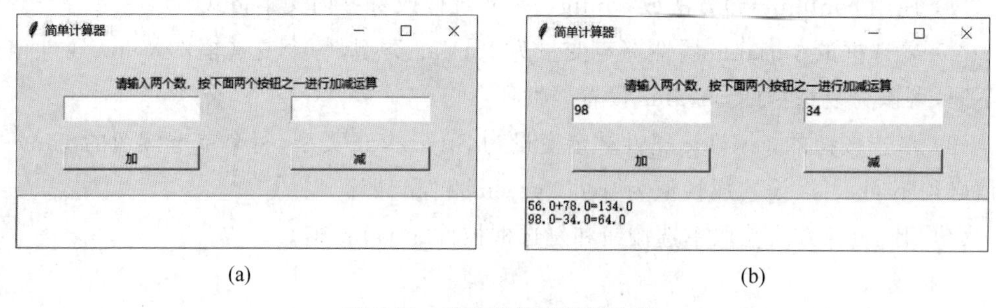

(a) (b)

图 7-20 简单计算器运行结果

6. 菜单与对话框设计。窗口主菜单下包含 1 个“对话框”子菜单；子菜单下有“颜色选择”“文件选择”“消息框”和“输入框”4 个菜单项，如图 7-21(a)所示。选择“颜色选择”菜单项，弹出颜色选择对话框，如图 7-21(b)所示；选择“文件选择”菜单项，弹出文件选择对话框，如图 7-21(c)所示；选择“消息框”菜单项，弹出消息框对话框，如图 7-21(d)所示；选择“输入框”菜单项，弹出简单信息对话框，如图 7-21(e)所示。

7. 钟标签设计。在“时钟”窗口中添加 1 个标签控件，标签中显示如图 7-22 所示的系统时间，时间格式为 hh:mm:ss。

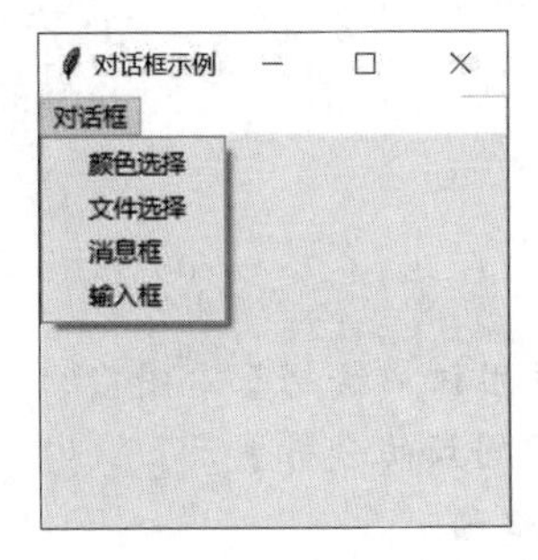

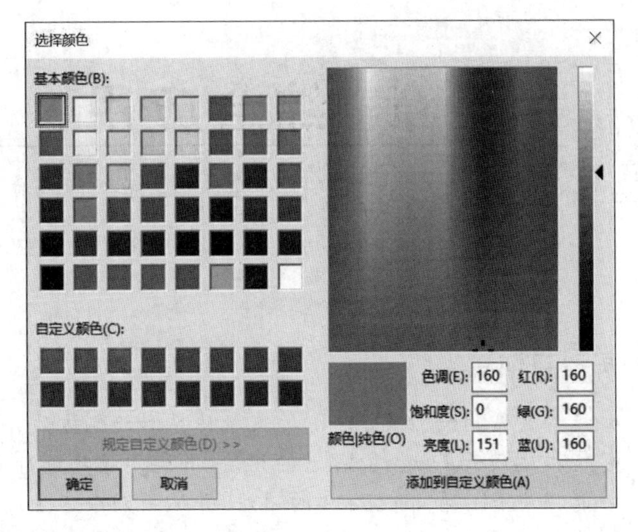

(a) (b)

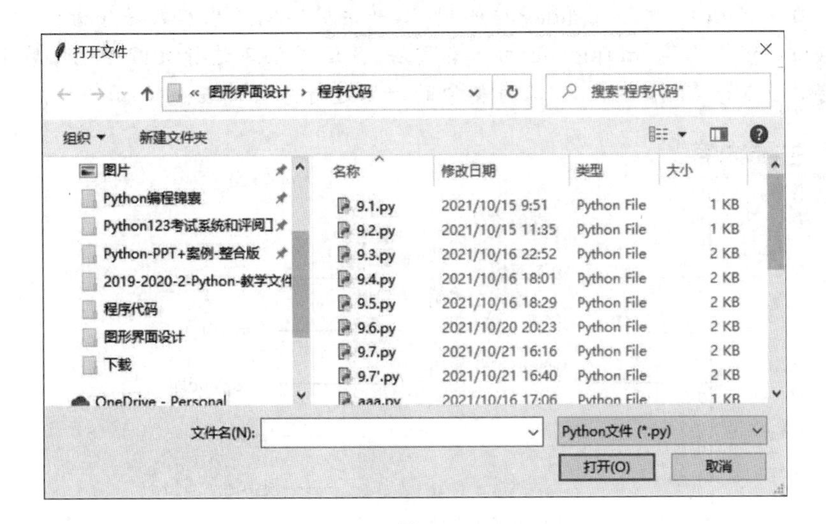

(c)

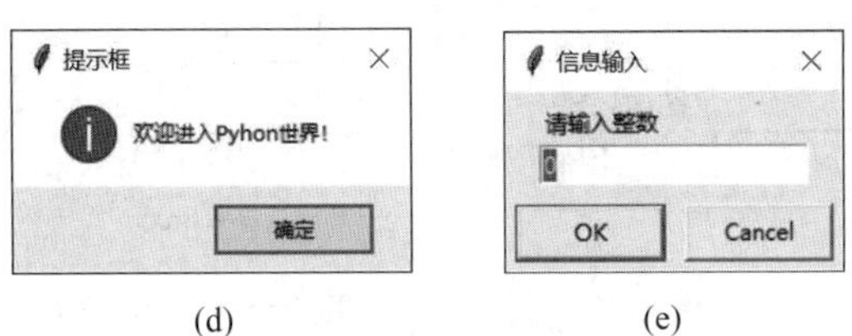

(d) (e)

图 7-21 菜单与对话框运行结果

图 7-22 时钟设计运行结果

第8章 综合应用

学习目标

- 能描述常用绘图库 turtle 的坐标体系和绘制方法，并运用该库绘制基本图形。
- 能描述词云库 wordcloud 的用法，并运用该库进行文档词频的分析展示。
- 能描述 PIL 和 qrcode 库的用法，并运用两个库生成二维码。
- 能描述网络爬虫常用技术，并运用其中的一种实现基本的数据爬取。
- 能描述 NumPy 库和 pandas 库的用途，并运用其完成基本数据分析。
- 能描述可视化库 matplotlib 的基本用法，并运用该库进行数据可视化展示。
- 能结合本章实例，举一反三，对类似的问题进行分析处理。

本章主要内容

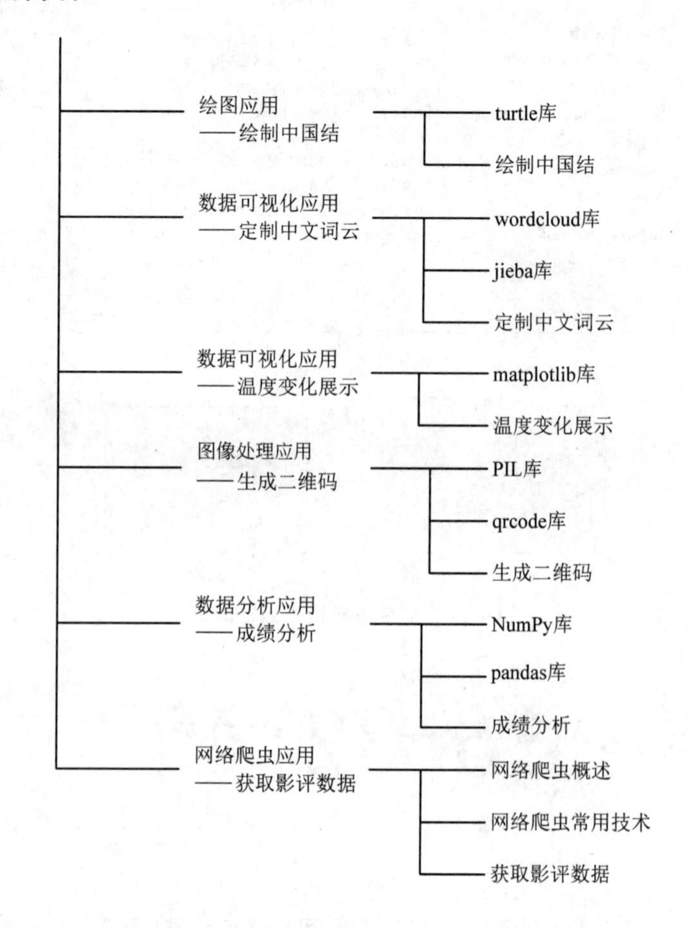

各例题知识要点

例 8.1　使用 turtle 库绘制风车叶片

例 8.2　使用 turtle 库绘制中国结

例 8.3　制作英文词云

例 8.4　制作中文词云

例 8.5　制作个性化中文词云

例 8.6　使用 matplotlib 中的 pyplot 子库，绘制不同形状的直线

例 8.7　subplot 的应用

例 8.8　使用 matplotlib 中的 pyplot 子库，绘制某月温度变化折线图

例 8.9　生成基本二维码

例 8.10　生成带 logo 的二维码。

例 8.11　NumPy 库中的索引、切片和数据统计

例 8.12　使用 pandas 库读取 CSV 文件

例 8.13　使用 pandas 库，对多个成绩表进行统计分析，按年级将分析结果保存

例 8.14　使用 Requests 库获取网页信息

例 8.15　使用 Requests 库和 bs4 库获取影评数据

8.1　绘图应用——绘制中国结

8.1.1　turtle 库

Python 的 turtle 库是一个直观有趣的图形绘制函数库，它是 Python 的标准库之一，不需要单独安装。在调用 turtle 库函数之前，首先要使用 import 命令导入 turtle 库。

turtle 库绘制图形的过程就是一个小海龟在画布中爬行，其爬行的轨迹形成了绘制图形。小海龟的初始位置在画布正中央，此处的坐标是(0,0)，行进方向是水平右方。通过控制小海龟的行进方向和距离，就可以得到绘制的图形轨迹。

turtle 将画布定义为一个横轴为 x 轴、纵轴为 y 轴的平面坐标系中，如图 8-1 所示。以坐标原点为海龟的初始位置，以正东(即 x 轴正方向)为海龟的初始方向。

turtle 绘图会创建一个能够容纳图画的主窗体，通过 setup()函数可以设置主窗体的大小和位置。画布是 turtle 展开的用于绘图的区域，通过 screensize()函数可以设置大小和背景颜色。具体的参数说明如表 8-1 所示。

turtle 绘图的基本原理是控制画笔的颜色、粗细、抬起与放下的状态以及前进方向，是海龟在画布上按预期的轨迹运动，以获得期望的效果。画笔运动的常用函数如表 8-2 所示。

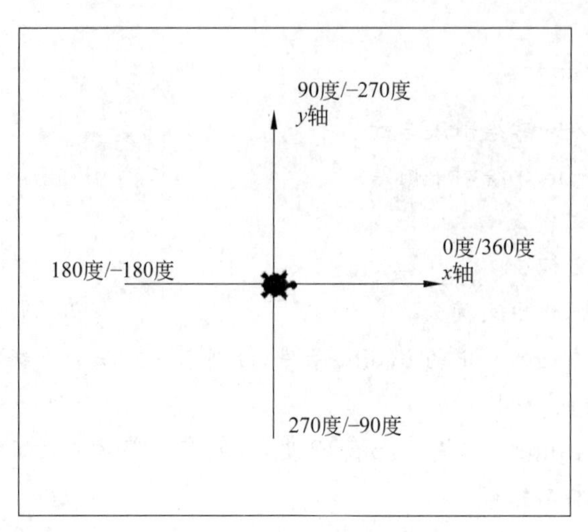

图 8-1　turtle 坐标体系

表 8-1　窗体和画布函数

函　　数	说　　明
setup(width,height,startx,starty)	width 和 height 是主窗体的宽和高，如果是整数，表示像素；如果是小数，表示占据计算机屏幕的比例。 startx 和 starty 是矩形窗口左上角顶点的位置坐标，如果省略，则位于屏幕中心
screensize(*x*,*y*,bg)	*x* 表示画布宽度，*y* 表示画布高度，bg 表示颜色，均可省略。默认的宽度和高度是(400,300)

表 8-2　画笔运动的常用函数

函　　数	说　　明
forward(*d*)或 fd(*d*)	向当前画笔方向移动 *d* 像素长
backward(*d*)或 bk(*d*)或 back(*d*)	向当前画笔相反方向移动 *d* 像素长度
right(degree)或 rt(degree)	顺时针移动 degree 度
left(degree)或 lt(degree)	逆时针移动 degree 度
goto(*x*,*y*)、setpos(*x*,*y*)、setposition(*x*,*y*)	设置坐标到(*x*,*y*)
setx(*x*)	设置横坐标到 *x*，纵坐标不变
sety(*y*)	设置纵坐标到 *y*，横坐标不变
setheading(angle)或 seth(angle)	设置海龟的方向为 angle 角度
home()	将 turtle 移动到起点(0,0)和向东
circle(*r*,extent,step)	绘制一个指定半径、弧度范围、阶数(正多边形)的圆
turtle.dot(*d*,color)	绘制一个指定直径和颜色的圆点
speed(speed)	画笔绘制的速度，范围为[0,10]整数

画笔通过一组函数来控制，实现画笔的抬起与落下，还可以设置画笔大小、颜色、控制颜色填充等。具体的控制函数及说明如表 8-3 所示。

表 8-3　画笔控制常用函数

函　　数	说　　明
penup()或 pu()或 up()	移动时不绘制图形，提起笔，用于另起一个地方绘制时用
pendown()或 pd()或 dow()	移动时绘制图形放下笔，默认绘制
pencolor(* args)	设置画笔颜色，参数可以是颜色字符串或 rgb 的值
pensize(width)	设置画笔宽度为 width
color(color1, color2)	同时设置画笔颜色(color1)和填充颜色(color2)
filling()	返回当前是否在填充状态
begin_fill()	准备开始填充图形
end_fill()	填充完成
hideturtle()	隐藏画笔的 turtle 形状
showturtle()	显示画笔的 turtle 形状

turtle 提供了一些用于辅助绘画的函数，主要用于清空窗口、重置 turtle 状态和启动事件循环、书写文字等，如表 8-4 所示。

表 8-4　辅助绘画控制函数

函　　数	说　　明
clear()	清空 turtle 窗口，但是 turtle 的位置和状态不会改变
reset()	清空窗口，重置 turtle 状态为起始状态
undo()	取消最后一个图的操作
isvisible()	返回当前 turtle 是否可见
stamp()	复制当前图形
write(*s*, [font = ("font-name", font_size, "font_type")])	写文本，*s* 为文本内容，font 是字体的参数，分别为字体名称、大小和类型；font 为可选项，font 参数也是可选项
mode(mode=None)	设置绘图模式("standard""logo"或"world")并执行重置。如不进行设置，则为 standard。 standard：初始向右 logo：初始向上
mainloop()或 turtle.done()	启动事件循环——调用 tkinter 的 mainloop()函数。必须是 turtle 图形程序中的最后一个语句
delay(delay=None)	设置或返回以毫秒为单位的绘图延迟

【例 8.1】 使用 turtle 库绘制如图 8-2 所示的风车叶片。

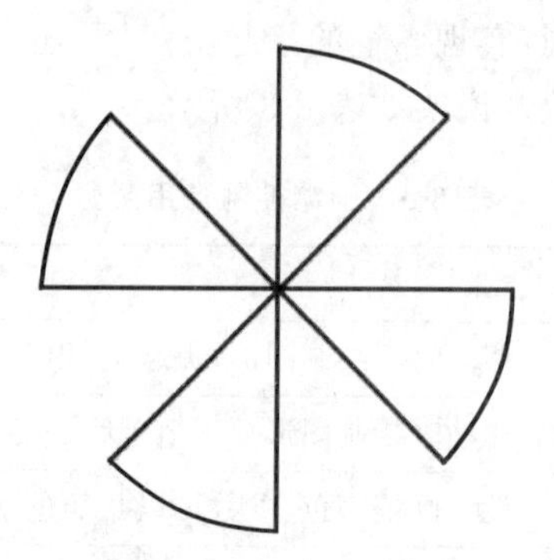

图 8-2　风车叶片效果图

【分析】 四个叶片形状完全相同，可以使用循环控制结构。每个叶片均由一个角度为 45°的圆弧和两条边组成，绘制弧度使用 circle()函数，绘制边使用 fd()函数。注意绘制完成一个叶片后，旋转 90°绘制下一个。

程序代码：

```
import turtle as t
t.setup(500,500)
t.pensize(2)
#使用循环,每次绘制一个叶片
for i in range(4):
    t.left(45)
    t.fd(100)
    t.left(90)
    t.circle(100,45)
    t.left(90)
    t.fd(100)
t.hideturtle()   #绘制完成后,隐藏 turtle 形状
```

程序说明：

(1) 使用 import turtle as t 导入 turtle 库，使用相应函数时通过别名 t.函数名的方式。

(2) 本例中首先向左转 45°，绘制右上角的叶片。也可以采用其他顺序进行绘制。试着修改代码，体会其他方法绘制过程，并尝试给四个叶片填充颜色。

8.1.2　绘制中国结

【例 8.2】 使用 turtle 库绘制如图 8-3 所示的中国结。

【分析】 按照网格、上方空心和实心正方形、提线、流苏分别进行绘制，注意控制每部分的位置，绘制过程中注意控制画笔的角度。

程序代码及分析：

图 8-3　中国结效果图

(1) 导入库,设置画布画笔。

使用 from turtle import * 导入 turtle 库,使用 turtle 库中的函数时,可以直接使用。

```
from turtle import *
screensize(600,800)
pensize(5)
pencolor("red")
```

(2) 绘制网格。

首先调整角度为−45°,准备向右下方开始绘制。通过 circle 控制转弯,半径为正数,逆时针绘制指定的圆弧,半径为负数,顺时针绘制圆弧。重复操作放在循环体内。

```
#绘制网格
seth(-45)
for i in range(3):
    fd(102)
    circle(-6,180)
    fd(102)
    circle(6,180)
fd(92)
circle(-6,270)
fd(92)
for i in range(3):
    circle(6,180)
    fd(102)
    circle(-6,180)
    fd(102)
```

(3) 绘制正方形。

确定好绘制的起始位置后,首先通过 pu()函数提起笔,移到预定位置,再通过 pd()函数放下笔继续绘制。

```
#确定空心正方形起始位置
pu()
fd(-14)
pd()
#绘制空心正方形,边长 20
for i in range(6):
    fd(20)
    lt(90)
rt(90)
#绘制实心正方形,边长 30
begin_fill()
fillcolor("red")
for i in range(6):
    fd(30)
    rt(90)
end_fill()
```

(4) 绘制提线。

提线结通过使用 circle()绘制不同角度的圆弧来实现。

```
#绘制细提线
seth(90)
fd(40)
#绘制粗提线
pensize(20)
fd(10)
#绘制提线结
pensize(5)
seth(105)
fd(30)
circle(-8,240)
circle(20,20)
fd(5)
circle(20,60)
fd(25)
```

(5) 绘制流苏上方矩形。

通过 goto()函数定位到预定位置。绘制长和宽分别是 15 和 10 的矩形,并填充红色。

```
#确定流苏上方的红色矩形位置
penup()
goto(2,-127)
pendown()
seth(0)
#绘制红色矩形
```

```
pensize(5)
begin_fill()
fillcolor("red")
for i in range(2):
    fd(15)
    rt(90)
    fd(10)
    rt(90)
end_fill()
pensize(2)
```

(6) 绘制流苏。

绘制六条长度为 50,间隔为 3 的线条作为流苏。

```
#绘制流苏
for x in range(6):
    seth(-90)
    fd(50)              #从上到下绘制长度为 50 的线条
    penup()
    seth(90)
    fd(50)
    seth(0)
    fd(3)               #向右移动 3,准备绘制下一个
    pendown()
```

(7) 添加文字。

通过 write()函数,添加文字,通过 font 参数设置为隶书,20 号字。

```
#添加文字
penup()
goto(-30,-210)
write("中国结",font=('隶书', 20))
```

程序说明:从上述绘制中国结的过程可以看出,绘制较为复杂的图形时,需要按照图形特点分开处理。对于重复执行的动作使用循环实现,对于反复使用的代码还可以定义为函数。

8.2 数据可视化应用——定制中文词云

8.2.1 wordcloud 库

wordcloud 库称为词云库,是分析文本数据进行可视化广泛使用的库。过滤掉文本

中大量的低频信息，对出现频率较高的关键字进行视觉化的呈现，可以帮助浏览者快速领略文本的主旨。

wordcloud 属于第三方库，需要通过命令 pip install wordcloud 安装。值得注意的是，直接安装可能会提示缺少 C++ 编译环境的错误，可以先安装 C++ 编译环境后再安装 wordcloud，也可以直接下载 wheel 文件，根据本地的 Python 版本和操作系统版本选择对应的 whl 文件下载。

将文本作为参数传递给 WordCloud()的 generate()函数，即可生成词云。常用函数如表 8-5 所示，常用参数说明如表 8-6 所示。

表 8-5 WordCloud()的常用函数

方　法	描　述
generate(txt)	向 WordCloud 对象中添加文本 txt
to_file(filename)	将词云输出为图像文件，JPG 或者 PNG 格式

表 8-6 WordCloud()函数的常用参数

参　数	描　述
width	词云图片宽度，默认为 400 像素
height	词云图片高度，默认为 200 像素
min_font_size	词云中最小字号，默认为 4
max_font_size	词云中最大字号，根据高度自动调节
font_step	词云中字体字号的步进间隔，默认为 1
font_path	指定字体文件路径，默认为 None， >>>w=wordcloud.WordCloud(font_path='msyh.ttc')
max_words	显示最大单词数量，默认为 200
stopwords	不显示的单词列表
backgroud_color	指定词云的背景颜色，默认为黑色
mask	指定词云形状，默认为长方形，需要引入 imageio 库中的 imread()函数

【例 8.3】 根据一个英文文本文件内容，制作英文词云。

【分析】 读出文件内容，返回到一个字符串。使用 WordCloud()生成英文词云。

程序代码：

```
import wordcloud
with open("python.txt","r",encoding="utf-8") as fp:
    txt=fp.read()
c = wordcloud.WordCloud(background_color="white",max_words=50)
c.generate(txt)
#保存到文件
c.to_file("mycloud.png")
```

运行生成的词云如图 8-4 所示。

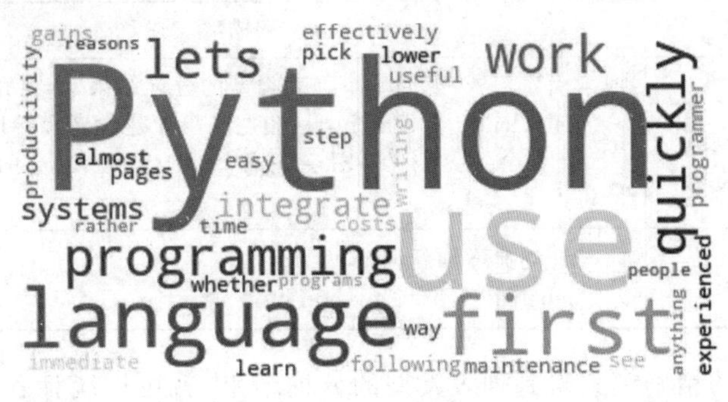

图 8-4 英文词云

程序说明：默认的词云背景图是黑色的，本例将其修改为白色背景。默认的最大单词量为 200，修改为 50。可以对照表 8-6，修改其他参数，熟悉各参数的用途。

8.2.2 jieba 库

与英文文档不同，由于中文词之间无间隔，在进行中文词云制作前需要先对文本进行分词处理。

jieba 是目前常用的中文分词库。利用一个中文词库，确定中文字符之间的关联概率。中文文本需要通过分词获得单个的词语。在中文词库中，出现概率大的中文字符组合生成词组，形成分词结果。除了既有的分词结果，用户也可以把自认为在某个行业使用频率较高的词组添加到词库。jieba 是第三方库，需要通过命令 pip install jieba 单独安装。

jieba 库提供三种分词模式，分别为精确模式、全模式、搜索引擎模式，各分词模式见表 8-7。三种分词模式的特点如下。

(1) 精确模式把文本精确地切分开，不存在冗余单词。

(2) 全模式把文本中所有可能的词语都扫描出来，有冗余。

(3) 搜索引擎模式在精确模式基础上，对长词再次切分。

表 8-7 jieba 库常用函数

函　　数	描　　述
jieba.lcut(s)	精确模式，返回一个列表类型的分词结果 >>>jieba.lcut("社会主义事业建设者和接班人") ['社会主义', '事业', '建设者', '和', '接班人']
jieba.lcut(s, cut_all=True)	全模式，返回一个列表类型的分词结果，存在冗余 >>>jieba.lcut("社会主义事业建设者和接班人",cut_all=True) ['社会', '社会主义', '会主', '主义', '事业', '建设', '建设者', '和', '接班', '接班人']

续表

函　　数	描　　述
jieba.lcut_for_search(s)	搜索引擎模式,返回一个列表类型的分词结果,存在冗余 >>>jieba.lcut_for_search("社会主义事业建设者和接班人") ['社会', '会主', '主义', '社会主义', '事业', '建设', '建设者', '和', '接班', '接班人']
jieba.add_word(w)	向分词词典增加新词 w >>>jieba.add_word("python 世界")

通过 jieba 库的精确模式得到列表类型的分词结果,就可以统计各个词的出现频率,从而得到其中的高频词排序。在此不再进行统计词频统计输出,直接制作中文词云进行展示。

8.2.3　定制中文词云

【例 8.4】 分析《人工智能发展报告 2020》中关于“人工智能未来技术研究方向”部分的文件 data.txt,按照文件内容制作中文词云。

【分析】 文件以记事本文件保存,首先读取文件内容,调用 jieba 库进行中文分词,然后调用 wordcloud 库生成词云。

程序代码:

```
import jieba
import wordcloud
stopwords = ['需要','采用','以及','可以','可能']
f = open("data.txt", "r", encoding="utf-8")
t = f.read()
f.close()
ls = jieba.lcut(t)
txt = " ".join(ls)
wc = wordcloud.WordCloud(\
    width = 1000, height = 700,\
    background_color = "white",
    font_path = "msyh.ttc", stopwords=stopwords
    )
wc.generate(txt)
wc.to_file("mywc.png")
```

运行后会在本地文件夹下生成词云图片,如图 8-5 所示。

程序说明:

(1) 通过运行结果可以看出,人工智能未来的技术方向中“智能技术”“解释性”“知识”等相关领域会更受关注。

图 8-5　词云效果图

(2) 设置 stopwords 可以剔除无意义的词汇，不显示在词云中，实际应用中可以根据需要进行设置。

(3) 可以通过设置 mask 属性，个性化定制词云展示的形状。

【例 8.5】　修改上例，通过设置 mask 属性，生成个性化词云。

【分析】　通过 imageio 库中的 imread 读取一个图片文件，传递给 mask 参数。

程序代码：

```
import jieba
import wordcloud
from imageio import imread

stopwords = ['需要','采用','以及','可以','可能']
mask = imread("maskimg.png")
f = open("data.txt", "r", encoding="utf-8")
t = f.read()
f.close()
ls = jieba.lcut(t)
txt = " ".join(ls)
wc = wordcloud.WordCloud(width = 1000, height = 700,\
    background_color = "white", mask = mask,\
    font_path = "msyh.ttc", stopwords=stopwords
    )
wc.generate(txt)
wc.to_file("mywc.png")
```

运行生成的词云如图 8-6 所示。

图 8-6　词云效果图

程序说明：本例中使用的 mask 图片是单色的 AI 字母生成的图片，为了获得较好的显示效果，作为 mask 的图片，应该尽量使用单色。

8.3　数据可视化应用——温度变化展示

8.3.1　matplotlib 库

matplotlib 是 Python 著名的绘图库之一。pyplot 是其中绘制各类可视化图形的命令子库。

plt.plot(x, y, format_string, **kwargs)，当绘制多条曲线时，各条曲线的 x 不能省略。其中：

- x：x 轴数据，列表或数组，可选。
- y：y 轴数据，列表或数组。
- format_string：控制曲线的格式字符串，可选。
- **kwargs：第二组或更多(x,y,format_string)。

【例 8.6】 绘制 $y=2x$，$y=3x$，$y=4x$，$y=5x$ 四条直线，分别设置为红色实线、蓝色带 x 标记、绿色带 * 标记虚线、青绿色点画线。

【分析】 根据 format_string 确定直线颜色和标记等，format_string 的颜色字符如表 8-8 所示，风格字符如表 8-9 所示，标记字符如表 8-10 所示。绘制效果如图 8-7 所示。

表 8-8　format_string 中的颜色字符

颜色字符	说　明	颜色字符	说　明
'b'	蓝色	'm'	洋红色
'g'	绿色	'y'	黄色
'r'	红色	'k'	黑色
'c'	青绿色	'w'	白色
'#008000'	RGB 颜色	'0.8'	灰度值字符串

表 8-9　format_string 中的风格字符

风格字符	说　明	风格字符	说　明
'-'	实线	':'	虚线
'--'	破折线	''	无线条
'-.'	点画线		

表 8-10　format_string 中的标记字符

标记字符	说　明	标记字符	说　明	标记字符	说　明
'.'	点标记	'1'	下花三角标记	'h'	竖六边形标记
','	像素标记(极小点)	'2'	上花三角标记	'H'	横六边形标记
'o'	实心圈标记	'3'	左花三角标记	'+'	十字标记
'v'	倒三角标记	'4'	右花三角标记	'x'	x 标记
'^'	上三角标记	's'	实心方形标记	'D'	菱形标记
'>'	右三角标记	'p'	实心五角标记	'd'	瘦菱形标记
'<'	左三角标记	'*'	星形标记	'|'	垂直线标记

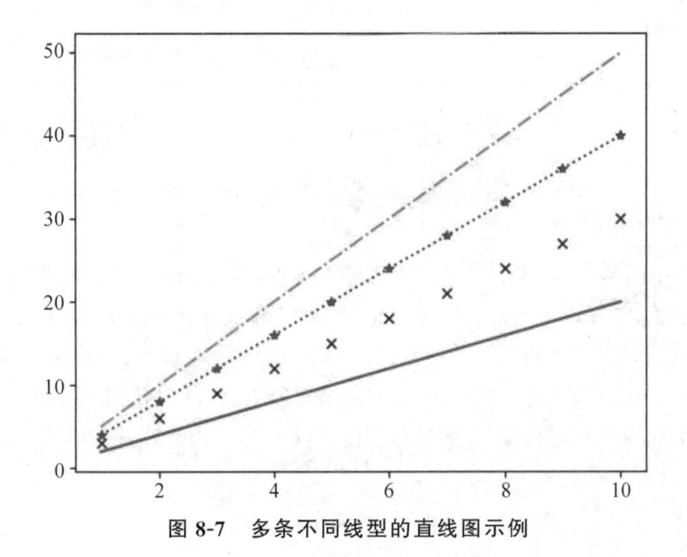

图 8-7　多条不同线型的直线图示例

程序代码：

```
import matplotlib.pyplot as plt
import numpy as np
a = np.arange(1,11)
plt.plot(a,a * 2,'r-',a,a * 3,'bx',a,a * 4,'g * :',a,a * 5,'c-.')
plt.show()
```

pyplot 并不默认支持中文显示，如要显示中文，有以下两种方法。

(1) 通过 rcParams 修改字体，具体参数见表 8-11。

表 8-11　rcParams 参数

属　性	说　明
'font.family'	用于显示字体的名字
'font.style'	字体风格：正常'normal'或斜体'italic'
'font.size'	字体大小，以磅(pt)为单位

(2) 在有中文输出的地方，增加一个属性 fontproperties。

如果要在图中显示文本，可以参照表 8-12，为坐标轴添加文本标签，为图添加标题，并在图中的任意位置添加文本或带箭头注释。

表 8-12　文本显示函数

函　数	说　明
plt.xlabel()	对 X 轴增加文本标签
plt.ylabel()	对 Y 轴增加文本标签
plt.title()	对图形整体增加文本标签
plt.text()	在任意位置增加文本
plt.annotate()	在图形中增加带箭头的注解

如果希望绘制的图中包含多个子图，则可以使用 subplot()函数。其格式如下。

```
subplot(nrows, ncols, index, **kwargs)
```

上述格式中 nrows 表示画面中总的行数，ncols 表示画面中总的列数，index 表示当前的图所在的位置。例如，如图 8-8 所示的画面共有 6 个子图，分布在三行两列，如果要绘制左上角的子图，则需要使用 subplot(3,2,1)，然后再通过调用函数完成绘制。

【例 8.7】 subplot 应用。按照 2×1 的布局结构，绘制余弦信号的两个子图。

【分析】 按照 2×1 的布局，分别以 subplot(211)、subplot(212)从左到右，从上到下绘制两个子图。

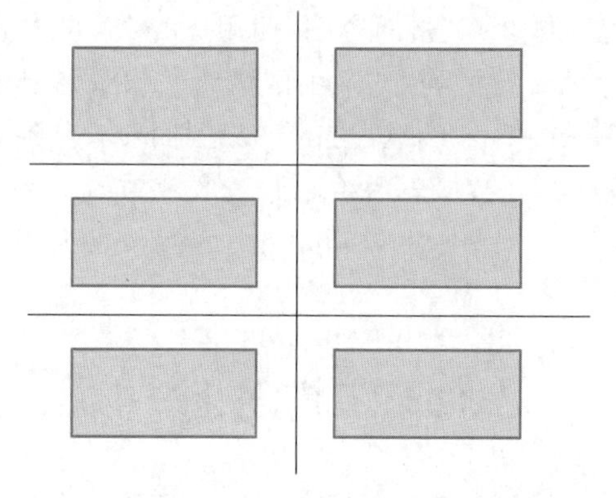

图 8-8　包含多个子图的示例

程序代码：

```
import numpy as np
import matplotlib.pyplot as plt

def f(t):
    return np.exp(-t) * np.cos(2 * np.pi * t)
def g(t):
    return np.cos(2 * np.pi * t)

t = np.arange(0.0, 3.0, 0.01)
plt.figure()                  #新建画图窗口
plt.subplot(211)              #绘制第一个图
plt.plot(t, f(t), 'b--')
plt.subplot(212)              #绘制第二个图
plt.plot(t, g(t), 'b--')
plt.show()
```

程序运行后生成如图 8-9 所示的可视化效果图。

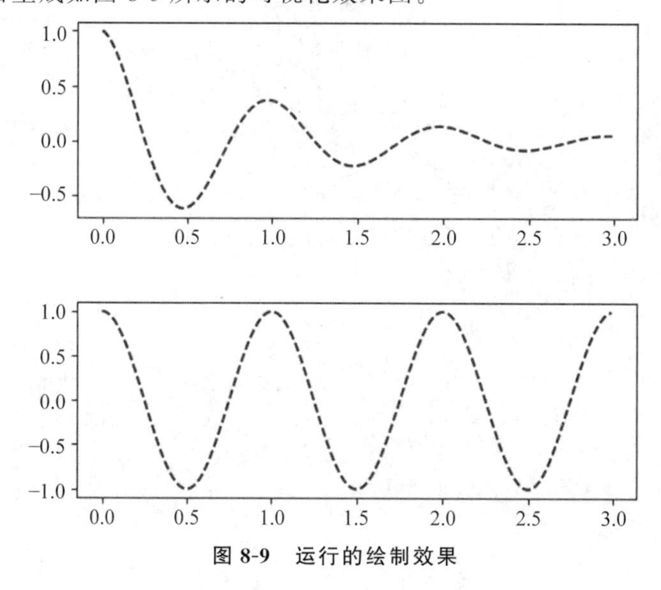

图 8-9　运行的绘制效果

程序说明：由于呈现的是 2×1 共两个图，使用 subplot 可以展现每个子图，参数的前两位表示将绘图区域划分为 2 行 1 列，共两个区域，绘制时，将划分的区域进行排序，四个区域的顺序按照从上到下、从左到右的顺序排列。subplot(211)表示绘制两个区域的第一个图。

text、annotate 等参数的使用可查看官网案例进行学习。

8.3.2 温度变化分析

【例 8.8】 基于某月的温度信息（txt 文件），绘制温度变化曲线。前 10 行数据如图 8-10 所示。

temp.txt - 记事本

文件(F) 编辑(E) 格式(O) 查看(V) 帮助(H)

```
1    5 0
2    6 0
3    7 3
4    6 2
5    7 -1
6    7 4
7    6 1
8    8 0
9    7 1
10   5 2
```

图 8-10 温度文件内容格式

【分析】 读取温度信息文件，文件共 3 列，分别是日期（日）、最高温度、最低温度。分别提取这三列，存入 3 个列表中。使用 plot 绘制曲线。为了使温度显示更直观，绘制一条 0℃基准线。最高和最低气温分别设置不同的颜色和格式标记。

程序代码：

```
import matplotlib.pyplot as plt

def read_txt(file):
    with open(file, 'r') as temp:
        ls = [x.strip().split() for x in temp]
    return ls

def plot_line(ls):
    x = [int(x[0]) for x in ls]
    higher = [int(x[1]) for x in ls]
    lower = [int(x[2]) for x in ls]
    plt.rcParams['font.sans-serif'] = ['SimHei']   #中文显示
    plt.rcParams['axes.unicode_minus'] = False     #解决负号'-'显示为方块的问题

    plt.plot(x, higher, marker='o', color='r')
    plt.title("本月温度变化图")                     #添加标题
    plt.xlabel("日期")                              #添加 x 轴标签
    plt.ylabel("温度")                              #添加 y 轴标签
    plt.plot(x, lower, marker='*', color='b')
    plt.xticks(list(range(1, 32,2)))
    plt.yticks(list(range(-10, 30, 5)))
    plt.axhline(0, linestyle='--', color='g')      #0℃参考线
```

```
    plt.savefig('temp_curve.png')
    plt.show()
filename = 'temp.txt'
temp_list = read_txt(filename)
plot_line(temp_list)
```

运行结果如图 8-11 所示。

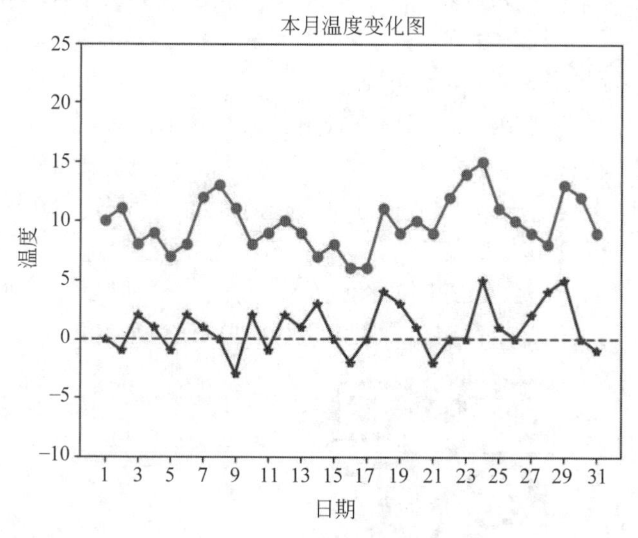

图 8-11　运行的绘制效果

程序说明：

(1) 读取存储温度值的文本文件，由于文本中每行均以空格间隔，因此使用 split()将其拆分转换为列表。

(2) 绘制每天的温度变化曲线，设置 x 轴的坐标刻度为日，即文本文件中的第一列，y 轴的坐标刻度根据文件中最高温和最低温进行设置，最低刻度要低于最低温，最高刻度要高于最高温。

(3) 绘制温度曲线，最高温设为红色，使用圆圈标记绘制，最低温设为蓝色，使用星号标记。绘制 0℃参考线为绿色虚线。

(4) 设置 x 轴、y 轴标签，添加图标题。由于默认无法显示中文，因此通过修改 rcParams 的 font.sans-serif 参数，使其能够显示中文。修改 rcParams 的参数 axes.unicode_minus，使负号正常显示。

8.4　图像处理应用——生成二维码

二维码(二维条码)是指在一维条码的基础上扩展出的另一种具有可读性的条码。一维条码的宽度记载着数据，而其长度没有记载数据。二维条码的长度、宽度均记载着数据。二维码有一维条码没有的“定位点”和“容错机制”。容错机制使得条码有污损时也可以正确地识别条码上的信息。二维码的种类很多，可以分为以下两大类。

1. 堆叠式二维码

堆叠式二维码，又称为行排式二维码。建立在一维条码基础之上，按需要堆积成两行或多行。它在编码设计、校验原理、识读方式等方面继承了一维条码的一些特点，识读设备与条码印刷与一维条码技术兼容。包括 Code16K、Code49、PDF417 等。

2. 矩阵式二维码

矩阵式二维码包括 QR 码、Code One、Aztec、DataMatrix 等。

本节介绍的是 QRcode(Quick Response Code)，即快速响应码。QR 二维码目前有着广泛的应用。例如，微信二维码加好友、健康码查询、微信支付等。QR 二维码是 1994 年由日本的 Denso-Wave 公司发明的。

QR 二维码呈正方形，通常是黑白两色，在 3 个角落有“回”字正方形图案，如图 8-12 所示。这 3 个图案的作用是帮助定位，这样可以保证以任何角度扫描，均可被正确读取。

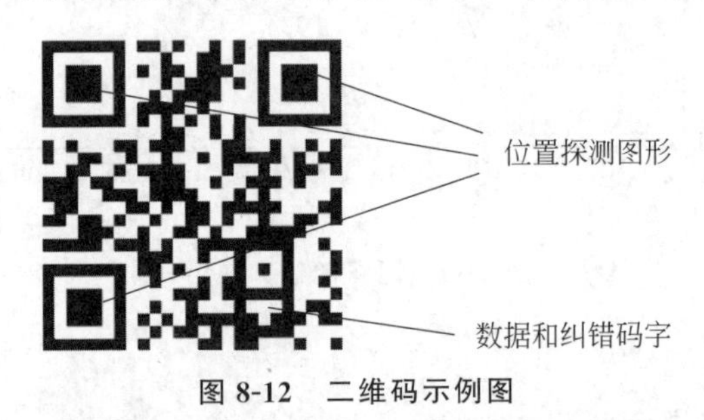

图 8-12　二维码示例图

QR 二维码包括的基本信息如下。

(1) 版本信息。共 40 个版本，分别为 version1(21 * 21)，version2(25 * 25)，…，version40。版本代表每行有多少码元模块，每一个版本比前一个版本在两个方向上均增加 4 个码元模块，计算公式为$(n-1)\times 4+21$。每个码元模块存储一个二进制 0 或者 1，黑色模块表示二进制“1”，白色模块表示二进制“0”。

(2) 容错级别信息。容错级别包括 L(7%)、M(15%)、Q(25%)、H(30%)。默认级别为 M。容错指存储的二维码信息出现重复部分，级别越高，重复信息所占比例越高。目的是即使二维码被遮挡一部分，也可以获取二维码的信息。

(3)位置探测图形。二维码左上角、右上角、左下角的 3 个“回”字图形。

(4) 数据和纠错码字。实际保存的二维码信息和纠错码字。纠错码字用于修正二维码损坏带来的错误。

8.4.1　PIL 库

PIL(PythonImageLibrary)库是 Python 语言具有强大图像处理能力的第三方库。

需要通过 pip 命令安装,第三方库的详细安装方法见 1.2.5 节。需要注意的是,PIL 安装库的名字是 pillow。使用如下命令进行安装。

```
pip install pillow
```

PIL 库支持图像存储、显示和处理,能够处理几乎所有图片格式,可以完成对图像的缩放、剪裁、叠加以及向图像添加线条、图像和文字等操作。

PIL 主要实现图像归档和图像处理两方面的功能。

(1) 图像归档:对图像进行批处理、生成图像预览、图像格式转换等。

(2) 图像处理:图像基本处理、像素处理、颜色处理等。

8.4.2 qrcode 库

qrcode 库是生成二维码的 Python 第三方库。需要通过命令安装。

```
pip installqrcode
```

想要快捷地生成二维码,可以使用 qrcode 库中的 make()函数,该函数返回一个 qrcode.image.pil.PilImage 对象,通过图片对象的 save()函数保存二维码图片。

如果希望生成不同版本和容错级别的二维码,则需要使用 QRCode 类,格式如下。

```
QRCode(
    version=1,
    error_correction=qrcode.constants.ERROR_CORRECT_L,
    box_size=10,
    border=4,
)
```

version 表示二维码的版本号,可以设置为 1～40。error_correction 可以设置容错级别。box_size 指生成图片的像素,border 表示二维码的边框宽度,4 是最小值。

8.4.3 生成二维码

【例 8.9】 生成百度官方网站的二维码。

【分析】 qrcode 库。

程序代码:

```
import qrcode
img = qrcode.make("https://www.baidu.com")
img.save("baiduweb.png")
```

程序运行后,会在当前文件夹下生成"baiduweb.png",如图 8-13 所示。可以通过手机微信扫码验证。

图 8-13　生成的二维码

【例 8.10】 生成中心包含百度 logo 的百度官方网站的二维码。

【分析】 qrcode 库，PIL 库。

程序代码：

```
import qrcode
from PIL import Image

info = "https://www.baidu.com"
pic_path = "baiduqr.png"
logo_path = "baidulogo.png"
#生成二维码,版本为 2,容错级别为 H
qr = qrcode.QRCode(
        version=2,  #25*25
        error_correction=qrcode.constants.ERROR_CORRECT_H,
        box_size=8,
        border=1
    )
qr.add_data(info)
qr.make(fit=True)
img = qr.make_image()              #生成二维码图片
img = img.convert("RGBA")          #转换颜色模式为 RGBA

icon = Image.open(logo_path)       #打开 logo 图片
icon = icon.convert("RGBA")        #转换颜色模式为 RGBA

img_w, img_h = img.size
#设置 logo 尺寸的长和宽均为二维码图片的 1/4
factor = 4
size_w = int(img_w / factor)
size_h = int(img_h / factor)

icon_w, icon_h = icon.size
```

```
#调整 logo 大小
if icon_w > size_w:
    icon_w = size_w
if icon_h > size_h:
    icon_h = size_h
icon = icon.resize((icon_w, icon_h), Image.ANTIALIAS)
#计算 logo 图左上角的位置坐标
w = int((img_w-icon_w) / 2)
h = int((img_h-icon_h) / 2)
icon = icon.convert("RGBA")
img.paste(icon, (w, h), icon)
#保存生成的二维码图片
img.save(pic_path)
```

程序运行后，生成名为“baiduqr.png”的二维码图片，如图 8-14 所示。

图 8-14　生成带 logo 的二维码

程序说明：

(1) 生成带 logo 的二维码图片，实际上是生成二维码图片后，将 logo 图调整为二维码图片的 1/16 大小，放置在二维码的中心位置。

(2) logo 图会遮挡二维码图片的部分信息，由于二维码可以容错，因此可以正常识别。读者可以将 logo 图设置更大一些，测试生成的二维码图片是否能正常识别。这与二维码不同版本的容错级别相关，尝试找找边界。

8.5　数据分析应用——成绩分析

8.5.1　NumPy 库

NumPy(Numerical Python)是 Python 的一种开源的数值计算扩展。这种工具可用来存储和处理大型矩阵。支持大量的维度数组与矩阵运算，此外，也针对数组运算提供大量的数学函数库。NumPy 库属于第三方库，需要通过以下命令安装后使用。

```
pip install numpy
```

用于处理含有同种元素的多维数组运算的第三方库。

最基础的数据类型是由同种元素构成的多维数组(ndarray)，简称“数组”。数组中所有元素的类型必须相同，数组中元素可以用整数索引，序号从 0 开始。

ndarray 类型的维度(dimensions)称为轴(axes)，轴的个数称为秩(rank)。一维数组的秩为1,二维数组的秩为2,二维数组相当于由两个一维数组构成。NumPy库的常用属性和函数如表8-13和表8-14所示。

表 8-13 NumPy 常用属性

属　　性	描　　述
ndarray.ndim	数组轴的个数,也称为秩
ndarray.shape	数组在每个维度上大小的整数元组
ndarray.size	数组元素的总个数
ndarray.dtype	数组元素的数据类型,dytpe类型可以用于创建数组中
ndarray.itemsize	数组中每个元素的字节大小
ndarray.data	包含实际数组元素的缓冲区地址
ndarray.flat	数组元素的迭代器

表 8-14 NumPy 常用函数

函　　数	描　　述
np.array([x,y,z],dtype=int)	从Python列表和元组创造数组
np.arrange(x,y,i)	创建一个由x到y,以i为步长的数组
np.linspace(x,y,n)	创建一个由x到y,等分成n个元素的数组
np.indices(m,n)	创建一个m行n列的矩阵
np.random.rand(m,n)	创建一个m行n列的随机数组
np.ones((m,n),dtype)	创建一个m行n列全1的数组,dtype是数据类型
np.empty((m,n),dtype)	创建一个m行n列全0的数组,dtype是数据类型

【例 8.11】 Numpy库数组索引、切片及基本数据统计应用。

创建一个由0～24组成的数组,转成5行5列。输出数组、第2行第3列的数、第3列的所有数、第4行的所有数。计算并输出其中的最大值和平均值。

程序代码:

```
import numpy as np

arr=np.arange(25).reshape(5,5)
print(arr)
print("第2行第3列数据: ",arr[1,2])
print("第3列数据: ",arr[:,2])
print("第4行数据: ",arr[3,:])
print("最大值: ",np.max(arr))
print("平均值: ",np.mean(arr))
```

程序运行结果：

```
[[ 0  1  2  3  4]
 [ 5  6  7  8  9]
 [10 11 12 13 14]
 [15 16 17 18 19]
 [20 21 22 23 24]]
第 2 行第 3 列数据：7
第 3 列数据：[ 2  7 12 17 22]
第 4 行数据：[15 16 17 18 19]
最大值：24
平均值：12.0
```

8.5.2 pandas 库

pandas 是基于 NumPy 的一个开源库，提供了高效操作大型数据集的工具，可用于解决数据分析问题。pandas 属于第三方库，使用如下命令安装。

```
pip install pandas
```

通常，pandas 引用时会使用 pd 作为别名，引用方式为：

```
import pandas as pd
```

pandas 兼容所有 Python 的数据类型，除此之外，还支持以下两种数据结构。

- Series：一维数组。
- DataFrame：二维表格型数据结构。

Series 与 NumPy 中的数组(array)、Python 的列表(list)相似，区别在于列表中的元素可以是各种不同的数据类型，而数组中只允许存储相同的数据类型。DataFrame 是指二维的表格型数据结构，DataFrame 可以理解为 Series 的容器。

pandas 可以方便快速地读取本地文件，如 CSV、TXT、Excel、数据库等。

【例 8.12】 通过 pandas 库读取 data.csv 文件，查看数据类型、数据量，取出第一行数据和第一列数据。

文件 data.csv 直接打开如图 8-15 所示。

学号	题目1	题目2	题目3	题目4	题目5
22ACC1115	8	9	6	7	7
22ACC5371	9	9	6	7	9
22ACC8649	8	9	6	8	7
22ACC2824	9	9	6	7	4
22ACC6246	6	9	6	5	7
22ACC6476	8	9	7	7	7

图 8-15 data.csv 文件内容截图

【分析】 使用 pandas 库的 read_csv()函数读取文件，通过 type 查看类型，数据量查看可以通过 shape 获得数据行数和列数。通过 loc()函数得到第一行和第一列的数据。

程序代码：

```
import pandas as pd
df=pd.read_csv("data.csv",encoding="utf-8")
print(type(df))           #df 的类型
print(df.shape)           #数据行数和列数
print(df.loc[0])          #取第一行数据
print(df.loc[:]['学号'])  #取学号列
```

运行结果：

```
<class 'pandas.core.frame.DataFrame'>
(6, 6)
学号     22ACC1115
题目 1           8
题目 2           9
题目 3           6
题目 4           7
题目 5           7
Name: 0, dtype: object
0    22ACC1115
1    22ACC5371
2    22ACC8649
3    22ACC2824
4    22ACC6246
5    22ACC6476
Name: 学号, dtype: object
```

程序说明：

(1) shape()函数以元组形式返回数据的行数和列数。

(2) loc()函数可以通过行和列的索引取出指定的数据。df.loc[0]即取出第一行的数据，df.loc[:]['学号']则取出所有行的"学号"列。

8.5.3 成绩分析

【例 8.13】 给定两个成绩表("班级 1 成绩.xlsx""班级 2 成绩.xlsx")，文件中包含所有学生的学号(1～2 位为年级信息，3～5 位为专业信息)和每个题目的成绩(考试包含 10 个题目，每个题目分值为 10 分)。成绩表格式如图 8-16 所示。

学号	题目1	题目2	题目3	题目4	题目5	题目6	题目7	题目8	题目9	题目10
22ACC1115	8.8	8	6.6	7.6	6.6	7.5	7.4	6.7	6.7	5.8
22ACC5371	7.3	8.3	7	8.5	8.4	7.7	7.7	5.8	6.2	5.8
22ACC8649	8.6	7.2	8.3	8.2	7	8.7	7.8	6.2	6.8	5.7
22ACC2824	8.2	8	8.2	7.8	7.3	8.5	8	6.9	6.5	6.2
22ACC6246	8.4	8.5	7.1	7.7	9.2	8.3	6	5.4	7.1	5
22ACC6476	7.5	8.3	8.1	8.4	7.6	6.9	7.2	7.9	6.6	8.6
22ACC6729	8	7.5	8.6	7.7	7.5	6	6.7	5.4	8.6	7.7
22ACC7508	8.5	8	6.9	7.6	8.8	7.1	6.8	7.5	6.7	6.1
22ACC1322	8.7	8	7.2	7.3	7.4	6.9	7.9	5.7	7.5	6.4
22ACC2196	8	8.6	7.4	8.2	6.4	7.2	7.1	6.9	6.9	6.4

图 8-16 成绩表格式截图

请通过 numpy、pandas 等库，把两个班级成绩汇总到一个新表“期末汇总.xlsx”中的“回答汇总”工作表中。并以此为基础，对不同年级的成绩进行分析，得出最高分、最低分、平均分、各分数段人数。

程序代码：

```
import numpy as np
import pandas as pd
from openpyxl import load_workbook

#创建一个空的成绩汇总数据表.xlsx
df = pd.DataFrame()
df.to_excel('成绩汇总.xlsx')
#写入结果的 excel,多次写入不覆盖
writer = pd.ExcelWriter('成绩汇总.xlsx',engine='openpyxl')
book = load_workbook(writer.path)
writer.book = book

data=pd.read_excel('班级 1 成绩.xlsx',engine='openpyxl')
df=pd.read_excel('班级 2 成绩.xlsx',engine='openpyxl')
#y 为班级 2 的索引
y=[j+data.shape[0] for j in range(df.shape[0])]
df.index=y #更新索引
data=data.append(df) #整合两个班级的数据
#将最终汇总后的成绩输出到期末汇总.xlsx 中的回答汇总工作表中
data.to_excel(writer,'回答汇总')

#确定每个学生的年级、专业和总分
handleData1=[[data.loc[i,'学号'][0:2],data.loc[i,'学号'][2:5],data.loc[i,'学
号'],sum(data.loc[i,'题目 1':])] for i in range(data.shape[0])]
handleData=pd.DataFrame(handleData1,columns=['年级','专业','学号','总成绩'])
#根据不同年级进行分析
#确定不同年级的数目,并升序排放
grade=list(set(handleData.loc[:,'年级']))
grade.sort()
gradedata=[]
#根据年级进行分析：年级、最高分、最低分、平均分、作答人数、各分数段人数
for i in range(len(grade)):
    gradedata.append([])
    gradedata[i].append(grade[i])
    xx=handleData[handleData.年级==grade[i]]['总成绩']
```

```
    #去除成绩为 NaN 的无效值
    x = [float(a_) for a_ in xx if a_ == a_]
    gradedata[i].append(max(x))
    gradedata[i].append(min(x))
    gradedata[i].append(round(np.nanmean(x),1))
    gradedata[i].append(len(x))
    iilist=[0] * 11
    #统计不同分数段人数
    for ii in x:
        iilist[int(ii/10)]=iilist[int(ii/10)]+1
    gradedata[i].append(sum(iilist[0:6]))
    gradedata[i].append(iilist[6])
    gradedata[i].append(iilist[7])
    gradedata[i].append(iilist[8])
    gradedata[i].append(sum(iilist[9:]))
jilugrade=pd.DataFrame(gradedata,columns=['年级','最高分','最低分','平均分',
'作答人数','不及格人数','及格人数','中等人数','良好人数','优秀人数'])
#将对不同年级的处理结果输出到期末汇总.xlsx 中的 Sheet2 中
jilugrade.to_excel(writer,'不同年级')
writer.save()
writer.close()

print("运行结束")
```

程序运行后，会生成一个名为"成绩汇总.xlsx"的文件，其中包括"回答汇总"和"不同年级"两个工作表。"回答汇总"是将原有两个班级表中的回答进行汇总形成的，"不同年级"则是经过统计分析后，按照年级进行汇总的结果，如图 8-17 所示。包括不同年级的最高分、最低分、平均分、作答人数，以及不同分数段的人数。

A	B	C	D	E	F	G	H	I	J	K
	年级	最高分	最低分	平均分	作答人数	不及格人数	及格人数	中等人数	良好人数	优秀人数
0	21	86.1	68.2	74.5	41	0	2	35	4	0
1	22	79.7	66.8	72.6	49	0	12	37	0	0

图 8-17　按照年级统计分析的结果

程序说明：

(1) 本例使用了 pandas 库进行数据读取及记录分析，使用 openpyxl 读写 Excel 文件，使用 NumPy 库中的基本统计函数计算平均值等。

(2) 读者可以参照本例，进行不同专业、不同题目的分析统计。

8.6 网络爬虫应用——获取影评数据

8.6.1 网络爬虫概述

网络爬虫是获取网页信息的技术之一，使用网络爬虫程序获取信息，不需要掌握网络通信方面的知识，但是，肆意爬取网络数据会给服务器造成很大的压力，同时爬取信息不能涉及个人隐私数据，也不要用于商业用途，网络爬虫时要遵守 robots 排除协议(Robots Exclusion Protocol)。Robots 排除协议是网站管理者表达是否希望爬虫自动获取网络信息意愿的方法。网站根目录下会放置一个 robots.txt 文件，在文件中列出哪些链接不允许爬虫爬取，一般搜索引擎的爬虫会首先获取这个文件，并根据文件要求爬取网站内容。因此网络爬虫程序要遵守 robots 排除协议，并合理使用爬虫技术。

Python 语言提供了用于网络爬虫的函数库，包括 urllib、Requests、Beautiful Soup4、Scrapy 等。网络爬虫应用一般分为以下两个步骤。

(1) 通过网络链接获取网页内容。

(2) 对获得的网页内容进行处理。

本节将通过两个实例介绍网络爬虫。

按照实现的技术和结构，网络爬虫可以分为通用网络爬虫、聚焦网络爬虫、增量式网络爬虫和深层网络爬虫几种类型。

8.6.2 网络爬虫常用技术

1. 网络请求

网络爬虫的两项关键功能是通过 URL 地址定位和下载网页，Python 实现网络请求常用以下 3 种方式：urlib、urlib3、requests。

(1) urlib 是 Python 的内置模块，该模块提供了一个 urlopen()方法，通过该方法指定 URL 发送网络请求来获取数据。urlib 包含以下几个子模块来处理请求。

- urlib.request：发送 HTTP 请求，定义了打开 URL 的方法和类。
- urlib.error：处理请求过程中出现的异常，基本的异常类是 URLError。
- urlib.parse：解析和引用 URL。
- urlib.robotparser：解析 robots.txt 文件。

(2) urlib3 是一个功能强大的用于 HTTP 客户端的 Python 库，urlib3 提供了很多 Python 标准库没有的重要特性，包括线程安全、连接池、客户端 SSL/TLS 验证、文件分布编码上传、协助处理重复请求和 HTTP 重定位、支持压缩编码、支持 HTTP 和 SOCKS 代理、100%测试覆盖率等。使用 urlib3 之前，需要使用 pip install urlib3 命令进行安装。

(3) requests 库是基于 urllib 简洁易用的处理 HTTP 请求的第三方库，该库的使用更接近 URL 访问过程。默认安装 Python 后是没有 Requests 模块的,需要通过 pip 命令单独安装后使用。

【例 8.14】 使用 Requests 库获取百度知道上的网页信息。

【分析】 使用 Requests 库的 get()方法获取网页信息。

程序代码:

```
import requests
url="https://zhidao.baidu.com/"
try:
    res=requests.get(url)
    res.raise_for_status()
    res.encoding=res.apparent_encoding
    print(res.text[:300])
except:
    print("爬取失败")
```

程序运行结果:

```
<!DOCTYPE html>
<!--STATUS OK-->
<html>
<head>
<meta http-equiv="X-UA-Compatible" content="IE=Edge" />
<meta http-equiv="content-type" content="text/html;charset=gbk" />
<meta property="wb:webmaster" content="3aababe5ed22e23c" />
<meta name="referrer" content="always" />
<title>百度知道-全球领先中文互动问答平台</
```

程序说明:

(1) 本程序使用 Requests 库的 get()方法获取百度知道主页的信息,还可以使用 post 方式请求,直接将 get 改为 post 即可。由于网页信息很多,只输出了前 300 个字符。从运行结果可以看出,程序成功获取到了百度知道主页上的信息,该信息包括所有的 HTTP 网页信息。

(2) 本程序采用了 try-except 结构,保证在爬取出现异常时,程序不会崩溃。

(3) encoding 是从 http 中的 header 中的 charset 字段中提取的编码方式,若 header 中没有 charset 字段则默认为 ISO-8859-1 编码模式,则无法解析中文,apparent_encoding 会从网页的内容中分析网页编码的方式。为了避免出现由于中文可能显示乱码的问题,程序中将 encoding 赋值为 apparent_encoding,可以保证提取信息的正确显示。

(4) res.text 使用 text 属性获取 HTTP 响应内容的字符串形式,即 str 类型,还可以通过 content 属性获取二进制形式的内容。

很多网站使用了反爬虫设置。为了防止恶意采集信息,拒绝了爬虫程序的访问。此时可以设置 get 方法中的 headers 关键字,将发起的 HTTP 请求伪装成浏览器。方法是:

通过查看浏览器的头部信息，将其复制并作为 requests 参数 headers 的值。

有的网站做了浏览频率的限制，如果请求该网站频率过高，则该网站会封掉访问者的 IP，禁止访问。为了解决该问题，可以使用代理来解决，即在 get 时，对 proxies 参数进行设置。具体的使用方法，读者可以参考 Requests 库官方文档的示例用法，官方文档的地址是 https://docs.python-requests.org/en/latest/。

使用 Requests 库获取 HTML 页面并将其转换成字符串后，需要进一步解析 HTML 页面格式，提取其中有用的信息，这时就需要处理 HTML 和 XML 的函数库。

2. HTML 解析之 Beautiful Soup

Beautiful Soup4 库，也称为 bs4 库，用于解析和处理 HTML 和 XML。可以根据 HTML 和 XML 语法建立解析树，从而高效解析其中的内容。Beautiful Soup4 是第三方库，需要通过 pip 命令单独安装，使用下列命令进行安装。

```
pip install bs4
```

Beautiful Soup 提供一些简单的、Python 式的函数用来处理导航、搜索、修改分析树等功能。它是一个工具箱，通过解析文档为用户提供需要抓取的数据，不需要很多代码就可以写成一个完成的应用程序。

Beautiful Soup 支持标准库中包含的 HTML 解析器，也支持许多第三方的解析器，如 lxml 和 html5lib 等。表 8-15 总结了每个解析器的优缺点。

表 8-15　解析器的优缺点

解析器	使用方法	优势	劣势
Python 标准库	BeautifulSoup (markup, "html.parser")	内置标准库，执行速度适中，文档容错能力强	Python 3.2.2 前的版本文档容错能力差
lxml 的 HTML 解析器	BeautifulSoup (markup, "lxml")	速度快，文档容错能力强	需要安装 C 语言库
lxml 的 XML 解析器	BeautifulSoup (markup, "xml")	速度快，唯一支持 XML 的解析器	需要安装 C 语言库
html5lib	BeautifulSoup (markup, "html5lib")	容错性最好，以浏览器方式解析文档，生成 HTML 5 格式的文档	速度慢，不依赖外部扩展

8.6.3　获取影评数据

本节通过综合使用 Requests 库和 bs4 库，完成豆瓣电影评论的爬取。

【例 8.15】 爬取豆瓣电影排名前 250 名的电影信息，并将其保存到一个 CSV 文件中。

【分析】 使用 Requests 库获取豆瓣排名前 250 名的 HTML 页面信息。然后使用 bs4 库解析 HTML 页面,提取出其中的序号、电影名称、评分、推荐语、网址,保存到 CSV 文件中。

程序代码:

```
import requests
import random
import bs4
import csv

#1. 创建文件对象
f = open('douban_Top250.csv', 'w', encoding='utf-8')
csv_writer = csv.writer(f)
#2. 构建列表头
csv_writer.writerow(["豆瓣电影 Top250","\n""序号", "电影名称", "评分", "推荐语","
网址"])
for x in range(10):
    #3. 标记了请求从什么设备、什么浏览器上发出
    headers = {
    'user-agent':'Mozilla/5.0 (Windows NT 10.0; Win64; x64) AppleWebKit/537.36
(KHTML, like Gecko) Chrome/81.0.4044.122 Safari/537.36'

    }
    url = 'https://movie.douban.com/top250?start='+str(x * 25)+'&filter='
    res = requests.get(url,headers=headers)
    bs = bs4.BeautifulSoup(res.text, 'html.parser')
    bs = bs.find('ol', class_="grid_view")
    for titles in bs.find_all('li'):
        num = titles.find('em',class_="").text
        title = titles.find('span', class_="title").text
        comment = titles.find('span',class_="rating_num").text
        url_movie = titles.find('a')['href']
        #4.AttributeError: 'NoneType' object has no attribute 'text',为避免此类
        #报错,增加一个条件判断
        if titles.find('span',class_="inq") != None:
            tes = titles.find('span',class_="inq").text
            csv_writer.writerow([num, title, comment, tes,url_movie])
        else:
            csv_writer.writerow([num, title,comment,'none', url_movie])
f.close()
```

运行后会在当前文件夹下生成名为 douban_Top250.csv 的文件。部分内容如图 8-18 所示。

豆瓣电影Top250				
序号"	电影名称	评分	推荐语	网址
1	肖申克的救赎	9.7	希望让人自由。	https://movie.douban.com/subject/1292052/
2	霸王别姬	9.6	风华绝代。	https://movie.douban.com/subject/1291546/
3	阿甘正传	9.5	一部美国近现代史。	https://movie.douban.com/subject/1292720/
4	这个杀手不太冷	9.4	怪蜀黍和小萝莉不得不说的故事。	https://movie.douban.com/subject/1295644/
5	泰坦尼克号	9.4	失去的才是永恒的。	https://movie.douban.com/subject/1292722/
6	美丽人生	9.6	最美的谎言。	https://movie.douban.com/subject/1292063/
7	千与千寻	9.4	最好的宫崎骏，最好的久石让。	https://movie.douban.com/subject/1291561/
8	辛德勒的名单	9.5	拯救一个人，就是拯救整个世界。	https://movie.douban.com/subject/1295124/
9	盗梦空间	9.3	诺兰给了我们一场无法盗取的梦。	https://movie.douban.com/subject/3541415/
10	忠犬八公的故事	9.4	永远都不能忘记你所爱的人。	https://movie.douban.com/subject/3011091/

图 8-18　生成的 douban_Top250.csv 文件内容

程序说明：

(1) 由于豆瓣电影排名前 250 名的电影并不是显示在一个页面上，而是分 10 个页面显示，每个页面上显示 25 部电影的信息，因此通过遍历循环 10 次，每次均根据网页的更新地址，更新 URL 信息。

(2) 对页面解析时，采用 bs4 库，通过 find 找到满足标签名为 ol，类名为 grid_view 的 HTML 信息，然后使用 find_all()方法提取标签名为 li 的所有信息。然后分别在其中提取出所需的序号、电影名称、评分、推荐语、网址等信息。

(3) 本例通过调用 csv 库，使用其中的 writer()、writerow()等方法完成写文件的操作。

8.7　本章小结

本章以 Python 在各领域的典型应用为主线，介绍了包括绘图、词云、图像处理、网络爬虫、数据分析、数据可视化方面的应用，通过实例详细阐述了实现方法。

turtle 绘图详细介绍了中国结的绘制方法，定制个性化的中英文词云，生成二维码的方法，通过爬虫获取影评数据，通过 pandas 库、NumPy 库进行数据分析，通过 matplotlib 中的 pyplot 子库进行数据可视化。

通过本章的应用案例，接触到了 Python 的众多应用场景，其实每个部分均可以详细展开，参考本章例题多实践，举一反三才能更好地应用好 Python。

8.8　上机实验

【实验 8.1】　运用 wordcloud 库分析本年度政府工作报告的高频词，用词云形式展示，选用一个 mask 图片，定制个性化的词云。

1. 实验目的。

(1) 巩固 wordcloud 库的使用方法。

(2) 通过个性化词云的制作过程，提高分析和解决问题的能力。

2. 实验步骤。

(1) 查找政府工作报告素材文件，将其保存在文本文件中。

(2) 选择合适的 mask 图片。

(3) 仿照 8.2 节定制词云的方法，生成个性化词云。

3. 提示。

注意使用 stopwords 剔除无用词。

4. 扩展。

(1) 修改背景和展示的关键词数量，观察效果。

(2) 增加输出频率最高的前 10 个词。

【实验 8.2】 完善例 8.11，按照不同专业进行统计分析汇总，并将统计分析结果保存在 Excel 表中。

1. 实验目的。

(1) 巩固 pandas 库、NumPy 库的使用方法。

(2) 通过对不同专业的统计分析，提升数据分析的应用能力。

2. 实验步骤。

(1) 分析数据特点，确定专业代码的提取方式。

(2) 统计各专业的成绩最高分、最低分、平均分，以及各个分数段人数等。

(3) 将统计结果写入 Excel 表保存。

(4) 运行调试，观察运行效果，并核查统计结果的正确性。

3. 提示。

注意计算平均分时，未作答人员不计入。

4. 扩展。

(1) 分析不同题目的得分情况。

(2) 对于不同题目的最高分和最低分，使用 matplotlib 中 pyplot 下的柱形图绘制。

习　题

1. turtle 绘图体系中，坐标原点的位置是屏幕左上角还是屏幕中心？默认的方向是向上还是向右？

2. 以下代码中，savefig()函数的作用是(　　)。

```
import matplotlib.pyplot as plt
plt.plot([2, 4, 6, 8, 10])
plt.savefig('test', dpi=600)
```

A. 将数据图存储为文件　　B. 刷新数据

C. 显示所绘制的数据图　　D. 记录并存储

3. 对于以下代码,描述错误的是(　　)。

```
import numpy as np
arr = np.arange(10)
```

A. arr[5]的内容为 4　　　　B. arr[3:5]的内容为[3 4]

C. arr[:5]的内容为[0 1 2 3 4]　　　　D. arr[2:4]=100,101 可以修改 arr

4. 关于 pandas 库的 DataFrame 对象,描述正确的是(　　)。

A. DataFrame 由两个 Series 组成

B. DataFrame 是二维带索引的数组,索引可自定义

C. DataFrame 只能表示二维数据

D. DataFrame 与二维 ndarray 类型在数据运算上方法一致

5. 编程题,使用 turtle 库绘制如图 8-19 所示的图。

图 8-19　彩虹效果图

6. 结合你所在的专业,选取一个常用网站,将其生成带 logo 的二维码。

附录A Python 关键字

Python 3.9 关键字及含义如表 A-1 所示。

表 A-1 Python 3.9 关键字及含义

关 键 字	含 义
import	用于导入模块,可与 from 结合使用
from	用于导入模块,与 import 结合使用
in	判断变量是否在序列中
is	判断变量是否为某个类的实例
if	条件语句,可与 else、elif 结合使用
elif	条件语句,可与 if、else 结合使用
else	条件语句,可与 if、elif 结合使用,也可用于异常和循环语句
and	用于逻辑表达式计算,逻辑与操作
or	用于逻辑表达式计算,逻辑或操作
not	用于逻辑表达式计算,逻辑非操作
for	for 循环语句
while	while 循环语句
break	中断循环语句的执行
continue	结束本次循环,继续进行下一次循环
True	布尔类型的值,表示真,与 False 相反
False	布尔类型的值,表示假,与 True 相反
def	用于定义函数或方法
return	用于从函数返回结果
try	包含可能出现异常的语句,与 except、finally 结合使用
except	包含捕获异常后的操作代码块,与 try、finally 结合使用
finally	用于异常语句,包含始终要执行的代码块,与 try、except 结合使用
assert	断言,用于判断变量或者条件表达式的值是否为真

续表

关 键 字	含 义
with	简化 Python 语句
as	用于模块起别名、与 with 结合使用、与 except 结合使用等
del	删除变量或序列的值
None	表示什么都没有,数据类型为 NoneType
raise	异常抛出操作
pass	占位符,用于空的类、方法或函数
global	定义全局变量
nonlocal	用于标识外部作用域的变量
class	用于定义类
lambda	定义匿名的类
yield	用于从函数一次返回值
async	用于定义协程函数
await	用于挂起协程
__peg_parser__	Python 3.9 新增,与 PEG 解析器的推出有关

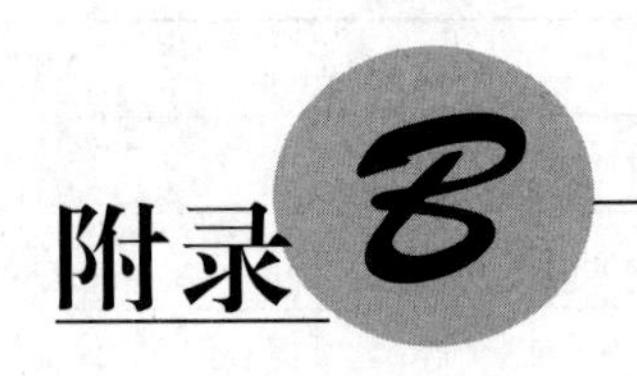

附录B Python标准异常

Python 标准异常如表 B-1 所示。

表 B-1 Python 标准异常

异常名称	描　述
BaseException	所有异常的基类
SystemExit	解释器请求退出
KeyboardInterrupt	用户中断执行(通常是输入^C)
Exception	常规错误的基类
StopIteration	迭代器没有更多的值
GeneratorExit	生成器(generator)发生异常来通知退出
StandardError	所有的内建标准异常的基类
ArithmeticError	所有数值计算错误的基类
FloatingPointError	浮点计算错误
OverflowError	数值运算超出最大限制
ZeroDivisionError	除(或取模)零 (所有数据类型)
AssertionError	断言语句失败
AttributeError	对象没有这个属性
EOFError	没有内建输入,到达 EOF 标记
EnvironmentError	操作系统错误的基类
IOError	输入/输出操作失败
OSError	操作系统错误
WindowsError	系统调用失败
ImportError	导入模块/对象失败
LookupError	无效数据查询的基类
IndexError	序列中没有此索引(index)
KeyError	映射中没有这个键

续表

异常名称	描述
MemoryError	内存溢出错误(对于 Python 解释器不是致命的)
NameError	未声明/初始化对象(没有属性)
UnboundLocalError	访问未初始化的本地变量
ReferenceError	弱引用(Weak reference)试图访问已经垃圾回收了的对象
RuntimeError	一般的运行时错误
NotImplementedError	尚未实现的方法
SyntaxError	Python 语法错误
IndentationError	缩进错误
TabError	Tab 和空格混用
SystemError	一般的解释器系统错误
TypeError	对类型无效的操作
ValueError	传入无效的参数
UnicodeError	Unicode 相关的错误
UnicodeDecodeError	Unicode 解码时错误
UnicodeEncodeError	Unicode 编码时错误
UnicodeTranslateError	Unicode 转换时错误
Warning	警告的基类
DeprecationWarning	关于被弃用的特征的警告
FutureWarning	关于构造将来语义会有改变的警告
OverflowWarning	旧的关于自动提升为长整型(long)的警告
PendingDeprecationWarning	关于特性将会被废弃的警告
RuntimeWarning	可疑的运行时行为(runtime behavior)的警告
SyntaxWarning	可疑的语法的警告
UserWarning	用户代码生成的警告

附录C Unicode 编码和 UTF-8 编码

1. Unicode 编码

Unicode 是一种在国际上被广泛采用的计算机符号编码标准，也叫统一码、万国码。对于世界上绝大多数语言所包含的文字，Unicode 都赋予它们一个统一并且唯一的二进制编码。可以满足跨语言、跨平台进行文本转换、处理的需求。

Unicode 字符集可以简写为 UCS(Unicode Character Set)，早期的 Unicode 标准有 UCS-2、UCS-4。UCS-2 用 2 字节编码，UCS-4 用 4 字节编码。2 字节已经足够容纳世界上所有的语言的大部分文字了。采用 2 字节，即 16 位二进制对字符编码，从 0x0000 到 0xFFFF，共包括 2^{16}(65536)个编码。Unicode 编码范围与存储字符的对应关系如表 C-1 所示。

表 C-1 Unicode 编码

编码范围	存储的字符	编码范围	存储的字符
0000～007F	基本拉丁字母	0080～00FF	拉丁文补充 1
0100～017F	拉丁文扩展 A	0180～024F	拉丁文扩展 B
0250～02AF	国际音标扩展	02B0～02FF	占位修饰符号
0300～036F	结合附加符号	0370～03FF	希腊字母及科普特字母
0400～04FF	西里尔字母	0500～052F	西里尔字母补充
0530～058F	亚美尼亚字母	0590～05FF	希伯来文
0600～06FF	阿拉伯文	0700～074F	叙利亚文
0750～077F	阿拉伯文补充	0780～07BF	它拿字母
07C0～07FF	西非书面语言	0800～083F	撒玛利亚字母
0840～085F	曼代克语	0860～086F	叙利亚语补充
08A0～08FF	阿拉伯语扩展	0900～097F	天城文
0980～09FF	孟加拉文	0A00～0A7F	果鲁穆奇字母
0A80～0AFF	古吉拉特文	0B00～0B7F	奥里亚文
0B80～0BFF	泰米尔文	0C00～0C7F	泰卢固文
0C80～0CFF	卡纳达文	0D00～0D7F	马拉雅拉姆文

续表

编码范围	存储的字符	编码范围	存储的字符
0D80～0DFF	僧伽罗文	0E00～0E7F	泰文
0E80～0EFF	老挝文	0F00～0FFF	藏文
1000～109F	缅甸文	10A0～10FF	格鲁吉亚字母
1100～11FF	谚文字母	1200～137F	埃塞俄比亚语
1380～139F	埃塞俄比亚语补充	13A0～13FF	切罗基字母
1400～167F	统一加拿大原住民音节文字	1680～169F	欧甘字母
16A0～16FF	卢恩字母	1700～171F	他加禄字母
1720～173F	哈努诺文	1740～175F	布迪文
1760～177F	塔格巴努亚文	1780～17FF	高棉文
1800～18AF	蒙古文	18B0～18FF	统一加拿大原住民音节文字扩展
1900～194F	林布文	1950～197F	德宏傣文
1980～19DF	新傣仂文	19E0～19FF	高棉文符号
1A00～1A1F	布吉文	1A20～1AAF	老傣文
1AB0～1AFF	组合用附加符号扩展	1B00～1B7F	巴厘字母
1B80～1BBF	巽他字母	1BC0～1BFF	巴塔克文
1C00～1C4F	雷布查字母	1C50～1C7F	欧甘语
1C80～1C8F	西里尔字母扩展 C	1C90～1CBF	格鲁吉亚语扩展
1CC0～1CCF	巽他字母补充	1CD0～1CFF	吠陀梵文
1D00～1D7F	语音学扩展	1D80～1DBF	语音学扩展补充
1DC0～1DFF	结合附加符号补充	1E00～1EFF	拉丁文扩展附加
1F00～1FFF	希腊语扩展	2000～206F	常用标点
2070～209F	上标及下标	20A0～20CF	货币符号
20D0～20FF	组合用记号	2100～214F	字母式符号
2150～218F	数字形式	2190～21FF	箭头
2200～22FF	数学运算符	2300～23FF	杂项工业符号
2400～243F	控制图片	2440～245F	光学识别符
2460～24FF	带圈或括号的字母数字	2500～257F	制表符
2580～259F	方块元素	25A0～25FF	几何图形
2600～26FF	杂项符号	2700～27BF	印刷符号
27C0～27EF	杂项数学符号 A	27F0～27FF	追加箭头 A
2800～28FF	盲文点字模型	2900～297F	追加箭头 B

续表

编码范围	存储的字符	编码范围	存储的字符
2980～29FF	杂项数学符号 B	2A00～2AFF	追加数学运算符
2B00～2BFF	杂项符号和箭头	2C00～2C5F	格拉哥里字母
2C60～2C7F	拉丁文扩展 C	2C80～2CFF	科普特字母
2D00～2D2F	格鲁吉亚字母补充	2D30～2D7F	提非纳文
2D80～2DDF	埃塞俄比亚语扩展	2E00～2E7F	追加标点
2E80～2EFF	中日韩部首补充	2F00～2FDF	康熙字典部首
2FF0～2FFF	表意文字描述符	3000～303F	中日韩符号和标点
3040～309F	日文平假名	30A0～30FF	日文片假名
3100～312F	注音字母	3130～318F	谚文兼容字母
3190～319F	象形字注释标志	31A0～31BF	注音字母扩展
31C0～31EF	中日韩笔画	31F0～31FF	日文片假名语音扩展
3200～32FF	带圈中日韩文字和月份	3300～33FF	中日韩字符集兼容
3400～4DBF	中日韩统一表意文字扩展 A	4DC0～4DFF	易经六十四卦符号
4E00～9FBF	中日韩统一表意文字	A000～A48F	彝文音节
A490～A4CF	彝文字根	A4D0～A4FF	傈僳语
A500～A63F	老傈僳文	A640～A69F	西里尔字母扩展 B
A6A0～A6FF	巴姆穆语	A700～A71F	声调修饰字母
A720～A7FF	拉丁文扩展 D	A800～A82F	锡尔赫特文
A830～A83F	印第安数字	A840～A87F	八思巴文
A880～A8DF	索拉什特拉	A8E0～A8FF	天城文扩展
A900～A92F	克耶字母	A930～A95F	勒姜语
A960～A97F	谚文字母扩展 A	A980～A9DF	爪哇语
A9E0～A9FF	缅甸语扩展 B	AA00～AA5F	鞑靼文
AA60～AA7F	缅甸语扩展	AA80～AADF	越南傣文
AAE0～AAFF	曼尼普尔文扩展	AB00～AB2F	埃塞俄比亚文
AB30～AB6F	拉丁文扩展 E	AB70～ABBF	彻罗基语补充
ABC0～ABFF	曼尼普尔文	AC00～D7AF	谚文音节
D7B0～D7FF	谚文字母扩展 B	D800～DB7F	代理对高位字
DB80～DBFF	代理对私用区高位字	DC00～DFFF	代理对低位字
E000～F8FF	私用区	F900～FAFF	中日韩兼容表意文字

续表

编码范围	存储的字符	编码范围	存储的字符
FB00～FB4F	字母表达形式（拉丁字母连字、亚美尼亚字母连字、希伯来文表现形式）	FB50～FDFF	阿拉伯表达形式 A
FE00～FE0F	异体字选择符	FE10～FE1F	竖排形式
FE20～FE2F	组合用半符号	FE30～FE4F	中日韩兼容形式
FE50～FE6F	小写变体形式	FE70～FEFF	阿拉伯表达形式 B
FF00～FFEF	半角及全角形式	FFF0～FFFF	特殊

Unicode 编码范围具体存储的字符可以查阅网站 https://unicode-table.com/cn/blocks/。

ASCII(American Standard Code for Information Interchange,美国信息交换标准代码)是基于拉丁字母的一套电脑编码系统,主要用于显示现代英语和其他西欧语言。共定义了 128 个字符,以及 Unicode 编码范围为 0000～007F 的字符。

前 32 个为控制字符,在此没有列出,常用字符与 ASCII 码的对应关系如表 C-2 所示。

表 C-2　常用字符与 ASCII 码对照

字符	ASCII 码值			字符	ASCII 码值			字符	ASCII 码值		
	十进制	八进制	十六进制		十进制	八进制	十六进制		十进制	八进制	十六进制
空格	32	40	20	@	64	100	40	`	96	140	60
!	33	41	21	A	65	101	41	a	97	141	61
"	34	42	22	B	66	102	42	b	98	142	62
#	35	43	23	C	67	103	43	c	99	143	63
$	36	44	24	D	68	104	44	d	100	144	64
%	37	45	25	E	69	105	45	e	101	145	65
&	38	46	26	F	70	106	46	f	102	146	66
'	39	47	27	G	71	107	47	g	103	147	67
(	40	50	28	H	72	110	48	h	104	150	68
)	41	51	29	I	73	111	49	i	105	151	69
*	42	52	2A	J	74	112	4A	j	106	152	6A
+	43	53	2B	K	75	113	4B	k	107	153	6B
,	44	54	2C	L	76	114	4C	l	108	154	6C

续表

字符	ASCII码值			字符	ASCII码值			字符	ASCII码值		
	十进制	八进制	十六进制		十进制	八进制	十六进制		十进制	八进制	十六进制
-	45	55	2D	M	77	115	4D	m	109	155	6D
.	46	56	2E	N	78	116	4E	n	110	156	6E
/	47	57	2F	O	79	117	4F	o	111	157	6F
0	48	60	30	P	80	120	50	p	112	160	70
1	49	61	31	Q	81	121	51	q	113	161	71
2	50	62	32	R	82	122	52	r	114	162	72
3	51	63	33	S	83	123	53	s	115	163	73
4	52	64	34	T	84	124	54	t	116	164	74
5	53	65	35	U	85	125	55	u	117	165	75
6	54	66	36	V	86	126	56	v	118	166	76
7	55	67	37	W	87	127	57	w	119	167	77
8	56	70	38	X	88	130	58	x	120	170	78
9	57	71	39	Y	89	131	59	y	121	171	79
:	58	72	3A	Z	90	132	5A	z	122	172	7A
;	59	73	3B	[	91	133	5B	{	123	173	7B
<	60	74	3C	\	92	134	5C	|	124	174	7C
=	61	75	3D	]	93	135	5D	}	125	175	7D
>	62	76	3E	^	94	136	5E	~	126	176	7E
?	63	77	3F	_	95	137	5F	DEL	127	177	7F

2. UTF-8 编码

Unicode 只规定了符号编码，没有规定如何存储和传输这些编码。要真正存储并使用就需要采用编码方式。Unicode 的编码方式有三种：UTF-8、UTF-16、UTF-32。

UTF-8 是一个字节为单位的变长编码方式，用于规范 Unicode 编码的存储和使用，是目前互联网上使用最广泛的一种 Unicode 编码方式，它的最大特点就是可变长。它可以使用 1～4 字节表示一个字符，根据字符的不同变换长度。编码规则如下：

(1) 对于单个字节的字符，第一位设为 0，后面的 7 位对应这个字符的 Unicode 码点。因此，对于英文中的 0～127 号字符，与 ASCII 码完全相同。这意味着 ASCII 码那个年代的文档用 UTF-8 编码打开完全没有问题。

(2) 对于需要使用 N 字节来表示的字符($N>1$)，第一字节的前 N 位都设为 1，第

$N+1$位设为0,剩余的$N-1$字节的前两位都设为10,剩下的二进制位则使用这个字符的Unicode码点来填充。

Unicode编码和UTF-8编码的对应规则如表C-3所示。

表C-3　Unicode编码和UTF-8编码的对应规则

Unicode符号范围(十六进制)	UTF-8编码方式(二进制)
0000 0000～0000 007F	0xxxxxxx
0000 0080～0000 07FF	110xxxxx 10xxxxxx
0000 0800～0000 FFFF	1110xxxx 10xxxxxx 10xxxxxx
0001 0000～0010 FFFF	11110xxx 10xxxxxx 10xxxxxx 10xxxxxx

以"Python应用"为例,两个编码的比较如表C-4所示。可以看到,如果符号是英文字母,确切地说是0x7F以内的所有符号。UTF-8编码只使用1字节表示;对于中文字符,UTF-8编码采用3字节表示,相比Unicode增加存储空间。由于现代计算机系统的文本信息大多采用英文符号,因此使用UTF-8编码更能节省实际存储空间。

表C-4　"Python应用"的Unicode编码和UTF-8编码的比较

符号	Unicode符号编码	UTF-8编码
P	00 50	50
y	00 79	79
t	00 74	74
h	00 68	68
o	00 6F	6F
n	00 6E	6E
应	5E 94	E5 BA 94
用	75 28	E7 94 A8

Unicode是对全球字符的统一编码,UTF-8是对Unicode存储和使用的编码,将两者分开是为了在存储西文字符时可以有效节省存储空间。

参考文献

[1] 嵩天,等. Python 语言程序设计基础[M]. 2 版. 北京：高等教育出版社，2017.

[2] 赵广辉. Python 语言及其应用[M]. 北京:中国铁道出版社,2019.

[3] 赵璐. Python 语言程序设计教程[M]. 上海:上海交通大学出版社,2019.

[4] [美]埃里克・马瑟斯. Python 编程从入门到实践[M]. 袁国忠,译. 2 版. 北京：人民邮电出版社,2019.

[5] [美]约翰. 策勒(John Zelle). Python 程序设计[M]. 王海鹏,译. 3 版. 北京：人民邮电出版社,2018.

[6] 刘宇宙. Python 3. 5 从零开始学[M]. 北京：清华大学出版社,2018.

[7] [美]AI Sweigart. Python 编程快速上手——让繁琐工作自动化[M]. 王海鹏,译. 北京：人民邮电出版社,2016.

[8] 雨痕. Python 3 学习笔记(上卷)[M]. 北京：电子工业出版社,2018.

[9] 叶明全. Python 程序设计[M]. 北京：科学出版社,2019.

[10] 黄蔚. Python 程序设计[M]. 北京：清华大学出版社,2020.

[11] 郑秋生,夏敏捷. Python 项目案例开发从入门到实战. 北京：清华大学出版社,2019.

[12] FrostSigh. Python 3 简明教程. https://www.lanqiao.cn/courses/596.

图书资源支持

感谢您一直以来对清华版图书的支持和爱护。为了配合本书的使用，本书提供配套的资源，有需求的读者请扫描下方的“书圈”微信公众号二维码，在图书专区下载，也可以拨打电话或发送电子邮件咨询。

如果您在使用本书的过程中遇到了什么问题，或者有相关图书出版计划，也请您发邮件告诉我们，以便我们更好地为您服务。

我们的联系方式：

清华大学出版社计算机与信息分社网站：https://www.shuimushuhui.com/

地　　址：北京市海淀区双清路学研大厦 A 座 714

邮　　编：100084

电　　话：010-83470236　010-83470237

客服邮箱：2301891038@qq.com

QQ：2301891038（请写明您的单位和姓名）

资源下载：关注公众号“书圈”下载配套资源。

资源下载、样书申请

书圈

图书案例

清华计算机学堂

观看课程直播